高等学校
测绘工程专业核心课程规划教材

# 城市空间信息学

主编　杜明义

参编　李英冰　蔡国印　刘　扬

WUHAN UNIVERSITY PRESS
武汉大学出版社

图书在版编目(CIP)数据

城市空间信息学/杜明义主编 . —武汉:武汉大学出版社,2012.7
高等学校测绘工程专业核心课程规划教材
ISBN 978-7-307-09961-6

Ⅰ.城…　Ⅱ.杜…　Ⅲ.城市空间—地理信息系统—高等学校—教材
Ⅳ.TU984.11

中国版本图书馆 CIP 数据核字(2012)第 138904 号

责任编辑:王金龙　　　责任校对:黄添生　　　版式设计:马　佳

出版发行:**武汉大学出版社**　　(430072　武昌　珞珈山)
　　　　　(电子邮件:cbs22@ whu. edu. cn 网址:www. wdp. whu. edu. cn)
印刷:湖北睿智印务有限公司
开本:787×1092　　1/16　印张:15.5　　字数:373 千字　　插页:1
版次:2012 年 7 月第 1 版　　　2012 年 7 月第 1 次印刷
ISBN 978-7-307-09961-6/TH · 108　　　定价:30. 00 元

# 高等学校测绘工程专业核心课程规划教材
## 编审委员会

# 序

根据《教育部财政部关于实施"高等学校本科教学质量与教学改革工程"的意见》中"专业结构调整与专业认证"项目的安排，教育部高教司委托有关科类教学指导委员会开展各专业参考规范的研制工作。我们测绘学科教学指导委员会受委托研制测绘工程专业参考规范。

专业规范是国家教学质量标准的一种表现形式，是国家对本科教学质量的最低要求，它规定了本科学生应该学习的基本理论、基本知识、基本技能。为此，测绘学科教学指导委员会从 2007 年开始，组织 12 所有测绘工程专业的高校建立了专门的课题组开展"测绘工程专业规范及基础课程教学基本要求"的研制工作。课题组根据教育部开展专业规范研制工作的基本要求和当代测绘学科正向信息化测绘与地理空间信息学跨越发展的趋势以及经济社会的需求，综合各高校测绘工程专业的办学特点，确定专业规范的基本内容，并落实由武汉大学测绘学院组织教师对专业规范进行细化，形成初稿。然后多次提交给教指委全体委员会、各高校测绘学院院长论坛以及相关行业代表广泛征求意见，最后定稿。测绘工程专业规范对专业的培养目标和规格、专业教育内容和课程体系设置、专业的教学条件进行了详尽的论述，提出了基本要求。与此同时，测绘学科教学指导委员会以专业规范研制工作作为推动教学内容和课程体系改革的切入点，在测绘工程专业规范定稿的基础上，对测绘工程专业 9 门核心专业基础课程和 8 门专业课程的教材进行规划，并确定为"教育部高等学校测绘学科教学指导委员会规划教材"。目的是科学统一规划，整合优秀教学资源，避免重复建设。

2009 年，教指委成立"测绘学科专业规范核心课程规划教材编审委员会"，制订"测绘学科专业规范核心课程规划教材建设实施办法"，组织遴选"高等学校测绘工程专业核心课程规划教材"主编单位和人员，审定规划教材的编写大纲和编写计划。教材的编写过程实行主编负责制。对主编要求至少讲授该课程 5 年以上，并具备一定的科研能力和教材编写经验，原则上要具有教授职称。教材的内容除要求符合"测绘工程专业规范"对人才培养的基本要求外，还要充分体现测绘学科的新发展、新技术、新要求，要考虑学科之间的交叉与融合，减少陈旧的内容。根据课程的教学需要，适当增加实践教学内容。经过一年的认真研讨和交流，最终确定了这 17 门教材的基本教学内容和编写大纲。

为保证教材的顺利出版和出版质量，测绘学科教学指导委员会委托武汉大学出版社全权负责本次规划教材的出版和发行，使用统一的丛书名、封面和版式设计。武汉大学出版社对教材编写与评审工作提供必要的经费资助，对本次规划教材实行选题优先的原则，并根据教学需要在出版周期及出版质量上予以保证。广州中海达卫星导航技术股份有限公司对教材的出版给予了一定的支持。

1

目前，"高等学校测绘工程专业核心课程规划教材"编写工作已经陆续完成，经审查合格将由武汉大学出版社相继出版。相信这批教材的出版应用必将提升我国测绘工程专业的整体教学质量，极大地满足测绘本科专业人才培养的实际要求，为各高校培养测绘领域创新性基础理论研究和专业化工程技术人才奠定坚实的基础。

二〇一二年五月十八日

# 前　言

　　城市空间是地球空间上人居环境相对集中的地区，也是城市居民生产、生活所必需的活动空间。城市空间信息即是与城市这个特殊的区域相关联的地理空间信息的总称。城市空间信息科学是地球空间信息科学的一个重要组成部分。城市空间信息学是在地球空间信息的框架下，利用地理信息科学的技术、方法来解决、研究城市中的问题，包括城市空间数据的获取、处理、管理、分析和可视化等问题，并最终为建立数字城市乃至智慧城市服务。

　　《城市空间信息学》是教育部高等学校测绘学科教学指导委员会规划的《高等学校测绘工程专业核心课程规划教材》之一。本书共分11章，其中，第1章到第5章为本书的理论基础，主要包括城市空间信息的描述、获取、组织、表达以及管理等内容；第6章到第11章为城市空间信息的应用部分，主要介绍了城市规划与管理、城市交通、城市部件、城市管网、城市应急以及基于位置服务的信息管理等内容。每章结束后附有思考题供学生对所学过的知识进行梳理。

　　本书由北京建筑工程学院杜明义教授负责全书的总体设计、组织、审校以及定稿等工作，并负责本书第1章、第2章内容的编写。武汉大学李英冰教授负责本书第3章、第5章、第10章和第11章以及第6章部分内容的编写工作。北京建筑工程学院蔡国印副教授负责本书第4章、第6章部分、第7章和第9章内容的编写工作。北京建筑工程学院刘扬副教授负责本书第8章内容的编写工作。本书的编辑出版得到了北京建筑工程学院副校长朱光教授、测绘学院院长王晏民教授的大力支持，得到了北京建筑工程学院测绘与城市空间信息学院在技术和经费上的支持，武汉大学出版社王金龙主任为本书的出版付出了辛勤的劳动。在此一并表示衷心的感谢。

　　由于作者水平有限，书中难免有不妥之处，敬请读者予以批评指正。

编　者

2012. 4. 10 于北京

# 目　　录

# 第1章  城市空间信息学概述

城市空间是地球空间上人居环境相对集中的地区，也是城市居民生产、生活所必需的活动空间。因此，城市空间信息科学是地球空间信息科学的一个重要组成部分。本章主要介绍城市空间信息的基本概念，空间信息与城市空间信息，空间信息的学科基础以及城市空间信息的应用等。

## 1.1  城市空间信息

在当今信息时代，信息和知识已经成为生产力发展的决定性因素。信息的载体多为数据，对信息的进一步理解和挖掘则为知识，而智慧则是知识的融会和贯通。

### 1.1.1  数据、信息、知识和智慧

#### 1. 数据

数据是指那些未经加工的事实或着重对某一特定现象的客观描述，也就是人们为了反映客观世界而记录下来的可以鉴别的符号，它是客观事物的性质、属性、位置以及相关关系的抽象表示，是构成信息和知识的原始材料。数据是一种最普通也最关键的信息，其普通是由于其广泛存在，其关键在于其是形成信息、知识和智慧的源泉。数据可以是数字、字母或其他符号，也可以是图像、声音或者味道。比如"北京 2010 年 12 月 21 日 10 时的气温为 3 摄氏度"即为最普通的天气预报气温数据。

数据的载体多种多样，一些数值、字符、图表类型的数据在计算机出现以前多以数据、纸张、照片等形式出现，而声音、视频等大都保存在磁带中。计算机的出现推动人类社会进入了数字时代，从而使当今社会中的绝大多数数据都以数字化的形式存在。对于任何类型的数据，如数字、文字、符号、声音、图像等，都必须转换成二进制数值的方式才能被计算机所接受。数据的集合即为数据库(数据库将在第 5 章中详细介绍)。

#### 2. 信息

有关信息的定义有很多种，它们都从不同的侧面、不同的层次揭示了信息的特征与性质，但同时也都有这样或那样的局限。一般而言，信息一词有狭义和广义之分。狭义的信息理解为与数据等同。广义的信息指的是可以数字化的一切事物。信息是为了某些应用目的，经过了选择、组织和处理后的数据，或者是经过解释后的数据。人们一般说到的信息多指信息的交流，信息只有经过交流或传播，才能够被人们所利用。信息交流的范围、速度、形式及信息容量都产生了巨大的变化，这些变化不可避免地带来了信息量爆炸性的增长，促使人们发明更快、更有效的方法去处理和传播信息，又推动了信息革命的发展。

信息的生产通常成本很高，但是一旦经过了数字化，其生产和分发就很便宜。比如，

地理数据集，采集和合成成本很高，但是拷贝和传播却很便宜。信息的另一个特性就是在处理或者与其他的信息合并时很容易对其增加数值。地理信息系统（GIS）就提供了很过合并多种数据源信息的工具。

信息具有以下重要性质（边馥苓，2006）：

（1）普遍性：信息是事物运动状态和状态变化的方式，因此，只要有事物的存在，只要事物在不断地运动，就会有它们运动的状态和状态变化的方式，也就存在着信息，所以信息是普遍存在的，即信息具有普遍性。

（2）无限性：整个宇宙时空中，信息是无限的，即使是在有限的空间中，信息也是无限的。一切事物运动的状态和方式都是信息，事物是无限多样的，事物的发展变化更是无限的，因而信息是无限的。

（3）相对性：对同一个事物，不同的观察者所能获得的信息量可能不同。

（4）传递性：信息可以在时间上或在空间中从一点传递到另一点。

（5）变换性：信息是可变换的，它可以用不同载体以不同的方式来载荷。

（6）有序性：信息可以用来消除系统的不定性，增加系统的有序性。获得了信息，就可以消除认识主体对于事物运动状态和状态变化方式的不定性。信息的这一性质对人类具有特别重要的价值。

（7）动态性：信息具有动态性质，一切信息都随时间而变化，因此，信息也是有时效的。信息是事物运动的状态和状态变化的方式，事物本身在不断发展和变化，因而信息也会随之变化。脱离了母体的信息因为不再能够反映母体的新的运动状态和状态变化方式，它的效用就会降低，以致完全失去效用，这就是信息的时效性。所以，人们在获得信息之后，并不能就此满足，要及时让信息发挥效用，并不断进行补充和更新。

（8）无损耗性：信息不同于能量，信息在传输过程中不会发生损耗。

数据和信息的关系：

数据是描述客观事实、概念的一组文字、数字或符号等，它是信息的素材，是信息的载体和表达形式。信息则是经过加工了的用于帮助人们做出正确决策的有用数据，它的表达形式是数据。

根据不同的目的，可以从原始数据中得到不同的信息，同时也并非一切数据都能产生信息。可以认为，数据是处理过程的输入参数，而信息则是输出结果。

3. 知识

知识并非简单地从大量信息中提取出来，知识可以认为是基于某一特定的经验、目的或者应用而人为的解译了的信息。比如，书本或者网络或者地图上的信息只有经过读者阅读和理解后才能变为知识。不同的读者对象，对信息解译和使用的方式也存在很大不同，这主要依赖于作者以后的经验、技能和需求。

知识分为两类：隐性（tacit）知识和编码（codified）知识。如果知识能够记录下来并能够很容易的传播给其他人，那么这类知识就是可编码的知识。编码知识是可以用语言、图形、符号、数字等明确地表示、表达、处理加工和传递的知识。它是潜在的可共享的知识。包括所谓事实知识（know-what）、原理知识（know-why）等。编码知识可以通过一定的信息技术手段转化为能为计算机所加工处理和传递的信息单位——比特（bit）。而隐性知识则不易获取且较难传播，包括信仰、隐喻、直觉、思维模式和所谓的"诀窍"（know-how)，其特点是：① 无意识性，即意会知识的拥有者常常并没有意识到自己拥有的意会知识；② 环境依赖性，即意会知识作用的发挥依赖特定的环境或氛围；③ 个体性，指意会知识的主要存在载体是个体；④ 来源于长期的经验体验，比如技能知识(know-how)和人力知识(know-who)等，即属于隐性知识。隐性知识(tacit knowledge)是不能编码的知识，或者根据目前的理解和技术手段难以编码和估量的知识，它们不能被转化为比特的形式。对个人而言，掌握对组织有价值的独特的隐性知识无疑是重要的竞争性资源。具有同样教育背景的人，由于工作经历的不同，可能形成个人能力的巨大差异，其实质就是隐性知识的差异。人们通过学习可以增加显性知识的存量，但这不能使其成为专家(百度百科，http://baike.baidu.com/view/3776555.htm)。

知识和信息的关系(Paul A. Longley, et al., 2005)：

(1)知识意味着博学。信息可以独立存在，但是知识却与人密切相关。

(2)与信息比较，知识很难与有学问之人分开。人与人之间知识的传送、接受以及传播或者量化要比信息困难很多。

(3)知识需要不同的同化，我们消化知识而非拥有知识。虽然我们可能怀有相互冲突的信息，但是却很少拥有相互冲突的知识。

4. 智慧

相对于数据、信息和知识，给出智慧的定义则更困难。一般而言，智慧用于基于可用知识和证据，且具有意见分歧的决策或策略的制定。智慧是高度个性化的，很难在群体中达成共识。智慧在决策制定的层次结构中处于最高层次，也是人类认知的知识层次中的最高一级。智慧同时也是人类区别于其他生物的重要特征。我们经常看到一个人满腹经纶，拥有很多知识，但不通世故，被称做书呆子。也会看到有些人只读过很少的书，却能力超群，能够解决棘手的问题。我们会认为后者具有更多的智慧。表 1.1 从决定制定的角度来给出数据、信息、知识和智慧的比较。

表 1.1　　　　　　　　　　　决策支持层次结构序列

| 决策支持层次结构 | 共享程度的难易 | GIS 实例 |
| --- | --- | --- |
| 智慧 | 不可能达成共识 | 持股人共同制定和所有人都接受的策略 |
| 知识 | 很难共享，尤其是对于隐性知识而言 | 关于位置和所关心问题的个人知识 |
| 信息 | 易于共享 | 由未经处理的地理事实所组成的数据库的内容 |
| 数据 | 易于共享 | 原始的地理事实 |

总而言之，数据是使用约定俗成的关键字，对客观事物的数量、属性、位置及其相互关系进行抽象表示，以适合在这个领域中用人工或自然的方式进行保存、传递和处理；信息是有一定含义的，有逻辑的、经过加工处理的、对决策有价值的数据流；通过人们的参与对信息进行归纳、演绎、比较等手段进行挖掘，使其有价值的部分沉淀下来，并于已存在的人类知识体系相结合，这部分有价值的信息就转变成知识；而智慧则是人类基于已有的知识，针对物质世界运动过程中产生的问题根据获得的信息进行分析、对比、演绎找出解决方案的能力。这种能力运用的结果是将信息的有价值部分挖掘出来并使之成为知识架构的一部分。简言之，数据即为事实的记录。信息即为加入了人为理解的数据。知识即为

解决问题的技能，智慧则是知识的融合、贯通和选择。

### 1.1.2　空间数据和空间信息

空间数据是指以地球表面空间位置为参照的自然、社会、人文、经济数据，可以是图形、图像、文字表格和数字等。空间数据所表达的信息即为空间信息，反映了空间实体的位置以及与该实体相关联的各种附加属性的性质、关系、变化趋势和传播特性等的总和。在实际应用中，空间数据与空间信息等同。

空间信息具有定位、定性、时间和空间关系等特性。定位是指在已知的坐标系里空间目标都具有唯一的空间位置；定性是指有关空间目标的自然属性，它与目标的地理位置密切相关；时间是指空间目标随时间的变化而变化；空间关系通常用拓扑关系表示。

空间数据描述的是现实世界各种现象的三大基本特征：空间、时间和专题属性（国家测绘地理信息局国土测绘司，http://gts.sbsm.gov.cn/article/chkj/chkp/dlxxxt/200709/20070900001690.shtml）。

1.　空间特征

空间特征是空间信息系统所独有的，是区别于其他信息的一个显著标志。空间特征是指空间地物的位置、形状和大小等几何特征，以及与相邻地物的空间关系。空间位置可以通过坐标来描述。GIS中地物的形状和大小一般也是通过空间坐标来体现。即使是长方形的实体，大多数GIS软件也是由4个角点的坐标来描述。而GIS的坐标系统也有相当严格的定义，如经纬度地理坐标系、一些标准的地图投影坐标系或任意的直角坐标系等。空间特征不但令物体的位置和形态的分析成为可能，而且还是空间实体相互关系处理分析的基础。如果不考虑地理物体的空间性，空间分析就失去了意义。

日常生活中，人们对空间目标的定位不是通过记忆其空间坐标，而是确定某一目标与其他更熟悉的目标间的空间位置关系，如一个学校是在哪两条路之间，或是靠近哪个道路叉口，一块农田离哪户农家或哪条路较近等。通过这种空间关系的描述，可在很大程度上确定某一目标的位置，而一串纯粹的地理坐标对人的认识来说几乎没有意义。没有几个人知道自己家里或办公室的确切坐标。而对计算机来说，最直接最简单的空间定位方法则是使用坐标。

在地理信息系统中，直接存储的是空间目标的空间坐标。对于空间关系，有些GIS软件存储部分空间关系，如相邻、连接等关系。而大部分空间关系则是通过空间坐标进行运算得到，如包含关系、穿过关系等。实际上，空间目标的空间位置就隐含了各种空间关系。

2.　时间特征

严格来说，空间数据总是在某一特定时间或时间段内采集得到或计算得到的。由于有些空间数据随时间的变化相对较慢，因而，有时被忽略。而在许多其他情况下，GIS的用户又把时间处理成专题属性，或者说，在设计属性时，考虑多个时态的信息，这对大多数GIS软件来说是可以做到的。但如何有效地利用多时态势数据在GIS中进行时空分析和动态模拟，目前仍处于研究阶段。

3.　专题特征

专题特征亦指空间现象或空间目标的属性特征，它是指除了时间和空间特征以外的空间现象的其他特征，如地形的坡度、坡向、某地的年降雨量、土地酸碱度、土地覆盖类型、人口密度、交通流量、空气污染程度等。这些属性数据可能为一个地理信息系统派专人采集，也可能从其他信息系统中收集，因为这类特征在其他信息系统中都可能存储和处理。

### 1.1.3　城市空间信息

城市空间信息即是与城市这个特殊的区域相关联的地理空间信息的总称（余柏蒗，2009）。城市是地表上人居环境相对集中的地区，也是城市人们生产、生活所必需的活动空间。城市空间是以地表为依托，向空中和地下略有延伸的立体空间。因此，城市空间可以划分为地表、地上和地下三个部分，相应地，可以将城市地物划分为地表地物、地上地物和地下地物：

(1)地表地物：地形、植被、建筑物、构筑物、道路等。

(2)地上地物：桥梁等。

(3)地下地物：地铁、地下管线、地下水等。

此外，城市中还有一些有意义的空间现象，如行政界线、地籍界线、温度场、降雨量和人口分布等。

这些城市空间信息具有以下一些共同的特点（唐宏、盛业华，2000）：

(1)城市地物一般直接与地表相连或邻近。沿地面方向上，彼此独立性较强，以关联关系为主；在垂直方向上，存在覆盖或部分覆盖的方位关系，这种关系大多数是以地表为中介进行传递，即很少存在空间地物之间的覆盖且邻接的空间关系；因此，城市空间地物之间的三维空间关系较简单。

(2)城市地物由人工地物和自然地物组成，并以人工地物为主，人工地物多为规则地物，可以方便地进行模拟，即可以利用三维造型工具进行三维建模。

(3)绝大多数城市空间地物是根据人们的不同需要而设计和建造的，因此，它们具有动态变化的特点。

(4)城市空间现象变化多为空间位置到属性值的变换函数，即空间现象也是一种空间场。

城市空间基础信息指的是在一定尺度下，能完整地描述城市自然和社会形态的地物地貌信息（如建筑物、道路、水系、绿地等）、管理境界信息（各级行政管理单元边界，如市、区、街道办事处和重要单位界域及地理分区等）以及它们的基本属性信息。这里的空间基础信息不仅包括城市测绘所关心的地形信息，而且包含有关管理境界等信息以及它们相对应的基本属性信息。

与全国范围的中小比例尺空间基础信息相比，城市空间基础信息具有尺度大、空间分辨率高、内容丰富、老化速度快、获取与更新所需时间长、生产费用高等特点（钱健、谭伟贤，2007）。

就城市部门和行业应用所涉及的基础空间信息类型而言，共包含 7 类控件数据，即大地测量控制、正射影像、数字高程、交通、水文、行政单元和地籍及相关数据（李成名等，2005；肖建华等，2006）。

(1)大地测量控制数据：大地测量控制点坐标是获得其他地理特征的精确空间位置的

基础，大地测量控制数据包括大地测量控制点的名称、标识码、经纬度和高程。

(2)数字正射影像数据：正射影像指消除了由于传感器倾斜、地形起伏及地物影响等所引起的畸变后的影像，具体指经过几何校正和正射处理后的数字遥感影像，可以是航空影像，也可以是航天影像，数字正射影像是信息提取和制作影像地图的基础。

(3)数字高程数据：是区域地面高程的数字表示，是建立在地图投影平面上的规则格网点的平面坐标($X$，$Y$)及其高程($Z$)的数据集，是基础地理信息系统赖以进行空间分析的核心数据，包括陆地高程数据和水深数据。

(4)交通数据：包括各级公路、铁路、水运中心线、机场、港口、桥梁和隧道数据。

(5)水文数据：包括河流、湖泊和海岸线数据。

(6)行政单元：包括国家、省、市、区和县以及乡的行政边界和代码。

(7)地籍及相关数据：包括土地利用类型、地籍管理数据、房产数据等。

目前，我国城市空间基础信息的获取和应用取得了巨大的成绩。大多数城市完成了基本地形测绘，一些城市甚至进行了几轮修测，地形图件基本上覆盖了城市的建成区、规划市区和主要市郊。数字数据已经成为地形信息的主导形式。与此同时，城市空间基础信息的获取和应用也还存在着不少问题，主要包括数据种类单调，现势性差，可用性低；全国范围发展很不平衡，城市用于数据生产和更新的资金投入不足，数据生产和提供的现状仍然不能满足应用的需求。在城市数据的共享上，经常缺乏合适的数据；同时，已有数据并没有得到充分有效的利用，重复性生产仍时有发生。在数据应用上，空间数据依然是制约城市 GIS 建设及实际效应发挥的瓶颈(钱健，2007)。

## 1.2　城市空间信息学的学科基础

地球空间信息科学(geo-spatial information science-geomatics)是以全球定位系统(GPS)、地理信息系统(GIS)、遥感(RS)等空间信息技术为主要内容，并以计算机技术和通信技术为主要技术支撑，用于采集、量测、存储、管理、分析、显示、传输和应用与地球和空间分布有关的数据的一门综合性和集成性的信息科学和技术(李德仁、李清泉，1998)，是地球信息科学的重要组成部分。地球空间信息，广义上指各种机载、星载、车载和地面测地遥感技术所获取的地球系统各圈层物质要素存在的空间分布和时序变化及其相互作用的信息的总体。

近几十年来，空间定位技术、航空航天遥感技术、地理信息系统技术和计算机网络等现代技术的发展及其相互渗透，逐渐形成了地球空间信息的集成化技术系统，使得人们能够快速及时和连续不断地获得有关地球表层及其环境的大量几何与物理信息，形成了地球空间信息流和数据流，从而促成了地球空间信息科学的产生。地球空间信息科学不仅包含了现代测绘科学技术的全部内容，而且体现了多学科的交叉与渗透，并特别强调了计算机技术的应用。它不局限于数据的获取和采集，而是强调从采集到存储、管理、处理、分析、显示和发布的全过程。地球信息科学的这些特点，标志着测绘科学由单一学科走向多学科的交叉与渗透：从利用地面测量仪器进行局部地面数据采集到利用各种机载、星载传感器实现对地球整体的、连续的、长时间的数据采集；从提供静态测量数据和地图产品到实时提供随时空变化的测量数据和地图产品。

地球空间信息科学的主要研究内容，包括地球空间信息的基准、标准化、时空变化、组织、空间认知、不确定性、解译与反演、表达与可视化等基础理论，及空间定位技术、航空航天遥感技术、地理信息系统技术和数据通信技术等基础技术(王家耀，2004)。

地理信息科学整合了地理学、地球科学、计算机科学、认知学和制图学，从而成为一门崭新的、多学科的、关注空间表达概念和空间计算的交叉学科。地理信息科学这个术语最早出现在 Michael Goodchild 于 1992 年在 "International Journal of Geographical Information Science"上发表的一篇文章。文章中指出地理信息系统应用中引发的系列新的问题，对这些问题的系统研究可以形成一门科学。信息科学主要研究生成、处理、存储和应用信息过程中的基本问题，因此地理信息科学主要研究地理信息生成、处理、存储和应用地理信息过程中出现的基本问题(Paul A. Longley，2005)。

城市空间信息是地球空间信息的重要组成部分，是与城市这个特殊的区域相关联的地理空间信息的总称(余柏荫，2009)。城市空间信息学在地球空间信息的框架下，利用地理信息科学的技术、方法来解决、研究城市中的问题，包括城市空间数据的获取、处理、管理、分析和可视化等问题，并最终为建立数字城市服务。

## 1.3　城市空间信息学的应用范畴

数字城市可以看成是城市各种信息系统的有机集成和融合，信息的开放与共享是其最重要的特征之一。城市空间基础信息在数字城市中具有非常重要的地位，其基本作用包括三个方面(钱健，2007)：

(1)作为研究和观察城市状况的最基本信息。

(2)成为各类城市应用系统所需的公用信息。

(3)作为参考基准，供各类用户添加其他与空间位置有关的专题信息。

### 1.3.1　数字城市概念及内涵

由于数字城市是一个正在发展演变的概念，人们对它至今没有统一的解释。不同学者对数字城市所下的定义也不尽相同。俞正声(2000)认为，所谓"数字城市"，与"园林城市"、"生态城市"、"山水城市"一样，是对城市发展方向的一种描述，是指数字技术、信息技术、网络技术要渗透到城市生活的各个方面，这将是世纪之交最重要的技术革命，将深刻改变人们习惯的工作方式、生活方式甚至风俗习惯和思维方法。中国科学院可持续发展战略首席科学家牛文元(2001)认为，数字城市是从工业时代向信息化时代转换的基本标志之一。它一般是指在城市"自然、社会、经济"系统的范畴中，能够有效获取、分类存储、自动处理和智能识别海量数据的、具有高分辨率和高度智能化的、既能虚拟现实又可直接参与城市管理和服务的一项综合工程。李琦(2003)从行业的角度总结了 4 种有代表性的观点：

(1)建设部观点。建设部对数字城市的理解是，数字城市是城市规划、建设、管理与服务的数字化，建设数字城市就是要实施城市规划、建设、管理与服务的数字化工程。建设部组织建设系统的高校、企业等部门的专家学者，历时一年多，提出了城市数字化工程方案，作为建设部系统"十五"信息化与数字城市建设的纲要。建设部在其"十五"科技攻关项目"城市规划、建设、管理与服务数字化工程专项"的建议书中认为,数字城市是综合运用地理信息系统(GIS)、遥感、遥测、网络、多媒体及虚拟仿真等技术对城市的基础设施、功能机制进行信息自动采集、动态监测管理和辅助决策服务的技术系统,它具有城市地理、资源、生态环境、人口、经济、社会等复杂系统的数字化、网络化、虚拟仿真、优化决策支持和可视化表现等强大功能;它由 UGIS-WEB UGIS-COM UGIS-VR UGIS-CYBER UGIS 发展而成,具有城市地理信息系统的全部功能,但功能更强、更丰富,二者的主要区别在于数字城市对城市有关数据能够自动采集、处理分析、传输分发、自动或半自动智能决策,可直接为社会公众提供便利的网络服务。

(2)测绘系统观点。测绘系统对数字城市的理解是,数字城市就是将真实城市以地理位置及其相关关系为基础而组成数字化的信息框架,并在该框架内嵌入我们所能获得的信息的总称,提供快速、准确、充分和完整地了解及利用城市中各方面的信息。数字城市的本质(或者核心)就是海量城市空间数据与三维城市地理信息系统、时序城市地理信息系统的融合。数字城市首先是国家空间数据基础设施在城市尺度的具体化实施,是指城市空间数据基础设施,数字城市工程就是要建立和完善城市空间数据快速高效的获取、共享与应用体系,建设城市基础地理信息系统,完善以城市基础地理数据(4D数字产品)为核心的城市空间信息基础设施建设,在此基础上建立城市的四维时空参考框架,集成多样化的信息应用。目前,已有相当一部分城市在规划或国土部门信息中心以及勘测部门的基础上相继成立城市地理信息中心,牵头组织数字城市的规划、设计与工程实施。

(3)3S 系统观点。3S 系统对数字城市的定义是,数字城市就是基于 3S(地理信息系统 GIS、全球定位系统 GPS、遥感系统 RS)等关键技术,深入开发和应用空间信息资源,建设服务于城市规划、建设和管理,服务于政府、企业、公众,服务于人口、资源环境、经济社会的可持续发展的信息基础设施和信息系统。其本质是建设空间信息基础设施,进一步深化和完善城市地理信息系统建设,并在此基础上深度开发和整合应用各种信息资源。

(4)信息产业部观点。信息产业部较集中地代表了 IT 领域的观点。IT 领域对数字城市的提法是宽带数字城市,即通过建设宽带多媒体信息网络、地理信息系统等基础设施平台,整合城市信息资源,实现城市经济信息化,建立城市电子政府、电子商务企业、电子社区;并通过发展信息家电、远程教育、网上医疗,建立信息化社区。

上述 4 种观点分别从城市规划建设、城市基础空间数据库建设、城市地理信息系统应用、城市整体信息化 4 个角度,对数字城市的概念进行了定义。此外,也可以从如下 3 个不同的层面来理解数字城市(王家耀、张祖勋,2005):

(1)在科学层面上,数字城市可以理解为"现实城市(实地客观存在)"的虚拟对照体,是能够对城市"自然—社会—经济"复合系统的海量数据进行高效获取、智能识别、分类存储、自动处理、分析应用和决策支持的,既能虚拟现实,又可直接参与管理和服务的城市综合系统科学。

(2)在技术层面上,数字城市是以空间信息技术(即 3S 技术,地理信息系统(GIS)、全球卫星导航定位系统(GPS)、遥感(RS)等)、计算机技术、现代通信网络技术和信息安全技术为支撑,以信息基础设施为基础的完整的城市信息系统体系。

(3)在应用层面上,数字城市是在城市自然、社会、经济等要素构成的一体化数字集成平台上,通过功能强大的系统软件和数学模型,以可视化方式再现"现实城市"的各种资源分布状态，对"现实城市"的规划、建设和管理的各种方案进行模拟、分析和研究，促进不同部门、不同层次用户之间的信息共享、交流和综合，为政府、企业和公众提供信息服务。综合以上观点，数字城市概念可分为广义的和狭义的两种：广义上指城市的信息化，即数字城市是一个空间化、网络化、智能化和可视化的技术系统，它既是城市信息化总的概述，又是城市信息化的目标，是用数字化的手段来处理、分析和管理整个城市，促进城市的人流、物流、资金流、信息流、交通流的通畅、协调；狭义上是指综合运用地理信息系统、全球卫星定位系统、遥感系统、多媒体技术、网络技术、大规模存储及虚拟仿真等，建设服务于城市规划、建设、管理，服务于政府、企业、公众，服务于人口、资源环境、经济社会的可持续发展的信息基础设施和信息系统，并为城市的规划和建设提供辅助决策服务。

从两种定义的描述上来看，前者更关注城市功能的实现，即从其内部反映一个城市的面貌；后者则从空间维度来表现城市，更侧重于真实反映一个城市的外在面貌。但无论是前者还是后者，最终的目标就是要实现城市信息化。从这个意义上说，两种数字城市的定义是从不同角度描述城市信息化的两个不同阶段，本质上是一致的。在数字城市中，数字化是信息化的基础阶段，就像数据与信息的关系一样，数字化的过程满足人类对客观世界的抽象描述与对信息加工的机械化需求。城市信息化的第二阶段是建立在数字化基础上的信息资源加工处理与实现的高级阶段。

不论"数字城市"如何定义，下列几点则是共同特征：

(1)数字城市的核心思想：最大限度地利用信息资源。

(2)数字城市的核心技术：地理信息系统，全球定位系统，遥感，空间决策支持、管理信息系统，虚拟现实以及宽带网络等技术。

(3)数字城市的主题：数据、软件、硬件、模型和服务。

(4)数字城市的本质：基于网络的计算机信息系统。

### 1.3.2  数字城市的功能

根据信息科学的理论，数字城市以城市信息为主要研究对象，而数据是信息载体，因此，数字化是数字城市的基础功能，没有数字化，数字城市就是空中楼阁。数字城市的数字化功能由数字城市的基础层完成，数字城市的数字化功能结构如图 1-1 所示。

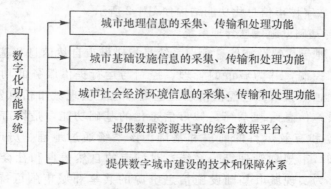

图 1-1  数字城市的数字化功能结构

1. 数字城市的数字化功能

(1)城市地理、基础设施和社会经济环境信息的采集、传输和处理功能。

数字城市是对现实城市数字化的客观反映，数字化是其基本特征。根据现代城市的层次结构，在数字城市中，综合运用地理信息系统(GIS)、遥感(RS)和全球定位系统(GPS)技术以及宽带网络、多媒体、大规模存储和虚拟仿真等技术，实现对城市的地理和社会活动层数据信息的采集、传输和处理是数字城市的基本功能。这一部分功能为数字城市综合数据平台的架构提供数据基础。

(2)提供数据资源共享的综合数据平台。

整体性和资源共享是数字城市的两个基本特征，数字城市的综合数据平台是这两个特征的重要体现，也是数字城市运行的基础和前提。通过共享的数据平台实现对城市的管理、控制和协调是数字城市的目标。在数字城市的基础层，通过制定相应的标准规范，对城市中地理和社会活动等各个层次的数据进行处理和整合，为城市的运行和管理提供一个一体化的、可共享的综合数据平台，是数字城市的一个重要功能。

(3)提供数字城市建设的技术和保障体系。

现代城市是一个庞大、复杂、开放的系统，是一个国家或地区的政治、经济和文化的中心。城市的建设和管理纷繁复杂，如何把城市的各个组成部分组织成一个一体化、用数字描述的系统，是数字城市建设面临的一个重要问题。

在资源整合和共享的基础上实现城市各级功能的信息化，是数字城市建设的最终目标。资源的共享和整合，一般需要涉及三方面的内容，即管理、标准与技术。数字城市的技术和保障体系是数字城市顺利建设和实现的前提和保证，主要包括技术和保障两个层面。在技术层面上，该体系为数字城市建设提供空间信息技术平台、管理信息技术平台和综合信息技术平台等，是数字城市建设技术上的保障；在保障层面上，为数字城市建设提供政策与法规环境、人才与管理机构体系、技术规范和标准、数据规范与标准、安全规范与标准等，是实现城市信息资源共享的重要保证和基础。

2. 数字城市的信息化功能

数字城市的信息化功能是城市信息施政的实现。根据城市信息的分类可以将城市信息分成地理信息和基础设施信息、社会经济环境信息和决策信息。据此，可以将数字城市的信息化功能系统分成城市地理与基础设施信息管理系统、城市综合应用系统和城市决策服务系统三个部分，数字城市信息化功能结构如图1-2所示。

(1)城市地理与基础设施信息管理系统。

数字城市的地理与基础设施信息管理系统是指对城市自然信息和基础设施层次的基础信息进行管理和控制，并为城市的管理、控制与运行提供服务的功能系统。城市的地理和基础设施信息是城市社会经济活动的基础，也是实现城市信息资源共享的基础。城市地理与基础设施信息管理系统是城市信息化的基础功能，是城市综合应用系统和城市决策系统建立和有效运行的前提和基础。该系统通过地理、房产、交通、能源、生态、综合管网和城市规划管理等子系统，对城市的自然信息和社会基础信息进行有效的管理和利用，为实现城市基础设施信息资源的共享和城市的可持续发展提供决策依据。

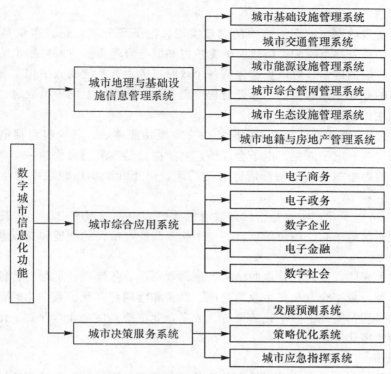

图 1-2　数字城市的信息化功能结构

（2）城市综合应用系统。

信息的施政与应用是信息运动轨迹的重要环节，也是信息价值的重要体现。通过信息的施政为城市政治、经济、科技和文化等社会经济环境的各个领域提供服务是数字城市功能的重要体现，也是实现城市信息化的必不可少的组成部分。数字城市的综合应用系统可以分成政府类应用、企业类应用和公众服务类应用三个方面，主要包括电子政务、电子商务、电子金融、数字企业和数字社会等。其中，数字社会主要包括数字医疗、数字教育、数字社区等与城市居民密切相关的应用服务。

（3）城市决策服务系统。

信息是科学决策的依据，决策服务是信息的重要功能之一。数字城市的决策服务系统是这一功能的具体实现。

辅助决策是数字城市的最高级应用，它在城市基础设施信息系统和综合应用系统的基础上，通过对城市基础数据和应用数据的挖掘和分析，建立分析预测模型，为城市的长远规划和发展以及生态环境建设和灾害防治等方面提供决策服务，为城市的可持续发展提供支持和保障。

### 1.3.3　数字城市系统的主要构成要素

数字城市是物质城市在数字时代的一个投影，它能够在人机交互的情况下虚拟现代城市中的各个职能主体，完成其对应的职能。根据现代城市的构成，数字城市系统的主要功能要素包括以下四个部分。

## 1. 电子政务

电子政务实现政府在数字城市中的虚拟实现。电子政务建设是城市信息化的必然选择，其建设水平将直接反映和影响政府的竞争力和服务管理质量。需要指出的是，电子政务不仅是一个政府的网站，应该更加强调各个政府机关业务系统的数字化实现，并通过各业务系统之间的互通互连和流畅的办公流程管理来真正建立网上的虚拟政府。电子政务的功能主要体现在如下两个方面：

(1)电子办公。电子办公是电子政府的一个重要功能体现，其内容包括电子采购、电子工商、电子税务、电子海关、电子会议等。电子办公是政府信息化的一个重要环节，也是提高城市政府办公效率、增加政府办公透明度、阻止和减少腐败现象发生的一个重要举措。

(2)公共服务电子化。主要是指城市政府对居民和企业的服务电子化，其内容主要包括政府信息发布的电子化、用户信息管理电子化及政府与市民的沟通和交流电子化等。

## 2. 数字企业

数字时代的来临，使现代企业的结构、运营规则、业务流程、运行与管理模式等都面临着重要的变革。数字企业是指企业的生产、经营和管理都实现了数字化的企业，即内部和外部业务和管理都实现了数字化的企业。数字企业主要包括企业管理数字化、企业生产数字化和营销数字化等。

## 3. 电子商务

电子商务是使用电子方式进行的商务活动，电子商务不仅是数字城市建设的一个重要内容，它还可以带动电子政府和数字企业的发展。电子商务建设不是哪一个企业或政府机构可以独立承担和实现的，它涉及电子金融、电子物流、数字化的供应链管理、物流中心和智能交通等多方面的内容。因此，电子商务是一项系统工程，它需要电子政府的支撑，同时也要求企业的经营和管理跟上数字时代的节拍。

## 4. 数字社区

数字社区是信息社会城市社区建设的目标，也是数字城市的一个基础组成单元。数字化社区是指将社区的管理、服务等各项功能融为一体的数字化网络系统。数字化社区的功能主要包括以下两个方面：

(1)数字化的社区物业管理与服务。数字化社区物业管理与服务包括管理与服务两大功能。一方面，社区管理服务可以通过先进的信息技术实施对于整个社区多方位、可视化的物业管理，包括社区基础设施的数字化管理、设备与公共照明监控管理、安防自动管理、停车场管理、一卡通中央管理等；另一方面，社区居民可以通过社区物业服务系统及时获悉物业发展商及管理机构所发布的各种信息，通过社区家庭智能化系统实现家庭保安报警、家庭通信与网络自动化等功能。

(2)数字化社区信息服务。数字化社区信息服务是改变社区居民生活方式的重要内容之一，其主要功能是通过社区信息服务网提供与社区居民生活息息相关的各项服务，主要包括社区电子商务、社区教育、社区医疗和社区娱乐等内容。

现阶段，城市信息化建设重点将从"数字城市"基础设施与环境转入研究地理空间海量数据存储、信息挖掘与展示、计算机辅助决策等的产业化发展轨道，以期实现对城市广泛而丰富的信息资源进行统一、有效的管理与整合，逐步实现与推进"数字城市"这个系统工程。因此，提高城市地理信息系统应用水平，形成信息资源数字化、信息传输网络化、信息技术应用集约化的格局，初步构筑"数字城市"的基本框架，无疑具有重要意义。

一方面，信息技术的发展服务于数字城市建设，另一方面"数字城市"使城市地理信息综合应用更深化。"数字城市"是地理信息系统、遥感、全球定位系统、通信技术、计算机技术、网络技术、仿真和虚拟现实等现代科技的高度综合与集成，这是"数字城市"建设中最关键的节点与建设难点。城市空间信息和其他信息结合并存储在分布式计算机网络上，能供远程用户共享访问，并形成一种新的城市空间，是未来城市的重要组成和城市信息化的重要标志。

数字城市建设的目标就是通过建设宽带多媒体通信网络，以遥感、地理信息系统与全球定位系统为基础平台，建立城市空间信息基础设施，在此基础上整合城市各部门不同的信息源，实现电子政务、电子商务等，实现城市规划、建设、管理、政府政策、公众服务、人口、资源、环境、经济与社会可持续发展的信息化（陈述彭，2001）。其建设可广泛应用于城市规划与设计、城市管理与土地利用规划等方面，实现数字城市在城市建设、规划、管理及社会经济活动中的应用，并通过提供及时、准确的信息为城市各级主管部门的管理与决策服务，以及为各类企业和广大公众提供方便、有效的信息服务，以提高城市的信息化水平和管理水平，促进城市社会、经济、环境和科技等的协调发展。

## 思考题

1. 数据、信息、知识和智慧的关系是什么？
2. 何谓城市空间信息？其组成包括哪几部分？
3. 数字城市在现实中的应用实例有哪些？

# 第2章 城市空间信息的描述

对空间信息的正确认知和描述是建立数据结构、数据组织和管理的关键。本章主要阐述城市空间认知的基本理论和方法，几种主要的城市空间关系，空间参照以及各坐标系之间的转换，主要的空间数据模型、数据结构以及数据结构之间的转换等。

## 2.1 城市空间认知

美国地理信息与分析国家中心（National Center for Geographic Information and Analysis，NCGIA）在 1995 年发表的"高级地理信息科学"（Advancing Geographic Information Science）报告中，提出的地理信息科学的战略领域有三个，其中之一为"地理空间的认知模型"（Cognitive Models of Geographic Space）。美国地理信息科学大学研究会（University Consorting for Geographic Information Science）于 1996 年发表的"地理信息科学的优先研究领域"（Research Priorities for Geographic Information Science）报告中，也把地理信息的认知（Cognition of Geographic Information）列为第二个重点问题。可见，地理（地球）空间认知理论已成为地球空间信息科学的公认的基础理论，也是空间信息系统或地理信息系统的公认的基础理论。

认知（cognition）是一个人认识和感知他生活于其中的世界时所经历的各个过程的总称，包括感受、发现、识别、想象、判断、记忆、学习等。奈瑟尔（Neisser）把认知定义为"感觉输入被转换、简化、加工、存储、发现和利用诸过程"。所以，可以说，认知就是"信息获取、存储转换、分析和利用的过程"，简言之就是"信息的处理过程"。

"认知"和"认知的"这类词指代有意识地思考，包括记忆、推理和感知。而"感知"一般具有很狭窄的意思，用来指精神上的感觉和关于精神感觉的过程，它是在感官受刺激时产生的。

20 世纪 50 年代初，信息科学和计算机科学的问世给了人们一个很重要的启示：人脑就是一个加工系统，人们对外界的知觉、记忆、思维等一系列认知过程，可以看成是对信息的产生、接收和传递的过程。计算机和人脑两者的物质结构大不一样，但计算机所表现出的功能和人的认知过程却是如此的类同，即两者的工作原理是一致的，都是信息加工系统：输入信息、进行编码、存储记忆、输出结果。

地理（地球）空间认知，是研究人们怎样认识自己赖以生存的环境（地球的四大圈层及其相互关系），包括其中的诸事物、现象的相互位置、空间分布、依存关系，以及它们的变化和规律。我们之所以强调"空间"这一概念，是因为我们认知的对象是多维的、多时相的，它们存在于地球空间之中。

地球空间认知通常是通过描述地理环境的地图或图像来进行的，这就是所谓的"地图空间认知"。地图空间认知中的两个重要概念：一是认知地图（cognitive mapping）；二是心象地图（mental map）。认知地图，它可以发生在地图的空间行为过程中，也可以发生在地图使用过程中。所谓空间行为，是指人们把原先已经知道的（长期记忆）和新近获取的信息结合起来后的决策过程的结果。地图的空间行为如利用地图进行定向（导向）、环境觉察和环境记忆等行为。空间信息系统（或地理信息系统）的功能表的，当然这只是一种功能模拟，模拟结果的正确程度完全取决于模拟模型和输入数据是否客观地、正确地反映现实系统。心象地图，是不呈现在眼前的地理空间环境的一种心理表征，是在过去对同一地理空间环境多次感知的基础上形成的，所以，它是间接和概括的，具有不完整性、变形性、差异性（当然也有相似性）和动态交互性。心象地图可以通过实地考察、阅读文字材料、使用地图等方式来建立。

地理（地球）空间认知包括感知过程、表象过程、记忆过程和思维过程等基本过程。地理空间认知的感知过程，是研究地理实体或地图图形（刺激物）作用于人的视感觉器官产生对地理空间的感觉和知觉的过程。地理空间认知的表象过程，是研究在知觉基础上产生表象的过程，它是通过回忆、联想使在知觉基础上产生的映像再现出来。地理空间认知的记忆过程，是人的大脑对过去经验中发生过的地理空间环境的反映，分为感觉记忆、短时记忆、长时记忆、动态记忆和联想记忆。其中，感觉记忆是指视觉器官感应到刺激时所引起的短暂（一般按几分之一秒计）记忆；短时记忆是指感觉记忆中经注意而能保存到 20 秒以下的记忆；长时记忆指保持时间在一分钟以上的信息存储；动态记忆指随着现实世界客观事物的不断变化如何组织记忆，空间信息系统中各种灵活多样的信息查询功能，信息的增加、删除、修改功能，就是计算机模拟人脑动态记忆过程的最好例证；联想记忆是指通过与其他知识的联系中进行的记忆。地理空间认知的思维过程，是地理空间认知的高级阶段，它提供关于现实世界客观事物的本质特性和空间关系的知识，在地理空间认知过程中实现着"从现象到本质"的转化，具有概括性和间接性（王家耀，2004）。

## 2.2　城市空间关系

空间关系是指地理空间实体之间相互作用的关系。空间关系主要有（汤国安，2007）：

（1）拓扑空间关系：用来描述实体间的相邻、连通、包含和相交等关系。

（2）顺序空间关系：用于描述实体在地理空间上的排列顺序，如实体之间前后、上下、左右和东、南、西、北等方位关系。

（3）度量空间关系：用于描述空间实体之间的距离远近等关系。

对空间关系的描述是多种多样的，有定量的，也有定性的；有精确的，也有模糊的。各种空间关系的描述也非绝对独立，而是具有一定联系。

### 2.2.1　空间拓扑关系①

地图上的拓扑关系是指图形在保持连续状态下的变形（缩放、旋转和拉伸等）但图形关

---

①　引自：汤国安，刘学军，闾国年，盛业华，王春，张婷编著，地理信息系统教程，北京：高等教育出版社，2007.

系不变的性质。地图上各种图形的形状、大小会随图形的变形而改变，但是图形要素间的邻接关系、关联关系、包含关系和连通关系保持不变。俗称的拓扑关系是绘在橡皮上的图形关系，或者说拓扑空间中不考虑距离函数。如图 2-1 所示，设 $N_1$，$N_2$，…为节点；$A_1$，$A_2$，…为线段（弧段）；$P_1$，$P_2$，…为面（多变形），空间数据的拓扑关系包括：

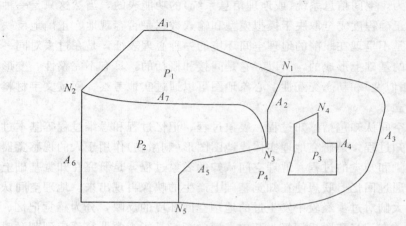

图 2-1　空间数据的拓扑关系

(1)邻接关系：空间图形中同类元素之间的拓扑关系。例如多边形之间的邻接关系 $P_1$ 与 $P_2$、$P_4$，$P_4$ 与 $P_1$、$P_2$ 等；节点之间的邻接关系 $N_1$ 与 $N_2$、$N_3$ 等。

(2)关联关系：空间图形中不同类元素之间的拓扑关系。例如节点与弧段的关联关系：$N_1$ 与 $A_1$、$A_2$、$A_3$，$N_2$ 与 $A_1$、$A_6$、$A_7$ 等；弧段与多边形的关联关系：$A_1$ 与 $P_1$、$A_2$ 与 $P_1$ 等；弧段与节点的关联关系：$A_1$ 与 $N_1$、$N_2$，$A_2$ 与 $N_1$、$N_3$ 等；多边形与弧段的拓扑关联关系：$P_1$ 与 $A_1$、$A_2$、$A_7$，$P_4$ 与 $A_2$、$A_3$、$A_5$、$A_4$ 等。

(3)包含关系：空间图形中不同类或同类但不同级元素之间的拓扑关系。例如多边形 $P_4$ 中包含 $P_3$。

(4)连通关系：空间图形中弧段之间的拓扑关系。例如 $A_1$ 与 $A_2$、$A_6$ 和 $A_7$ 连通。

除了在逻辑上定义点、弧段和多边形来描述图形要素的拓扑关系外，不同类型的空间实体间也存在着拓扑关系。分析点、线、面 3 种类型的空间实体，它们两两之间存在着分离、相邻、重合、包含或覆盖、相交 5 种可能的关系，如图 2-2 所示。

(1)点-点关系：点实体和点实体之间只存在相离和重合两种关系。如两个分离的村庄、变压器与电线杆在投影至平面空间上重合。

(2)点-线关系：点实体和线实体间存在着相邻、相离和包含(有时也称为相交)3 种关系。如水闸和水渠相邻，道路与学校相离，里程碑包含在高速公路中。

(3)点-面关系：点实体与面实体间存在着相邻(有时也称为相交)、相离和包含 3 种关系。如水库与多个泄洪闸门相邻，闸门位于水库的边界上；公园与远处的电视塔相离；耕地含有输电杆。

(4)线-线关系：线实体与线实体间存在着相邻、相交、相离、包含和重合 5 种关系。如供水主干管道与次干管道相邻(连通)，铁路和公路平面相交，国道和高速公路相离，河流中包含通航线，道路与沿道路铺设的管线在平面上重合。

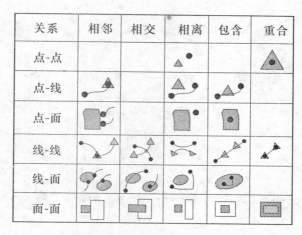

图 2-2　不同类型空间实体间的空间关系

（5）线-面关系：线实体与面实体间存在着相邻、相交、相离和包含 4 种关系。如水库与上游及下游河流相邻，跨湖泊的通信光纤与湖泊相交，远离某乡镇区域的高速公路，在某县境内的干渠等。

（6）面-面关系：面实体与面实体间存在着相邻、相交、相离、包含和重合 5 种关系。例如地籍中相邻的两块宗地，土地利用图斑与地层类型图斑相交，某县域内包含多个乡镇；宗地与建筑物底面重合等。

空间数据的拓扑关系，对数据处理和空间分析具有重要的意义：

（1）拓扑关系能清楚地反映实体之间的逻辑结构关系，它比几何坐标关系有更大的稳定性，不随投影变换而变化。

（2）利用拓扑关系有利于空间要素的查询，例如，某条铁路通过哪些地区，某县与哪些县邻接；又如，分析某河流能为哪些地区的居民提供水源，某湖泊周围的土地类型及对生物、栖息环境做出评价等。

（3）可以根据拓扑关系重建地理实体。例如根据弧段构建多边形，实体道路的选取，进行最佳路径的选择等。

因此在描述空间数据的逻辑数据模型时，通常将拓扑空间关系作为一个主要的内容。

### 2.2.2　顺序空间关系

顺序空间关系是基于空间实体在地理空间的分布，采用上下、左右、前后、东西南北等方向性名词来描述。同拓扑空间关系的形式化描述类似，也可以按点-点、点-线、点-面、线-线、线-面和面-面等多种组合来考察不同类型空间实体间的顺序关系（图 2-3）。由于顺序空间关系必须是在对空间实体间方位进行计算后才能得出的方位描述，而这种计算非常复杂，实体间的顺序空间关系的构建目前尚没有很好的解决方法，另外，随着空间数据的投影、几何变换，顺序空间关系也会发生变化，所以在现在的 GIS 中，并不对顺序空间关系进行描述和表达。

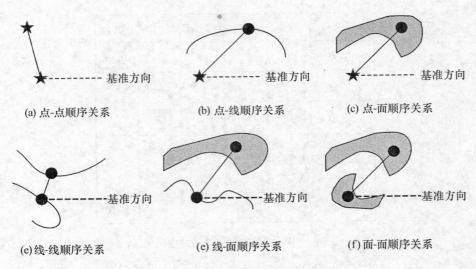

(a) 点-点顺序关系　　　　(b) 点-线顺序关系　　　　(c) 点-面顺序关系

(e) 线-线顺序关系　　　　(e) 线-面顺序关系　　　　(f) 面-面顺序关系

图 2-3　不同类型实体间的顺序关系

从计算的角度来看，点-点顺序关系只要计算两点连线与某一基准方向的夹角即可。同样，在计算点实体与线实体、点实体与面实体的顺序空间关系时，只要将线实体和面实体简化至其中心，并将其视为点实体，按点-点顺序关系进行计算。但这种简化需要判断点实体是否落入线实体或面实体内部，而且这种简化的计算在很多情况下会得出错误的方位关系，如点与呈月牙形的面的顺序关系。

在计算线-线、线-面和面-面实体间的顺序关系时，情况变化异常复杂。当实体渐渐的距离很大时，此时实体的大小和形状对它们之间的顺序关系没有影响，则可将其转化为点，其顺序关系则转化为点-点之间的顺序关系。但当它们之间距离较小时，则难以计算。

### 2.2.3　度量空间关系

度量空间关系主要指空间实体间的距离关系。也可以按照拓扑空间关系中建立点-点、点-线、点-面、线-线、线-面和面-面等不同组合来考察不同组合来考察不同类型空间实体间的度量关系。距离的度量可以是定量的，如按欧几里得距离计算得出 $A$ 实体距离 $B$ 实体 500m，也可以应用于距离概念相关的概念，如对远近灯进行定性描述。与顺序空间关系类似，距离值随投影和几何变换而变化。建立点-点的度量关系容易，建立点-线和点-面的度量关系较难，而建立线-线、线-面和面-面的度量关系更为困难，涉及大量的判断和计算。在 GIS 中，一般也不明确描述度量空间关系。

### 2.2.4　城市地物空间关系的表达

由于城市空间信息与地表有着强烈的相关性，而且空间信息之间很少存在覆盖且垂直邻接的空间关系，因此，只要建立地物在地表方向上的平面拓扑关系以及垂直方向上的方位关系即可。这里所指的垂直方向上的方位关系包括同类地物之间和地物与地表之间在垂直方向上的方位关系(唐宏、盛业华，2000)。

# 2.3 城市空间参照系统

空间参考系是地面实体与数字几何对象之间对应的数学基础，具有定位基准的作用，是城市基础空间地理信息的基础。空间参考系包括 1954 年北京坐标系、1980 年西安坐标系、1985 年国家高程基准、世界坐标系 WGS-84、城市地方坐标系以及坐标转换参数。

空间定位控制点包括平面控制点、高程控制点、重力基本网点、重力加密网点等（肖建华，2006）。

### 2.3.1 地球的几何模型

地球的形状近似于球体，其自然表面是一个十分不规则的曲面，高低起伏不平。陆地上最高点和海洋中最低点相差近 20km。

为了准确表达空间信息，常选用一个与大地球体相近的、可以用数学方法表达的旋转椭球来代替大地球体，通常称为地球椭球体，简称椭球体。凡是能与局部地区的大地水准面拟合最好的旋转椭球，就称为参考椭球。目前，世界上有许多的国家的学者根据不同的资料来源以及地区情况，提出了诸多不同的参考椭球。我国在 1952 年以前主要采用的是海福特椭球体，从 1953 年到 1980 年采用克拉索夫斯基椭球体，1980 年以后开始采用 1980 年大地参考系统 GRS 80（geodetic reference system of 1980）。

### 2.3.2 坐标系

坐标系是指确定地面点或空间目标位置所采用的参考系。人们要表达空间信息的准确位置，必须建立坐标参考，并在一定的坐标参考下进行表述。在当前各种数字工程建设中，为各类要素建立一个坐标系是首要的内容和基础性工作。

1. 地理坐标系

用地理经度和地理纬度表示地面上点的位置的球面坐标叫地理坐标。地理坐标系是以地理极（北极、南极）为极点。地理极是地轴（地球椭球体的旋转轴）与椭球面的交点。所有含有地轴的平面，均称子午面。子午面与地球椭球体的交线，称为子午线或经线。经线是长半径为 $a$，短半径为 $b$ 的椭圆。所有垂直于地轴的平面与椭球体面的交线，称为纬线。纬线是不同半径的圆，赤道是其中半径最大的纬线（张超，2008）。

经纬度的测定方法主要有两种，即天文磁测量和大地测量。以大地水准面和铅垂线为依据，用天文测量的方法，可获得地面点的天文经纬度。测有天文经纬度坐标 $(\lambda, \Phi)$ 的地面点，称为天文点。以旋转椭球和法线为基准，用大地测量的方法，根据大地原点和大地基准数据，由大地控制网逐点推算各控制点的坐标 $(L, B)$，称为大地经纬度。根据地理坐标系，地面上任一点的位置可由该点的纬度和经度来确定。

2. 平面坐标系

将椭球面上的点，通过投影的方法投影到平面上时，通常使用平面坐标系。平面坐标系分为平面极坐标系和平面直角坐标系。平面极坐标系采用极坐标法，即用某点至极点的距离和方向来表示该点的位置的方法，来表示地面点的坐标。主要用于地图投影理论的研究。平面直角坐标采用直角坐标（笛卡儿坐标）来确定地面点的平面位置。

### 2.3.3 坐标系的转换

**1. 常用坐标系简介**

（1）北京 54 坐标系。1954 北京坐标系依据的椭球是苏联的克拉索夫斯基椭球（以下简称克氏椭球），大地原点在苏联的普尔科沃。1954 北京坐标系实际上是苏联普尔科沃坐标系在中国境内的延伸。

（2）WGS-84 坐标系。WGS-84 地心坐标系是以地球的质心（质量的中心）为原点的地心坐标系，$X$，$Y$ 轴在地球赤道平面内，$Z$ 轴与地球自转轴相重合。WGS-84 大地坐标系是一个协议地球坐标系 CTS（Conventional Terrestrial System），其几何定义是：原点位于地球质心，$Z$ 轴指向 BIH 1980.0 定义的协议地极 CTP（Conventional Terrestrial System）方向，$X$ 轴指向 BIH1984.0 的零子午面和 CTP 赤道的交点，$Y$ 轴与 $X$，$Z$ 轴正交构成右手坐标系。对应于 WGS-84 大地坐标系，有 WGS-84 椭球。WGS-84 椭球采用的基本参数与克拉索夫斯基椭球的基本参数有所不同，表 2.1 列出了各椭球参数。

表 2.1　　　　　克氏椭球、WGS-84 椭球重要几何参数表

| 参考椭球 | $a$(m) | $b$(m) | $f$ | $e^2$ |
|---|---|---|---|---|
| 克氏椭球 | 6378245 | 6356863.019 | 1/298.3 | 0.006693421632 |
| WGS-84 椭球 | 6378137 | 6356752.314 | 1/298.257 223.563 | 0.006694379989 |
| 定位参数差 | 108 | 107.705 | | |

表 2.1 中 $a$，$b$，$f$，$e^2$ 分别表示椭球体的长半轴、短半轴、扁率和第一偏心率。克氏椭球与 WGS-84 椭球的长半轴相差 108m，短半轴相差 107.705m，两个差值并不相等。

北京-54 坐标系和 WGS-84 空间坐标系相对关系如图 2-4 所示（徐仕琪，2007）。

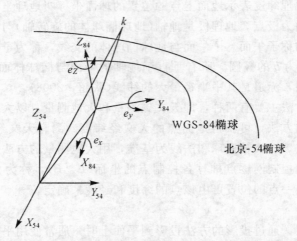

图 2-4　北京 54 空间坐标系与 WGS-84 空间坐标系的相对关系

（3）西安 80 坐标系统。西安 80 坐标系是我国广泛使用的、更适合我国实际情况的大

地测量系统。该系统椭球参数为 $a=6378140$，$f=1/298.257$。

（4）地方独立坐标系。地方独立坐标系是为方便地区使用而建立的坐标系统。不同地方独立坐标系统建立方式不尽相同，具体需要找出建立公式。但大部分都是由北京 54 坐标经过换带、旋转、平移而得到的。

2. 空间转换思想与转换模型

WGS-84 坐标、北京 54 坐标、西安 80 坐标之间是不同椭球的转换。在同一椭球内的转换都是严密的，而在不同椭球间的转换则是不严密的，即 WGS-84 坐标与北京 54 坐标、北京 54 坐标与西安 80 坐标、WGS-84 坐标与西安 80 坐标之间的转换是不严密的，它们之间不存在一套转换参数可以全国通用，每个地方的转换参数都不一样，因为它们是不同的椭球基准，因此每个地方的转换参数都要分别求取。在进行空间转换时，当工作区内有足够的已知两个坐标系的坐标时，首先选择 3 对高精度的控制点坐标对，这 3 个点应尽量布设均匀，各边边长应尽量接近，从而构成稳定的图形条件。

（1）两个椭球间的坐标转换。

一般而言，比较严密的是七参数法（冯帅，2008），即 $X$ 平移（$\Delta x$）、$Y$ 平移（$\Delta y$）、$Z$ 平移（$\Delta z$）、$X$ 旋转（$\varepsilon_x$）、$Y$ 旋转（$\varepsilon_y$）、$Z$ 旋转（$\varepsilon_z$）、尺度变化 $K$。七参数法转换公式的布尔莎公式如下：

$$\begin{cases} X=X_0+X_0K+\Delta x+\dfrac{Y_0}{\rho''}\varepsilon_z''-\dfrac{Z_0}{\rho''}\varepsilon_y'' \\[2mm] Y=Y_0+Y_0K+\Delta y-\dfrac{X_0}{\rho''}\varepsilon_z''+\dfrac{Z_0}{\rho''}\varepsilon_z'' \\[2mm] Z=Z_0+Z_0K+\Delta z+\dfrac{Y_0}{\rho''}\varepsilon_y''-\dfrac{Y_0}{\rho''}\varepsilon_x'' \end{cases} \tag{2-1}$$

式中，$X$、$Y$、$Z$、$X_0$、$Y_0$、$Z_0$ 分别表示已知公共点的新旧坐标。由公式 2-1 可知，要求得七参数就需要在一个地区有 3 个以上的公共已知点。利用三个以上公共已知点求得七参数后，把转换点坐标代入公式（2-1），就可以求得另一坐标系统坐标了。

（2）同一个椭球内不同坐标之间的转换。

同一个椭球内不同坐标系由于采用同一参数，它们之间可以用赫尔默特法进行转换。这就是我们所说的四参数转换，即 $X$ 平移，$Y$ 平移，旋转角度，尺度变化 $K$。赫尔默特法变换方程为：

$$\begin{cases} x=a+K(x\cos a+y\sin a) \\ y=b+K(-x\sin a+y\cos a) \end{cases} \tag{2-2}$$

式中，向量 $a$，$b$ 表示平移，$\alpha$ 是旧网 $X'$ 轴逆转至新网 $X$ 轴的转角，而 $K$ 是尺度因子，为此，必须有两个公共点，列出四个方程式，从而求出这四个未知参数。求出四参数以后，将需要转换的点的旧网坐标代入公式（2-2），就可以求出新网的坐标。

3. 数值拟合转换

如果无法获取参与坐标转换的空间参考的投影信息，可以采用单纯数值变换的方法实现坐标转换。

（1）多项式拟合转换。

根据两种投影在变换区内的已知坐标的若干同名控制点，采用插值法，或有限差分法、有限元法、待定系数最小二乘法，实现两种投影坐标之间的变换。这种变换公式为：

$$\begin{cases} X = \sum_{i=0}^{m} \sum_{j=0}^{m-i} a_{ij} x^i y^j \\ Y = \sum_{i=0}^{m} \sum_{j=0}^{m-i} b_{ij} x^i y^j \end{cases} \tag{2-3}$$

如取 $m=3$ 时，有

$$\begin{cases} X = a_{00} + a_{10}x + a_{01}y + a_{20}x^2 + a_{11}xy + a_{02}y^2 + a_{30}x^3 + a_{21}x^2y + a_{12}xy^2 + a_{03}y^3 \\ Y = b_{00} + b_{10}x + b_{01}y + b_{20}x^2 + b_{11}xy + b_{02}y^2 + b_{30}x^3 + b_{21}x^2y + b_{12}xy^2 + b_{03}y^3 \end{cases} \tag{2-4}$$

为了解算以上三次多项式，需要在两投影间选定相应的 10 个以上控制点，其坐标分别为 $x_i$，$y_i$ 和 $X_i$，$Y_i$，按最小二乘法组成法方程，并解算该方程组，得系数 $a_{ij}$、$b_{ij}$，这样就可确定一个坐标变换方程，由该方程对其他得变换点进行坐标转换。也有人把这种坐标转换法称为待定系数法。

(2)数值—解析变换。

数值—解析变换是先采用多项式逼近的方法确定原投影的地理坐标，然后将所确定的地理坐标代入新投影与地理坐标之间的解析式，求得新投影的坐标，从而实现两种投影之间的变换。多项式逼近形式为：

$$\begin{cases} \varphi = \sum_{i=0}^{n} \sum_{j=0}^{n} a_{ij} x_i y_i \\ \lambda = \sum_{i=0}^{n} \sum_{j=0}^{n} b_{ij} x_i y_i \quad (i+j \leqslant n) \end{cases} \tag{2-5}$$

式中，$n$ 为多项式的次数。

**4. WGS-84 坐标到北京 54(BJ-54)坐标的转换**

在进行 WGS-84 和 BJ-54 坐标转换时，一般要经过的流程如图 2-5 所示(徐仕琪，2007)。该流程可以分为两个步骤：先用 3 个公共点的坐标求解七参数，然后将待定点的 WGS-84 坐标利用解出的七参数，求得其转换到 BJ-54 平面坐标系的坐标。

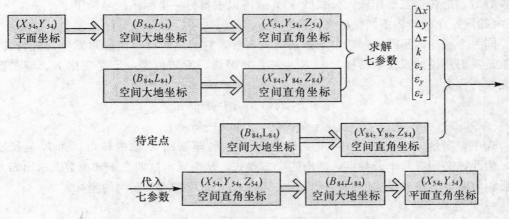

图 2-5　WGS-84 和北京 54 坐标转换流程示意图

(1)七参数的测定。

① 将 3 个已知点的 BJ-54 平面坐标根据克拉索夫斯基椭球参数进行高斯反算，由公式(2-3)求出这 3 个点的空间大地坐标(即经纬度坐标)：

$$\begin{cases}
B = Bf - [1 - (b_4 - 0.12Z^2)Z^2]Z^2 b_2 \rho \\
l = [l - (b_3 - b_5 Z^2)Z^2]Z\rho \\
L = L_0 + l \\
Bf = \beta + \{50221746 + [293662 + (2350 + 22\cos^2\beta)\cos^2\beta]\cos^2\beta\} \times 10^{-10} \sin\beta\cos\beta \times \rho \\
\beta = X\rho / 6367558.4969 \\
Z = Y / (Nf\cos^2\beta) \\
Nf = 6399698.902 - [21562.267 - (108.973 - 0.312\cos^2 Bf)\cos^2 Bf]\cos^2 Bf \\
b_2 = (0.5 + 0.003369\cos^2 Bf)\sin Bf\cos Bf \\
b_3 = 0.333333 - (0.166667 - 0.001123\cos^2 Bf)\cos^2 Bf \\
b_4 = 0.25 + (0.16161 + 0.00562\cos^2 Bf)\cos^2 Bf \\
b_5 = 0.2 - (0.1667 - 0.0088\cos^2 Bf)\cos^2 Bf
\end{cases} \tag{2-6}$$

式中，$B$ 表示大地坐标的纬度，$L$ 表示大地坐标的经度，$L_0$ 为中央子午线的经度，$X$，$Y$ 为北京 54 平面坐标，$\rho = 206264.806$。上式的高斯反算是由泰勒级数展开式舍去高于 6 次项的结果，$B$，$L$ 计算经度可达 0.0001s。

② 根据北京 54 坐标系的椭球体由公式(2-7)将空间大地坐标$(B，L)^T$ 换算成空间直角坐标$(X_{54}，Y_{54}，Z_{54})^T$。

$$\begin{bmatrix} X \\ Y \\ Z \end{bmatrix} = \begin{bmatrix} N\cos B\cos L \\ N\cos B\sin L \\ N(1 - e^2) \end{bmatrix} \tag{2-7}$$

式中，$e^2$ 表示椭球体的第一偏心率，其余各个符号所表示的内容同公式(2-6)中对应符号所表示的内容一致。

③ 将 GPS 测定的 3 个大地坐标$(B_{84}，L_{84})^T$，由 WGS-84 椭球参数，按公式(2-7)转换成空间坐标形式$(X_{84}，Y_{84}，Z_{84})^T$。

④ 根据具有 WGS-84 坐标又具有 BJ-54 坐标的 3 个已知点，利用公式(2-1)求七参数。3 个公共点的$(X，Y，Z)^T$ 可列 9 个方程，要求 7 个参数，可得误差法方程式(2-5)，将 3 个公共点的坐标代入式(2-8)，应用最小二乘原理可以求出两个坐标系进行旋转的 7 个参数：

$$\begin{bmatrix} V_x \\ V_y \\ V_z \end{bmatrix} = \begin{bmatrix} 1 & 0 & 0 & X_{84}' & 0 & -Z_{84}' & Y_{84}' \\ 0 & 1 & 0 & Y_{84}' & Z_{84}' & 0 & -Y_{84}' \\ 0 & 0 & 1 & Z_{84}' & -Y_{84}' & X_{84}' & 0 \end{bmatrix} \begin{bmatrix} \Delta x \\ \Delta y \\ \Delta z \\ k \\ \varepsilon_x \\ \varepsilon_y \\ \varepsilon_z \end{bmatrix} + \begin{bmatrix} X_{84}' - X_{54}' \\ Y_{84}' - Y_{54}' \\ Z_{84}' - Z_{54}' \end{bmatrix} \tag{2-8}$$

通过上述模型，利用重合点的两套坐标值，采取平差的方法可以求得转换参数。求得转换参数后，再利用上述模型进行坐标转换。对于重合点来说，转换后的坐标与已知坐标值有一差值，其差值的大小反映了转换后坐标的精度。其精度与被转换的坐标精度有关，也与转换参数的精度有关。

（2）WGS-84 坐标与北京 54 坐标的转换。

① 利用公式（2-1）将所有需要转换的 WGS-84 坐标全部转换为北京 54 坐标，即将 $(X_{84}', Y_{84}', Z_{84}')^T$ 坐标利用公式（2-1）求出 $(X_{54}, Y_{54}, Z_{54})^T$。

② 根据北京 54 坐标的克拉索夫斯基椭球参数，利用公式（2-9），将 $(X_{54}, Y_{54}, Z_{54})^T$ 转换为大地坐标 $(B_{84}', L_{84}')^T$。

$$
\begin{cases}
L = \arctan\left(\dfrac{Y_{54}}{X_{54}}\right) \\[2mm]
B = \arctan\dfrac{a\sqrt{a^2 - x^2 - y^2}}{b\sqrt{X^2 + Y^2}}
\end{cases}
\tag{2-9}
$$

③ 将正算得到的北京 54 大地坐标利用公式（2-10）进行高斯正算，得到的结果就是所要求的北京 54 平面直角坐标。

$$
\begin{cases}
X = 6367558.4969\dfrac{B}{\rho}\{a_0 - [0.5 + (a_4 + a_6 l^2)l^2]l^2 N\}\cos B\sin B \\[1mm]
Y = \{[1 + (a_3 + a_5 l^2)l^2]N\}\cos B \\[1mm]
N = 6399698.902 - [21562.267 - (108.973 - 0.612\cos^2 B)\cos^2 B]\cos^2 B \\[1mm]
a_0 = 32140.404 - [135.3302 - (0.7092 - 0.004\cos^2 B)\cos^2 B]\cos^2 B \\[1mm]
a_4 = (0.25 + 0.00252\cos^2 B)\cos^2 B - 0.04166 \\[1mm]
a_6 = (0.166\cos^2 B - 0.084)\cos^2 B \\[1mm]
a_3 = (0.3333333 + 0.001123\cos^2 B)\cos^2 B - 0.166666 \\[1mm]
a_5 = 0.0083 - [0.1667 - (0.1968 + 0.004\cos^2 B)\cos^2 B]\cos^2 B
\end{cases}
\tag{2-10}
$$

上式的高斯正算公式是由泰勒级数展开式舍去 6 次项的结果，$X$，$Y$ 的计算精度可达 0.001m。在该公式中，$l = L - L_0$，其中 $L$ 表示 WGS-84 坐标系某一点的纬度，$L_0$ 表示该点所在区域的中央经线的纬度。

**5. 北京 54 坐标到西安 80 坐标的转换**

北京 54 坐标和西安 80 坐标是基于不同的大地基准面和参考椭球体的两种坐标系，因而在两种坐标系下，同一个点的坐标是不同的。

西安 80 坐标系与北京 54 坐标系间的转换其实是一种椭球参数的转换。这种在不同的椭球之间的转换是不严密的，因此，不存在一套可以全国通用的转换参数，在每个地方都会不一样，因为它们采用两个不同的椭球基准。这样两个椭球间的坐标转换，一般而言，比较严密的是用七参数布尔莎模型。在一个地区要求出七参数需要 3 个以上的已知点。如果区域范围不大，最远点间的距离不大于 30km（经验值）时，可以用 3 个参数，即 $X$ 平移，$Y$ 平移和 $Z$ 平移，而将七参数中的其他参数视为 0。

北京 54 坐标系和西安 80 坐标系间的转换，必须借助已知点在两种坐标系下的坐标，推算出变换参数，然后再对待转换坐标进行转换。在选择参考点时，注意不能选择河流、等高线、地名、高程点，公路尽量也不选，因为这些要素在两种坐标系上变换都很大，不能用做参考，而应该选择固定物，如电站、桥梁等。

**6. 地方坐标系与国家坐标系的转换**

地方坐标系通常是根据需要以本区某国家控制点为原点（地方坐标系的起算点），以过原点的经线为中央经线建立的。原点通常选择在区域的中部或者西南角。地方坐标系与国家坐标系关系如图 2-6 所示。

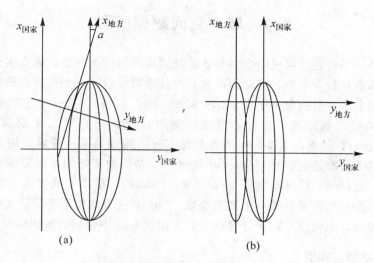

图 2-6　地方坐标系与国家坐标系关系

目前，我国许多城市的大比例尺地图通常只表示其地方坐标系，一般不表示国家坐标系，也不表示经纬度。这类地图数据的通用性一般较差，成为多源数据集成的一个障碍。地方坐标系转换为国家坐标乃至地球坐标有直接变换法和间接变换法两种方法。

（1）直接变换法。

如图 2-6 所示，地方坐标系与国家坐标系之间存在一种旋转与平移的关系。因此，进行两坐标系转换的最直接办法就是求算地方坐标系相对于国家坐标系的旋转角度和平移量，进而进行坐标转换，步骤如下：

① 计算地方坐标系相对于国家坐标系的旋转角。在高斯-克吕格投影中，除中央经线投影为直线外，其余经线均对称并收敛于中央经线。根据国家坐标系和地方坐标系的建立原则，国家和地方两坐标系的夹角即为子午线收敛角。若已知某地方原点的经纬度，利用子午线收敛公式便可以计算出地方坐标系相对于国家坐标系的旋转角度 $\alpha$。

② 计算平移量：从图 2-6 可知，平移量即为地方坐标系的原点在国家坐标系中的坐标值。若已知某地方坐标系的原点经纬度，可先计算原点与中央经线的经差，再利用高斯-克吕格投影公式计算地方坐标系相对于国家坐标系的平移量 $x_0$，$y_0$。

③ 变换坐标。根据地方坐标系与国家坐标系之间的关系，退出其转换公式如下：

$$\begin{cases} x_{国家} = x_0 + x_{地方}\cos a + y_{地方}\sin a \\ y_{国家} = y_0 - x_{地方}\sin a + y_{地方}\cos a \end{cases} \tag{2-11}$$

（2）间接变换法。

间接变换法的出发点是把地方坐标系的建立与国家高斯直角坐标系等同起来，把它看成是以地方中央子午线（地方原点处的经线）为直角坐标纵轴，以赤道北偏一定距离（地方原点到赤道的经线弧长）并垂直于中央经线的直线为横轴的地方高斯直角坐标（图 2-6（b））。这样，坐标系变换的实质就成为投影带的变换，可以由地方直角坐标反解大地坐标，再根据大地坐标正解国家高斯直角坐标（边馥苓，2006）。

# 2.4　城市空间数据模型

数据模型是一系列在计算机中描述和表达现实世界的构建方法。地理实体是连续且极其复杂，而计算机却是有限的、相对简单且只能处理数字数据。当在计算机中表达现实世界时，一般有四个层次的抽象水平(Paul A. Longley，2005)。第一个层次是现实世界的物理实体(reality)，如建筑、道路、河流、湖泊以及人等；第二个层次是概念模型(conceptual model)，是面向人类的，通常都是部分的构建与某一特定应用领域相关的地物或过程；第三个层次是逻辑模型(logical model)，是面向实施的，通常以流程图或列表的形式来表达；最高的一层是物理模型(physical model)，是描述如何在 GIS 中予以实现的，通常是由存在的文件或数据库中的表组成。"物理"一词是使用容易让人产生误导，因为其并非是物理的，而仅仅存在于计算机中。下面就 GIS 中常用的数据模型予以阐述。

### 2.4.1　栅格数据模型

栅格数据模型用规则的正方形或者矩形栅格组成，每个栅格点或者像素的位置由栅格所在的行列号来定义，栅格的数值为栅格所表达的内容的属性值。从这种意义上来讲，栅格数据可以称为"属性明显，位置隐含"空间数据表达方式(廖克，2007)。

每个栅格点代表了实际地表上的一个区域，如果一个栅格单元代表的地表区域越小，数据越精确，但是数据量也越大。栅格单元的大小称为数据的分辨率。对于 100 米的分辨率，一个面积为 $100km^2$ 的区域就有 100 行×100 列个栅格，即 10000 个像元，可想而知一幅地图图像需要相当大的存储空间。随着分辨率的增大，对存储空间的要求还要成几何级数的增加。数据量大是栅格结构的一大特点，正是因为如此，它的数据结构简单，不同类型的空间数据层不需要经过复杂的几何计算就可以进行叠加操作。另外，它是某些地理空间实体和现象必不可少的表示方法，如表面实体、TIN、DEM 等。栅格数据的表达形式非常适合模拟连续变化的地理空间，特别是属性特征随空间变化程度很高的区域，例如在卫星图像上所表现的海岸带分布。栅格数据的缺点是不便于表示点、现状实体，主要是因为这两类实体没有大小，而栅格数据中的像元是由一定大小的；另外栅格数据不适合于表达和分析地理实体之间的空间关系(王家耀，2004)。

此外，在栅格数据模型中，栅格点的数值含义由用户指定，一般来讲，其含义由两种类型：一种是指实际的测量数值，如温度、数字高程模型等；另一种是代表某种类型的编码，如土地利用等。

### 2.4.2　矢量数据模型

矢量模型的基本类型起源于"Spaghetti"模型。一个地理实体应具有多种属性，如对于城市而言，具有名称、位置、人口、产值等属性，这些属性可以分为空间属性和非空间属性，在地理信息系统中，则着重关注空间属性。地理实体可以分为点实体、线实体、面实体三种。

(1)点实体：在小比例尺的地图上的城市可以认为是点实体。在三维空间中，点实体可以用一对坐标 $x$，$y$ 来定位；

（2）线实体：在小比例尺的地图上的道路、河流等线实体。线实体可以认为是由连续的直线段组成的曲线，用坐标对的集合$(x_1，y_1；x_2，y_2；\cdots；x_n，y_n)$来记录。在现实世界中，许多的线地物都具有分形的特性；而在地理信息系统中，记录一条线的坐标点的数目是有限的，因而记录线实体需要进行坐标数据采集，通常组成曲线的线元素越短，$x$、$y$坐标数量越多，而越逼近于实际的曲线。

（3）面实体：行政区在地理信息系统中通过面实体来表达。在记录面实体时，通常通过记录面状地物的边界来实现，因而有时也称为多边形数据。

如果向三维地理空间扩展还包括表面和立体，根据是否在数据结构中建立实体之间的拓扑关系，矢量数据模型又分为拓扑数据模型和 Spaghetti 数据模型。

在拓扑数据模型中，多边形的边界被分割成一系列的弧和节点，弧、节点和多边形之间的空间关系可以在属性数据中体现出来。在 Spaghetti 数据模型中两个相邻的多边形之间的共同边界分两次记录，这既浪费了大量的存储空间，同时也导致双重边界不能精确的匹配。拓扑数据模型的弧的左、右多边形边界被精确定义，因此多边形边界不会重复，空间对象的拓扑属性，如邻接性、包含关系和连通性很容易求得。通常空间对象的拓扑属性是在 Spaghetti 数据模型空间坐标基础上定义的。在 GIS 中，拓扑生成意味着给 Spaghetti 数据增加拓扑结构，例如，假设有一幅用 CAD 软件生成的多边形 Spaghetti 图，在进行空间分析操作之前可在 GIS 中增加或建立拓扑关系。一旦空间数据建立了拓扑关系，修改、增加或删除多边形边界不仅影响到中间点的空间坐标，也影像到弧和节点的拓扑属性，因此，在应用前还需要重新建立数据的拓扑关系。

采用矢量数据模型非常自然地表达空间实体及其之间的相互关系，表达的空间数据比栅格数据模型占用的存储空间要少得多，比较适合于表达地图上的图形，地理空间对象也都能被精确地表达，因为中间点能较好地拟合成光滑曲线。拓扑数据模型使得需要拓扑信息的空间处理和分析非常有效。

由于栅格和矢量数据模型各有优缺点，目前的 GIS 软件都支持栅格和矢量两种数据模型。

### 2.4.3　矢量-栅格一体化模型

在矢量-栅格一体化模型中，面状对象用矢量边界的表达方法，同时也用栅格方法表达。线状对象一般用矢量方法表达，如果将矢量方法表示的线状对象也用像元空间填充表达的话，就能够将矢量和栅格的概念统一起来，进而发展矢量-栅格一体化的数据模型。假设一个线状对象数字化时，恰好在所经过的栅格内都获得了取样点，这样的数据就具有矢量和栅格双重性质。一方面，它保留了矢量数据的全部特性，对象具有明显的位置信息，并能建立拓扑关系；另一方面，又建立了栅格与对象的关系，即路径上的每一点都与对象直接建立了联系。因此，可采用填充线状对象路径和填充面状对象空间的表达方法作为一体化数据结构的基础。从本质上说，矢量-栅格一体化数据模型是一种以栅格为基础的数据模型。

### 2.4.4　网络数据模型

网络数据模型是现实世界中网络系统（如交通网、通信网、自来水管网、煤气管网等）

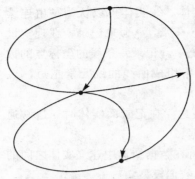

图 2-7　网络数据模型图

的抽象表示。网络是由若干线性实体互联而成的一个系统，构成网络的最基本元素是这些线性实体以及它们的链接交汇点。前者常被称为网线或链，后者一般被称为节点，如图 2-7 所示(边馥苓，2006)。

网络模型中的不同元素及组成成分如下：

(1)网线：网线是构成网络的线性实体，是资源传输或通信联络的通道，可以代表公路、铁路、航线、水管、煤气管、河流等。

(2)节点：既是网线的端点，又是网线汇合点，可表示交叉路口、中转站、河流汇合点等。

(3)附属元素：① 站点，是在路径分析中用来表示途经地点的，可以进行资源装卸的节点；② 中心，是在资源分配中用来表示资源发散地点或资源汇聚地点的节点；③ 障碍，对资源传输或通信联络起阻断作用的节点。

(4)特殊的属性数据：① 网线的阻碍强度，为了实施路径分析和资源分配，网线数据应包含正反两个方向上的阻碍强度，如流动时间、耗费等；② 网线的资源需求量，如学生人数、水流量、顾客量等；③ 节点资源需求量；④ 节点转角数据，可以更加细致地模拟资源流动时的转向特性，具体地说，每个节点可以拥有一个转向表，其中的每一项说明了资源从某一网线经该节点到另一网线时所受的阻碍强度。

(5)与中心相联系的数据：① 中心的资源容量；② 阻碍限度，即资源流出或流向该中心所能克服的最大累积阻碍；③ 延迟量，表达中心相对于其他中心的优先从程度。

(6)与站点相关的数据：主要指的是传输量，即资源装卸量、阻碍强度等。

### 2.4.5　时空数据模型

传统应用往往只涉及地理信息的空间维度和属性维度，时空数据模型的核心问题是研究如何有效地表达、记录和管理现实世界的实体及其相互关系随时间不断发生的变化，即地理信息的时间维度。

这种时空变化表现为 3 种可能的形式：一是属性变化，其空间坐标和位置不变；二是空间坐标和位置变化，而属性不变，这里的空间坐标或位置变化既可以是单一实体的位置、方向、尺寸、形状等发生变化，也可以是两个或两个以上的空间实体之间的关系发生变化；三是空间实体或现象的坐标和属性都发生变化。

时空数据模型的特点是语义更加丰富，对现实世界的描述更准确，其物理实现的最大困难在于海量数据的组织与访问。当前，主要的时空数据模型有时空立方体模型、序列快照模型、基态修正模型、时空复合模型等。几种模型都具有自己的特点和适用范围，如基态修正模型比较适合于栅格模型的时态性功能开发等。目前，常见的时空数据组织方法有以下 3 种：

(1)将时间作为新的一维：在概念上最直观的方法是将时间作为信息空间中心的一维，主要有两种表示方式：① 使用 3 维的地理矩阵，以位置、属性和时间分别作为矩阵的行、列和高；② 用四叉树表达 2 维数据，用八叉树表示立方体，则可用十六叉树表示时空模型。

（2）基态修正法：不存储研究区域每个状态的全部信息，只存储某个时间的数据状态（称为基态）以及相对于基态的变化量，数据量可大大减小，这种方法称为基态修正法。毫无疑问，在基态修正法中，将检索最频繁的状态作为基态。但是，目标在空间和时间上的内在联系反映不直接，会给时空分析带来困难。

（3）时空复合法：将空间分割为具有相同的时空过程的最大单元，称为时空单元，每个时空单元在存储方法上被看成是静态的空间单元，并将该时空单元中的时空过程作为属性来存储。

### 2.4.6 面向对象的数据模型

面向对象的数据模型将空间现象看成是对象的集合体。空间数据组织中的各种地物，在几何性质方面不外乎表现为 4 种类型，即点状地物、线状地物、面状地物以及由它们混合组成的复杂地物，因而这 4 种类型可以作为各种地物类型的超类（图 2-8）。从几何位置抽象角度看，点状地物为点，具有 $x$、$y$ 坐标；线状地物由弧段组成；弧段由节点组成；面状地物由弧段和面域组成；复杂地物可以包含多个同类或不同类的简单地物（点、线、面），也可以再嵌套复杂地物。因此，弧段聚集成线状地物，简单地物组合成复杂地物，节点的坐标可由标识号传播给线状地物和面状地物。为了描述空间对象的拓扑关系，空间对象的抽象，除了点、线、面、复杂地物外还可再加上节点、弧段等几何元素。

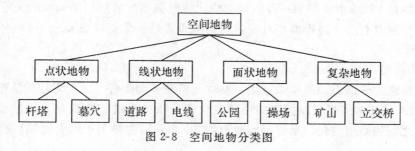

图 2-8 空间地物分类图

采用面向对象的数据模型，可以将物体的空间图形数据和属性数据集成在同一个对象中处理，这有利于将空间图形数据与属性数据对应起来，发现目标的集合性质与属性的对应关系。面向对象的数据模型提供了丰富的数据表达能力，能够更自然地表示客观世界。对地图上的混合实体（如若干建筑物组成的街区等）的表示，如果用关系模型描述，则会形成"表中表"的嵌套。应用面向对象的继承机制，建立空间目标的子类与超类，则可以用继承的方式来实现对"表中表"的处理。聚集和联合是实现空间数据建设混合目标的常用手段。对于空间实体的多媒体属性表示，应容许图形实体携带多媒体文件以附加说明，面向对象的数据模型便于将空间目标本身及所带附加的说明，如照片、录像、语音等封装为一体。

面向对象方法为数据模型的建立提供了 4 种数据抽象技术（分类、概括、联合、聚集）。分类是把一组具有相同结构的实体归类的过程，这些实体是属于这个类的实例对象。概括是将一组具有部分相同属性结构和操作方法的类归纳成一个更高级的层次，更具有一般性的类的过程。如果把一组属于同一类的对象组合起来，形成一个更高级的集合对象，这一抽象过程就叫联合。集合对象中的每个对象称为它的成员对象。聚集与联合相似，但它是把一组不同类型的对象联合起来，形成一个更高级的复合对象。每个不同类型的对象成为它的组件对象。用这几种技术构造的数据模型要比传统的数据模型丰富得多，更适于定义复杂的地理实体和对复杂对象的直接操作，因此，面向对象数据模型称为较为理想的统一管理空间数据的有效模型。但是，面向对象数据库目前仍未在市场以及关键任务应用方面被广泛接受，其主要原因很多，如作为一个数据库系统还不是十分成熟，与传统的关系型数据库之间缺少应用的兼容性，商业化程度方面不够等（边馥苓，2006）。

### 2.4.7 三维数据模型①

三维空间数据模型大致可以分为两大类：一类是基于表面表示的数据模型，如格网结构（grid）、不规则三角形格网（TIN）、边界表示（BR）和参数函数等，这类数据模型侧重于3D空间表面表示，如地形表面、地质表面等，通过表面表示形成 3D 空间目标表示，其优点是便于显示和数据更新，不足之处是空间分析难以进行；另一类是基于体表示的数据模型，如 3D 栅格（array）、八叉树（octree）、实体结构几何法（CSG）和四面体格网（TEN）等，这类数据结构侧重于 3D 空间体的表示，如水体、建筑物等，通过对体的描述实现 3D 空间目标表示，其优点是适于空间操作和分析，但占用存储空间较大，计算速度也较慢。此外，也可实现多种数据模型的集成。

1. 基于表面表示的数据模型

（1）2D 规则格网（grid）。

格网结构是 DEM 中常用的一种数据结构。地形被划分成规则的 $m \times n$ 格网，如图 2-9所示。每个格网点有一个高程值相对应，其基本元素是一个点，主要用于 DEM 中等高线的 2.5D 表示。

（2）形状模型（shape）。

形状结构通过表面点的斜率来描述，基本元素是表面上各单元所对应的法线向量，如图 2-10 所示。其基本思想是以像素的明暗变化来反映地表的坡度变化，通过坡度变化可以求出像素之间的高度变化，最终确定地形的 3D 表面。主要用于表面的 3D 重建。

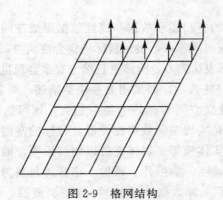

图 2-9　格网结构

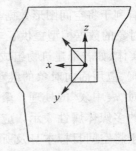

图 2-10　形状模型

（3）面片模型（facts）。

它是用不同形状的面片近似表示对象的表面。面片的形状有正方形、规则三角形、不

---

① 引自：王家耀著，空间信息系统原理，北京：科学出版社，2004.

规则三角形和泰森多边形等，其中，不规则三角形(TIN)是最常用的一种面片，它具有许多特点。例如：在绘制等高线时避免了"鞍部点问题"；计算坡度等地形参数容易实现；不规则的点分布符合采样的实际情况；可以根据表面的复杂程度变化三角形的大小，以消除多余数据，并较好地近似对象表面。把高程值结合到每一个三角形的顶点，便形成地形表面的 2.5D 表示。

(4)边界模型(boundary representation，BR)。

即边界表示。它是一种分级表示方法。其基本思想是：空间的任何对象都可以分解为点、线、面、体四类元素的组合，每类元素由几何数据、分类标志及与其他类元素的相互关系(拓扑关系)来描述，如图 2-11 所示。在实际应用中，为了将观测数据转换成边界表示，元素之间的关系必须确定下来。而地学的研究对象通常是未知的，因而这个过程非常困难，有时甚至不可能实现，而且边界表示对于布尔操作难以进行，整个特征的计算也很费时。所以，目前边界表示主要用于 CAD/CAM 系统及工程等方面。

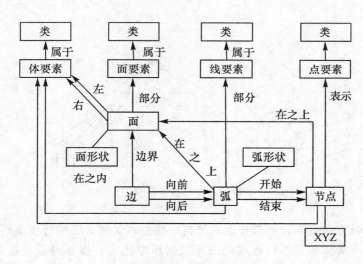

图 2-11　边界表示

(5)参数函数(parameter function)。

采用函数法如非均匀有理 B 样条(NURBS)函数表示地学表面，具有节省存储空间、数据处理简便易行、且可以保证空间唯一性和几何不变性等优点。非均匀有理 B 样条函数是 B 样条函数的一种，它保留了 B 样条的优点，具有透视不变性(控制点经过透视变换后生成的曲面与生成曲面再变换是等价的)，不仅可以表示自由曲面，而且还可以精确表示球面等形状，能给出更多的控制形状的自由度以生成多种形状。这些特点能较好地适应 3DGIS 中有关面的表示的需要，因此，NURBS 对于地学表面的表示有很高的应用价值。

综上所述，这五种数据模型中，边界表示适于表示具有规则形状的对象，其他四种则适于表示具有不规则形状的对象。

2.基于体表示的数据模型

(1)3D 栅格(array)。

3D 栅格是一个排列紧密充满 3D 空间的阵列，其元素值是 0 或 1，其中"0"表示空，

"1"表示对象占有。这种数据结构存储数据没有任何压缩，存储空间浪费很大，计算速度也较慢，一般只作为中间表示使用。

（2）行程模型（run length）。

它是在对 3D 栅格进行改进的基础上产生的。该结构利用行程编码技术来减少占用的存储空间，其具体做法是在每个（$X$，$Y$）位置上，对其相应的 $Z$ 方向进行编码，以达到数据压缩的目的。

（3）八叉树模型（octree）。

八叉树结构是 2D 四叉树结构在空间的扩展，如图 2-12 所示。在八叉树的树形结构中，根节点表示一个包含整个目标的立方体，如果目标充满整个立方体，则不再分割；反之，要分成八个大小相同的小立方体。对每一个这样的小立方体，如果目标充满它或它与目标无关，则不再分割；否则继续将其分成八个更小的立方体。按此规则一直分割到不再需要分割或达到规定的层次为止。如果层次数为 $n$，则八叉树的表示与"$2^n \times 2^n \times 2^n$"的 3D 栅格相对应。

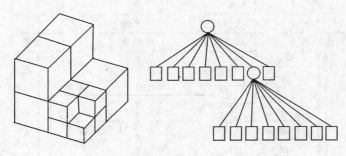

图 2-12　八叉树模型

八叉树的编码方法有四种，即普通八叉树、线性八叉树、三维行程编码和深度优先编码。其中，线性八叉树和三维行程编码由于数据压缩比大、操作灵活，在 3DGIS 中应用较多。它是一种近似表示，特别适于表示复杂形状的对象；它对于布尔操作和整数特征的计算效率很高，明显优于边界模型；八叉树模型由于内在的空间顺序使其便于显示，它的不足之处是难以进行几何变换。

有些学者提出了"扩展八叉树"的概念，其目的是将矢量表示的优点与八叉树结合起来。在扩展八叉树中，除了八叉树原有的节点类型（即实、空、灰）以外，还增强了面节点、边节点和顶点节点等新的节点类型，这样就减少了划分层次，收到了减小存储空间和提高布尔操作速度的效果。

（4）结构实体几何法（constraction solid geometry，CSG）。

CSG 的基本概念由 Voelcker 和 Requicha 提出。它是用预先定义好的具有一定形状的基本体素的组合来表示对象，体素之间的关系包括几何变换和布尔操作，表示一个 CSG 模型的最自然的方法是布尔树（图 2-13），它能按如下方式定义：

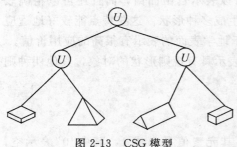

图 2-13　CSG 模型

&lt;CSG 树&gt;∷=&lt;体素&gt;｜&lt;CSG 树&gt;&lt;集合运算&gt;&lt;CSG 树&gt;｜
&lt;CSG 树&gt;&lt;刚体移动&gt;

其中，&lt;体素&gt;是物体体素的引用，它通过一个体素标识符和一系列尺寸参数来表示；&lt;刚体移动&gt;是一个平移或一个转动；&lt;集合运算&gt;是布尔集合运算之一，包括并、交、差。于是，体被表示成 CSG 树的叶，而内部的节点用一个布尔集合运算或一个刚体移动来标识。

(5)四面体格网模型(tetrahedral network，TEN)。

四面体格网模型(TEN)是不规则三角形格网模型(TIN)向 3D 的扩展，它以不规则四面体作为最基本的体素来描述对象。TEN 是以连接但不重叠的不规则四面体构成的格网，并且满足 Delaunay 条件(图 2-14)。该模型是基于简单的组合，即点、线、面形成体；是基于线性的组合，即它的几何变换可以变为每个四面体变换后的组合；它可以被视为一种特殊的体元结构(不规则大小)，具有包括快速几何变换在内的许多体结构的优点，而且不需要像体结构那么多的存储空间；它也可以看做是一种特殊的 BR 表示(最简单)，也具有诸如拓扑关系的快速处理等一些 BR 结构的优

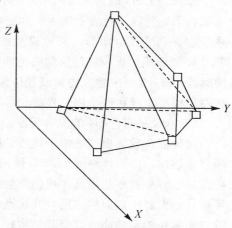

图 2-14 不规则四面体模型

点；因为在 3D 空间每一个四面体相对观察点是独立的，可以用计算机图形学中最简单的算法来消除隐藏面，所以 TEN 适用于快速显示。

上述三维数据模型中，CSC 适于表示规则形状的对象，3D 栅格模型、八叉树模型和行程模型适于表示不规则形状的对象，而 TEN 则既可以表示规则形状的对象，也可以表示不规则形状的对象。

**3. 三维空间数据模型的集成**

采用单一的数据模型，很难有效地描述各种类型的空间实体，而且 3DGIS 的应用领域非常广泛，不同的应用领域对空间目标所要进行的操作和分析差别很大，可以说，没有一个实体的模型或抽象能表示实体的所有方面，设计一种适合所有情况的数据模型是很困难的，甚至是不可能的。实际上，在处理像三维地理空间复杂对象时，有些模型适于表示规则对象，另一些模型则适于描述不规则目标；矢量模型有利于图形输出，而不利于空间分析，栅格模型则具有相反的特点。所以，充分利用不同数据模型对描述不同空间实体所具有的优点，将它们集成在一起，是完整地描述三维地理空间对象的有效途径。

(1)TIN 与 CSG 的集成。

这种集成数据模型适用于城市 3DGIS。因为在城市 3DGIS 中，描述的主要三维地理空间对象是地形和建筑物。地形是不规则的，用 TIN 来描述；建筑物是几何形状已知的规则目标，在很多情况下，人们关心的是它的整体结构而不是它内部的拓扑关系，因此用 CSG 来描述。

与规则格网 DEM 相比，TIN 对于复杂表面的表示具有较高的精度、较小的数据量和较短的计算时间。通过增加约束条件，如山脊线、谷底线、边界等，TIN 模型能够有效

地描述各种特点的地形形态。TIN 模型生成的关键是确定唯一的一组能有效描述地形特征的三角形，在多种三角形格网中，Delaunay 三角形格网具有突出的特点，并被广泛用于 TIN 模型。

用 CSG 表示规则地理空间目标，可以将其描述为一棵树。树中的叶节点对应一个体素并记录体的基本定义参数；树的根节点和中间节点对应于一个正则集合运算符；一棵树以根节点作为查询和操作的基本单元，它对应于一个目标名。

TIN 与 CSG 的集成与 CAD 中的 CSG 与 BR 的集成不同，后者是对同一目标的两种不同表示，并以一种表示为主；而前者是两种模型分别表示两类目标，即 CSG 模型表示建筑物，TIN 表示地形，两种模型的数据分开存储。为了实现 TIN 与 CSG 的集成，在 TIN 模型形成过程中将建筑物的地面轮廓作为内部约束，如同处理水域等面状地物一样，同时将 CSG 模型中建筑物的编号作为 TIN 模型中建筑物的地面轮廓多边形的属性，并且将两种模型集成在一个用户界面。

(2)八叉树与 TEN 的混合模型。

这种混合数据模型适用于地质、矿山和海洋等领域。在这种混合数据模型中，八叉树做整体描述，四面体格网（TEN）做局部描述。由前面的介绍可知，对于八叉树模型，其数据量随着分辨率的提高将成倍增加，且是一个近似表示，但它具有结构简单、操作方便等优点；而对于四面体格网，其优点是能保存原始观测数据，具有精确表示目标和较复杂的空间拓扑关系的能力，但其结构较八叉树复杂，在某些情况下数据量较大。单独采用八叉树或 TEN 会造成数据量巨大，难以处理的困难。所以，将两者结合起来，充分发挥各自的优点，实现一种基于两者的混合数据模型具有理论和实际意义。图 2-15 是利用混合模型精确表示一个三维目标的示例，图 2-16 是相应的数据组合。在图 2-16 中，SX 用来实现八叉树与 TEN 的结合，其中"S"是标识符，"X"是指针，如某一八叉树编码的属性值"SX"为 73，则表示该八叉树编码引导一局部的四面体格网，指针用来在四面体数据中搜索对应的内容。另外，通过八叉树编码可以得到编码对应的八分体的八个顶点，如图 2-15 中的(3，3，2)和(3，4，2)等，将它们与八分体内的特征点（如 201 和 202 等）结合起来，就可以形成局部四面体格网。

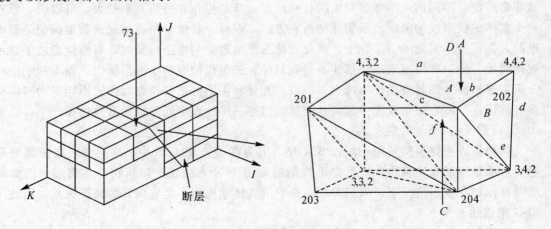

图 2-15　混合矢量模型

八叉树

| 编码 | 属性 |
| --- | --- |
| ... | |
| 73 | SX |
| ... | |

四面体

| 体号 | 面号 | 属性 |
| --- | --- | --- |
| ... | | |
| 1 | A,B,C,D | |
| ... | | |

三角形

| 面号 | 线段号 | 属性 |
| --- | --- | --- |
| A | a, b, c | |
| B | b, d, e | |
| C | c, e, f | |
| D | a, d, f | |
| ... | | |

线

| 线号 | 起点 | 终点 | 属性 |
| --- | --- | --- | --- |
| a | 4,3,2 | 4,4,2 | |
| b | 202 | 4,4,2 | |
| c | 4,3,2 | 202 | |
| d | 4,4,2 | 3,4,2 | |
| ... | | | |

节点

| 点号 | $X$ | $Y$ | $Z$ | 属性 |
| --- | --- | --- | --- | --- |
| 201 | $X_{201}$ | $Y_{201}$ | $Z_{201}$ | |
| 202 | $X_{202}$ | $Y_{202}$ | $Z_{202}$ | |
| 203 | $X_{203}$ | $Y_{203}$ | $Z_{203}$ | |
| 204 | $X_{204}$ | $Y_{204}$ | $Z_{204}$ | |
| ... | | | | |

图 2-16　混合模型的数据组织

　　尽管混合模型有许多优点,但在实际应用中,并非一概都要采用这种混合模型,而应根据实际情况来决定。例如,在描述地质体的构模中,当地质体比较完整时,采用八叉树模型来描述效果较好;当地质体比较破碎、断层较多时,比较适合用 TEN 模型来描述;而当地质体中断层较少时,采用混合模型来描述比较合适。

　　(3)矢量栅格集成的三维空间数据模型。

　　它是一种能表示空间点、线、面和体各种类型目标的具有一般性的矢量栅格集成的三维空间数据模型(图 2-17)。在这个模型中,空间目标被分为点(0D)、线(1D)、面(2D)和体(3D)等四类。目标的位置、形状、大小和拓扑关系信息都可以得到描述。其中,目标的位置信息包含在空间坐标中;目标的形状和大小包含在线、面和体目标中;目标的拓扑信息包含在目标的几何要素及几何要素之间的联系中。模型中包含矢量和栅格模型,栅格模型中包括了八叉树;矢量模型中包含了 TIN、TEN、Grid、CSG 和 BR。应根据不同的应用要求选择一个或多个合适的数据模型对空间目标进行描述,以完整地表示空间目标的几何和拓扑关系。

　　(4)TIN、CSG 和 BR 集成的三维空间数据模型。

　　针对 TIN 和 CSG 集成模型在面向城市应用中存在两方面的不足:① 不能较完整地表达城市空间信息。城市中除了建筑物以外,还有一些较为重要的空间信息,如地籍界线、道路等这些非体状要素,它们不能通过基本体素(如球、圆柱、长方体等)之间的布尔运算来构造。② 不能形成地物之间的空间关系。地物的几何信息是一个整体,它以编号的形式作为 TIN 表面上的地面轮廓的一个属性,同时地面轮廓也只是 TIN 形成过程中的一个约束,因此,无法创建地物之间的空间关系。唐宏、盛业华(2000)提出了 TIN、CSG 与BR 在二维 GIS 拓扑关系的基础之上扩展立体方位关系的集成数据模型,即以 TIN 模型表达地形,以 BR、SG 表达其他以点、线、面、体的形式出现的空间信息,而地物的空间关系在二维 GIS 拓扑关系的基础上进行扩展,主要是增加立体方位关系的表达。

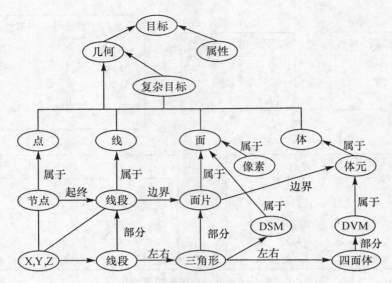

图 2-17　矢量栅格集成的三维空间数据模型

　　TIN、BR、CSG 是互不相同的三种数据结构,必须分别予以存储,因此,如何协调它们之间的关系就成为问题解决的关键。根据铺盖空间观,任何空间地物都可以被看成是一个空间对象,由于空间对象的多样性,任何一种数据模型都不可能适合描述所有的空间对象。因此,对空间对象的内部数据结构应进行封装,同时建立空间对象之间的空间关系。城市中以地表地物为主,即建筑物、构筑物、道路、地籍界线等有形和无形地物是所要表达的主要对象,这些对象共同的承载体是地形,它们之间的关系都是通过地理位置来传递,地形是地球表面在某一地理空间中的高程分布,它是地理空间绝对空间位置最直接的表现形式。

　　在现实生活中,一般将地物分为空中地物、地上地物、地表地物和地下地物。根据这种划分方式,可以在拓扑关系的基础之上,加上上下的方位关系。基于以上的考虑,可以按如下的方法来组织空间地物:① 按空中地物、地上地物、地面地物和地下地物的顺序,将 TIN 与地物平面线画图进行叠加,构造各类地物的地面轮廓;② 以平面线画图为基础建立地物之间的平面拓扑关系;③ 以地面轮廓图为基础,按空中地物、地上地物、地面地物和地下地物的顺序依次引入地物并建立它们之间的方位关系;④ 形成整体三维空间数据。

## 2.5　城市空间数据结构

　　数据模型提供了一种空间现象的建模方法,数据结构则阐明了基于这些模型的数据组织形式。数据结构是适合于计算机存储、管理和处理的数据逻辑结构。对于空间数据则是对地理实体的空间排列方法和相互关系的抽象描述。它是对数据的一种理解和解释。数据若没有说明数据结构,则是毫无用处的。不仅用户无法理解,而且计算机程序也不能正确地处理。对同样一组数据,按不同的数据结构去处理,得到的内容可能是截然不同的。

### 2.5.1　矢量数据结构①

矢量结构是通过记录坐标的方式尽可能精确地表示点、线、多边形等地理实体，坐标空间设为连续，允许任意位置、长度和面积的精确定义。

1. 矢量数据结构编码的基本内容

（1）点实体。

点实体和线实体的矢量编码比较直接，只要能将空间信息和属性信息记录完全就可以了。点实体是空间上不能再分的地理实体，可以是具体的或抽象的，如地物点、文本位置点等。由一对 $(x, y)$ 坐标表示。图 2-18 所示是点实体的矢量数据结构的一种组织方式。

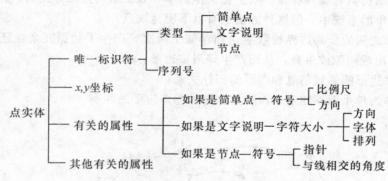

图 2-18　点实体的矢量数据结构

（2）线实体。

线实体主要用来表示线状地物（如公路、水系、山脊线）、符号线和多边形边界，有时也称为"弧"、"链"、"串"等。图 2-19 所示是线实体矢量编码的基本内容，其中唯一标识是系统排列序号；线标识码可以标识线的类型；起始点和终止点可以用点号或直接用坐标表示；显示信息是显示线的文本或符号等；与线相关联的非几何属性可以直接存储于线文件中，也可单独存储，并由标识码连接查找。

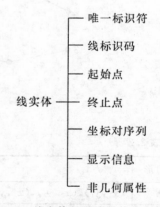

图 2-19　线实体矢量编码的基本内容

（3）面实体。

多边形（有时称为区域）数据是描述地理空间信息的最重要的一类数据。在区域实体中，具有名称属性和分类属性的多用多边形表示，如行政区、土地类型、植被分布等；具有标量属性的有时也用等值线描述（如地形、降雨量等）。多边形矢量编码，不但要表示实体的位置和属性，更重要的是能表达区域的拓扑特征，如形状、邻域和层次结构等，以便使这些基本的空间

---

① 引自：边馥苓主编，空间信息导论，北京：测绘出版社，2006.

单元可以作为专题图的资料进行显示和操作，由于要表达的信息十分丰富，基于多边形的运算多而复杂，因此，多边形矢量编码比点实体和线实体的矢量编码要复杂得多，也更为重要。

2. 矢量数据结构编码的方法

矢量数据结构的编码形式，按照其功能和方法可分为：实体式、树状索引式、双重独立式和链状双重独立式。

（1）实体式。

实体式是指构成多边形边界的各个线段，以多边形为单元进行组织。按照这种数据结构，边界坐标数据和多边形单元实体一一对应，各个多边形边界都单独编码和数字化。如图 2-20 所示的多边形 A、B、C、D、E，可以用表 2.2 所示数据来表示。

这种数据结构具有编码容易、数字化操作简单和数据编码直观等优点。因此，实体式编码只用在简单的系统中。但这种方法也有以下明显缺点：

① 多边形之间的公共边界被数字化和存储了两次，产生了数据冗余，还可能导致输出的公共边界出现间隙或重叠，从而产生碎屑多边形；

② 缺少多边形的邻域信息和图形的拓扑关系；

③ 岛只作为单个图形建造，没有建立与外界多边形的联系。

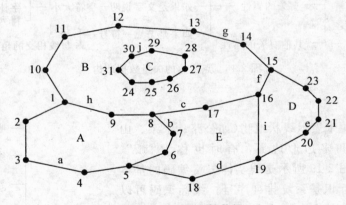

图 2-20  多边形原始数据

表 2.2  多边形数据文件

| 多边形 | 数据项 |
| --- | --- |
| A | $(x_1, y_1), (x_2, y_2), (x_3, y_3), (x_4, y_4), (x_5, y_5), (x_6, y_6), (x_7, y_7), (x_8, y_8), (x_9, y_9), (x_1, y_1)$ |
| B | $(x_1, y_1), (x_9, y_9), (x_8, y_8), (x_{17}, y_{17}), (x_{16}, y_{16}), (x_{15}, y_{15}), (x_{14}, y_{14}), (x_{13}, y_{13}), (x_{12}, y_{12}),$ $(x_{11}, y_{11}), (x_{10}, y_{10}), (x_1, y_1)$ |
| C | $(x_{24}, y_{24}), (x_{25}, y_{25}), (x_{26}, y_{26}), (x_{27}, y_{27}), (x_{28}, y_{28}), (x_{29}, y_{29}), (x_{30}, y_{30}), (x_{31}, y_{31}),$ $(x_{24}, y_{24})$ |
| D | $(x_{19}, y_{19}), (x_{20}, y_{20}), (x_{21}, y_{21}), (x_{22}, y_{22}), (x_{23}, y_{23}), (x_{15}, y_{15}), (x_{16}, y_{16}), (x_{19}, y_{19})$ |
| E | $(x_5, y_5), (x_{18}, y_{18}), (x_{19}, y_{19}), (x_{16}, y_{16}), (x_{17}, y_{17}), (x_8, y_8), (x_7, y_7), (x_6, y_6), (x_5, y_5)$ |

(2)树状索引式。

该法对所有边界点进行数字化,将坐标对以顺序方式存储,由点索引与边界线号相联系,由线索引与各多边形相联系,形成树状索引结构。树状索引编码消除了相邻多边形边界的数据冗余和不一致的问题,在简化过于复杂的边界线或合并多边形时可不必改造索引表,邻域信息和岛状信息可以通过对多边形文件的线索引处理得到,但是比较繁琐,因而给邻域函数运算、消除无用边、处理岛状信息以及检查拓扑关系等带来一定的困难,而且两个编码表都要以人工方式建立,工作量大且容易出错。

图 2-21 和图 2-22 所示分别为图 2-20 所示的多边形文件和线文件树状索引示意图。

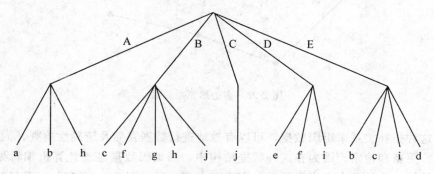

图 2-21　线与多边形之间的树状索引

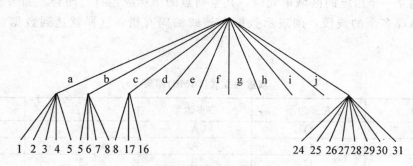

图 2-22　点与线之间的树状索引

(3)双重独立式。

这种数据结构最早是由美国人口统计局研制来进行人口普查分析和制图的,简称为 DIME(dual independent map encoding)系统或双重独立式的地图编码法。它以城市街道为编码的主体。其特点是采用了拓扑编码结构。

双重独立式数据结构是对图上网状或面状要素的任何一条线段,用其两端的节点及相邻面域来子以定义。如对图 2-23 所示的多边形数据,用双重独立数据结构表示如表 2.3 所示。

表中的第一行表示线段 a 的方向是从节点 1 到节点 8,左侧面域为 O,右侧面域为 A。在双重独立式数据结构中,节点与节点或者面域与面域之间为邻接关系,节点与线段或者面域与线段之间为关联关系。这种邻接和关联的关系称为拓扑关系。

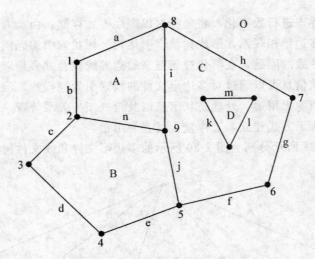

图 2-23　多边形原始数据

利用这种拓扑关系来组织数据，可以有效地进行数据存储及正确性检查，同时也便于对数据进行更新和检索。因为在这种数据结构中，当编码数据经过计算机编辑处理以后，面域单元的第一个始节点应当和最后一个终节点相一致，而且应当按照左侧面域或右侧面域来自动建立一个指定的区域单元时，其空间点的坐标应当自行闭合。如果不能自行闭合，或者出现多余的线段，则表示数据存储或编码有错，这样就达到数据自动编辑的目的。

表 2.3　　　　　　　　　　　　　　双重独立式(DIME)编码

| 线号 | 左多边形 | 右多边形 | 起点 | 终点 |
|------|----------|----------|------|------|
| a | O | A | 1 | 8 |
| b | O | A | 2 | 1 |
| c | O | B | 3 | 2 |
| d | O | B | 4 | 3 |
| e | O | B | 5 | 4 |
| f | O | C | 6 | 5 |
| g | O | C | 7 | 6 |
| h | O | C | 8 | 7 |
| i | C | A | 8 | 9 |
| j | C | B | 9 | 5 |
| k | C | D | 12 | 10 |
| l | C | D | 11 | 12 |
| m | C | D | 10 | 11 |
| n | B | A | 9 | 2 |

例如，从表 2.3 中寻找右多边形为 A 的记录，则可以得到组成 A 多边形的线及节点如表 2.4 所示，通过这种方法可以自动形成面文件，并可以检查线文件数据的正确性。

表 2.4　　　　　　　　　　　　　　自动生成的多边形 A 的线及节点

| 线号 | 起点 | 终点 | 左多边形 | 右多边形 |
|---|---|---|---|---|
| a | 1 | 8 | O | A |
| i | 8 | 9 | C | A |
| n | 9 | 2 | B | A |
| b | 2 | 1 | O | A |

（4）链状双重独立式。

链状双重独立式数据结构是 DIME 数据结构的一种改进。在 DIME 中。一条边只能用直线两端点的序号及相邻的面域来表示，而在链状数据结构中，将若干直线段合为一个弧段（或链段），每个弧段可以有许多中间点。

### 2.5.2　栅格数据结构①

栅格结构是最简单、最直观的空间数据结构，又称为网格结构或像元结构，是指将地球表面划分为大小均匀紧密相邻的网格阵列，每个网格作为一个像元或者像素，由行、列号定义，并包含一个代码，表示该像素的属性结构或者量值，或仅仅包含指向其属性记录的指针。该代码可以是整型、浮点型或者是分类类别。最简单的一种形式是使用 1，0 表达，如表达植被的有无，更高级也是使用更多的一种形式是浮点型数值，如某点的海拔高度等。在某些系统中，每个像元可以存储多个属性值，它们存储在属性表中，每一列表示一个属性，每一行表示一个像元或者一个像元类。

在栅格结构中，点用一个栅格单元表示（边馥苓，2006）；线状地物则用沿线走向的一组相邻栅格单元表示，每个栅格单元最多只有两个相邻单元在线上；面或区域用记有区域属性的相邻栅格单元的集合表示，每个栅格单元可有多于两个的相邻单元同属一个区域。任何以面状分布的对象（土地利用、土壤类型、地势起伏、环境污染等），都可以用栅格数据逼近表示。遥感影像就属于典型的栅格结构，每个像元得到数字表示影像的灰度等级。

栅格结构的显著特点是属性明显，定位隐含，数据直接记录属性的指针或属性本身，而所在位置则根据行列号转换为相应的坐标给出，也就是说，定位是根据数据在数据集中的位置得到的。由于栅格行列阵列容易为计算机存储、操作和显示，因此这种结构容易实现，算法简单，且易于扩充、修改，也很直观。另外，易于同遥感影像结合处理，给地理空间数据处理带来了极大的方便，受到普遍欢迎。

栅格结构表示的地表是不连续的，是量化和近似离散的数据。在栅格结构中，地表被分成相互邻接、规则排列的矩形方块，每个地块与一个栅格单元相对应。栅格数据的比例尺就是栅格大小与相应地表单元大小之比。在许多栅格数据处理时，常假设栅格所表示的量化表面是连续的，以便使用某些连续函数。由于栅格结构对表达的量化，在计算面积、长度、距离、形状等空间指标时，若栅格尺寸较大，就会造成很大的误差，同时由于在一个栅格的地表范围内可能存在多于一种的地物，而表示在相应的栅格结构中常常只能是一个代码。这类似于遥感影像的混合像元问题，如 Landsat MSS 卫星影像单个像元对应地

---

① 引自：汤国安，刘学军，闾国年等编著，地理信息系统教程，北京：高等教育出版社，2007.

表 79m×79m 的矩形区域，影像上记录的光谱数据是每个像元所对应的地表区域内所有地物类型的光谱辐射的综合效果。因而，这种误差不仅有形态上的畸变，还可能包括属性方面的偏差。

1. 栅格单元的确定

（1）栅格数据的参数。

一个完整的栅格数据通常由以下几个参数决定：

① 栅格形状：栅格单元通常为矩形或正方形。特殊的情况下也可以按照经纬网划分栅格单元。

② 栅格单元大小：也就是栅格单元的尺寸，即分辨率。栅格单元的合理尺寸应能有效地逼近空间对象的分布特征，以保证空间数据的精度。但是用栅格来逼近空间实体，不论采用多细小的栅格，与原实体比都会有误差。通常以保证最小图斑不丢失为原则，来确定合理的栅格尺寸。设研究区域某要素的最小图斑面积为 $S$，栅格单元的边长 $L$ 用如下公式计算：

$$L = \frac{1}{2}\sqrt{S}$$

③ 栅格原点：栅格系统的起始坐标应当和国家基本比例尺地形图公里网的交点相一致，或者和已有的栅格系统数据相一致，并同时使用公里网的纵横坐标轴作为栅格系统的坐标轴。这样，在使用栅格数据时，就容易和矢量数据或已有的栅格数据配准。

④ 栅格的倾角：通常情况下，栅格的坐标系统与国家坐标系统平行。但有时候，根据应用的需要，可以将栅格系统倾斜某一个角度，以方便应用。

（2）栅格单元值的选取。

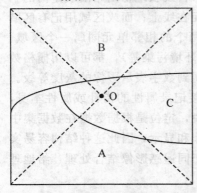

图 2-24　栅格单元属性值选取

栅格单元取值是唯一的，但由于受到栅格大小的限制，栅格单元中可能会出现多个地物，那么在决定栅格单元值时应尽量保持其真实性，对于图 2-24 所示的栅格单元，要确定该单元的属性取值，可根据需要选用如下方法：

① 中心点法：用位于栅格中心处的地物类型决定其取值。由于中心点位于代码为 C 的地物范围内，故其取值为 C。这种方法常用于有连续分布特性的地理现象。

② 面积占优法：以占矩形区域面积最大的地物类型作为栅格单元的代码。从图上看，B 类地物所占面积最大，故相应栅格单元代码为 B。

③ 重要性法：根据栅格内不同地物的重要性，选取最重要的地物类型作为相应的栅格单元代码。设图中 A 类地物为最重要的地物类型，则栅格代码为 A。这种方法常用于有特殊意义而面积较小的地理要素，特别是点状和线状地理要素，如城镇、交通线、水系等。在栅格代码中应尽量表示这些重要地物。

④ 百分比法：根据矩形区域内各地理要素所占面积的百分比数确定栅格单元的取值，如可记面积最大的两类 B 和 A，也可根据 B 类和 A 类所占面积百分比数在代码中加入数字。

由于采用的取值方法不同,得到的结果也不尽相同。逼近原始精度的第二种方法是缩小单个栅格单元的面积,即增加栅格单元的总数,行列数也相应地增加。这样,每个栅格单元可代表更为精细的地面矩形单元,混合单元减少。混合类别和混合的面积都大大减小,可以大大提高量算的精度;接近真实的形态,表现更细小的地物类型。然而,增加栅格个数、提高数据精度的同时也带来了一个严重的问题,那就是数据量的大幅度增加,数据冗余严重。

**2. 完全栅格数据结构**

完全栅格数据结构(也称编码)将栅格看做一个数据矩阵,逐行逐个记录栅格单元的值。可以每行都从左到右,也可奇数行从左到右而偶数行从右到左,或者采用其他特殊的方法。

这是最简单最直接的一种栅格编码方法。通常这种编码为栅格文件或格网文件。它不采用任何压缩数据的处理,因此是最直观、最基本的栅格数据组织方式。

完全栅格数据的组织有 3 种基本方式:基于像元、基于层和基于面域,如图 2-25 所示。

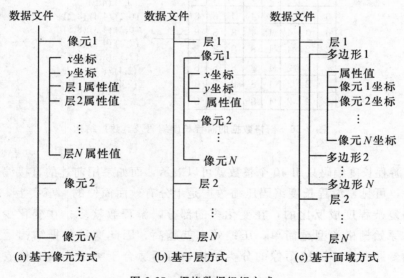

图 2-25　栅格数据组织方式

(1)基于像元:以像元为独立存储单元,每一个像元对应一条记录,每条记录中的记录内容包括像元坐标及其各层属性值的编码。节省了许多存储坐标的空间,因为各层对应像元的坐标只需存储一次。

(2)基于层:以层为存储基础,层中又以像元为序记录其坐标和对应该层的属性值编码。

(3)基于面域:也以层作为存储基础,层中再以面域为单元进行记录。记录的内容包括面域编号、面域对应该层的属性值编码、面域中所有栅格单元的坐标。同一属性的多个相邻像元只需记录一次属性值。

基于像元的数据组织方式简洁明了,便于数据扩充和修改,但进行属性查询和面域边界提取时速度较慢；基于层的数据组织方式便于进行属性查询，但每个像元的坐标均要重复存储，浪费了存储空间；基于面域的数据组织方式虽然便于面域边界提取，但在不同层中像元的坐标还是要多次存储。

3. 压缩栅格数据结构

(1)游程长度编码结构。

游程长度编码，也称行程编码，不仅是一种栅格数据无损压缩的重要方法，也是一种栅格数据结构。它的基本思想是：对于一幅栅格数据（或影像），常常有行（或列）方向上相邻的若干点具有相同的属性代码，因而可采取某种方法压缩那些重复的记录内容。其编码方案是：只在各行（或列）数据值发生变化时依次记录该值以及相同值重复的个数，从而实现数据的压缩，并实现数据的组织。经编码后，原始栅格数据阵列转换为 $(s_i, l_i)$ 数据对，其中，$s_i$ 为属性值，$l_i$ 为行程。图 2-26 给出了栅格数据沿行方向进行游程长度编码的结果。

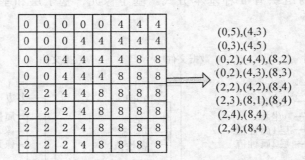

图 2-26  栅格数据的游程长度编码及其数据结构

显然，游程长度编码只用 40 个整数就可以表示，而如果用前述的直接编码却需要 64 个整数表示，可见，游程长度编码压缩数据是十分有效而简便的。事实上，压缩比的大小是与图的复杂程度成反比的，在变化多的部分，游程数就多；在变化少的部分，游程数就少，原始栅格类型越简单，压缩效率就越高。因此这种数据结构最适合于类型面积较大的专题要素、遥感图像的分类结构，而不适合于类型连续变化或类型分散的分类图。

游程长度编码在栅格加密时，数据量没有明显增加，压缩效率较高，且易于检索，叠加合并等操作，运算简单，适用于机器存储容量小，数据需大量压缩，而又要避免复杂的编码解码运算增加处理和操作时间的情况。

(2)四叉树数据结构。

四叉树数据结构也是一种对栅格数据的压缩编码方法。其基本思想是：将一幅栅格数据层或图像等分为 4 部分，逐块检查其格网属性值（或灰度）；如果某个子区的所有格网值都具有相同的值，则这个子区就不再继续分割，否则还要把这个子区再分割成 4 个子区；这样依次地分割，直到每个子块都只含有相同的属性值或灰度为止。

图 2-27 表示了对栅格数据四叉树的分割过程及其关系，这 4 个等分区称为 4 个子象限，按顺序为左上(NW)、右上(NE)、左下(SW)，右下(SE)，其结果是一棵倒立的树。

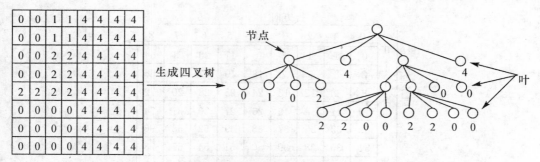

图 2-27 栅格数据的四叉树分割

这种从上而下的分割需要大量的运算，因为大量数据需要重复检查才能确定划分。当 $N \times N$ 的栅格单元数比较大，且区域内容要素又比较复杂时，建立这种四叉树的速度比较慢。

另一种是采用从下而上的方法建立。对栅格数据按如下的顺序进行检测：如果每相邻 4 个网格值相同则进行合并，逐次往上递归合并，直到符合四叉树的原则为止。这种方法重复计算较少，运算速度较快。

从图 2-27 可以看出，为了保证四叉树能不断地分解下去，要求栅格数据的栅格单元数必须满足 $2^n \times 2^n$ 的条件，$n$ 为极限分割次数，$n+1$ 是四叉树的最大高度或最大层数。对于非标准尺寸的图像需首先通过增加背景的方法将栅格数据扩充为 $2^n \times 2^n$ 个单元，对不足的部分以 0 补充（在建树时，对于补足部分生成的叶节点不存储，这样存储量并不会增加）。

四叉树结构按其编码的方法不同又分为常规四叉树和线性四叉树。常规四叉树除了记录叶节点之外，还要记录中间节点。节点之间借助指针联系，每个节点需要用 6 个量表达：4 个叶节点指针，一个父节点指针和一个节点的属性或灰度值。这些指针不仅增加了数据存储量，而且增加了操作的复杂性。常规四叉树主要在数据索引和图幅索引等方面应用。

线性四叉树则只存储最后叶节点的信息，包括叶节点的位置、深度和本节点的属性或灰度值。所谓深度是指处于四叉树的第几层上，由深度可推知子区的大小。

线性四叉树叶节点的编号需要遵循一定的规则，这种编号称为地址码，它隐含了叶节点的位置和深度信息。最便于应用的地址码是十进制 Morton 码（简称 $M_D$ 码）。十进制 Morton 码可以使用栅格单元的行列号计算（遵循 C 语言规范，矩阵的第一行为"0"行、第一列为"0"列），先将十进制的行列号转换成二进制数，进行"位"运算操作，如图 2-19 所示，即行号和列号的二进制数两两交叉，得到以二进制数表示的 $M_D$ 码，再将其转换为十进制数。

例如图 2-28 所示，第三行和第三列对应的栅格单元，其二进制的行列号分别为：$I = 0010$，$J = 0011$；得到的 $M_D$ 码为：$M_D = (00001101)_2 = (13)_{10}$；用类似的方法，也可以由 $M_D$ 码反求栅格单元的行列号。对于 $8 \times 8$ 栅格单元，$M_D$ 码的排列顺序如图 2-29 所示。

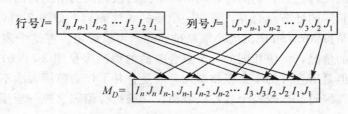

图 2-28 $M_D$ 码的"位"运算生成

行方向

| | 0 | 1 | 2 | 3 | 4 | 5 | 6 | 7 | 8 |
|---|---|---|---|---|---|---|---|---|---|
| 0 | 0 | 1 | 4 | 5 | 16 | 17 | 20 | 21 | 64 |
| 1 | 2 | 3 | 6 | 7 | 18 | 19 | 22 | 23 | 66 |
| 2 | 8 | 9 | 12 | 13 | 24 | 25 | 28 | 29 | 72 |
| 3 | 10 | 11 | 14 | 15 | 26 | 27 | 30 | 31 | 74 |
| 4 | 32 | 33 | 36 | 37 | 48 | 49 | 52 | 53 | 96 |
| 5 | 34 | 35 | 38 | 39 | 50 | 51 | 54 | 55 | 98 |
| 6 | 40 | 41 | 44 | 45 | 56 | 57 | 60 | 61 | 104 |
| 7 | 42 | 43 | 46 | 47 | 58 | 59 | 62 | 63 | 106 |
| 8 | 128 | 129 | 132 | 133 | 144 | 145 | 148 | 149 | 192 |

（列方向为纵向标注 0～8）

图 2-29　栅格单元的 $M_D$ 码顺序

按以上 $M_D$ 顺序，对图 2-27 的栅格数据按线性四叉树进行编码到线性四叉树数据文件，其结构如图 2-30 所示。

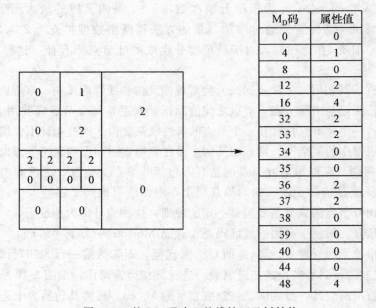

| $M_D$ 码 | 属性值 |
|---|---|
| 0 | 0 |
| 4 | 1 |
| 8 | 0 |
| 12 | 2 |
| 16 | 4 |
| 32 | 2 |
| 33 | 2 |
| 34 | 0 |
| 35 | 0 |
| 36 | 2 |
| 37 | 2 |
| 38 | 0 |
| 39 | 0 |
| 40 | 0 |
| 44 | 0 |
| 48 | 4 |

图 2-30　按 $M_D$ 码建立的线性四叉树结构

（3）二维行程编码结构。

在生成线性四叉树之后，仍然存在前后叶节点的值相同的情况，因而可以进一步压缩数据，将前后值相同的叶节点合并，形成一个新的线性表列。如图 2-31（a）所示的线性四叉树的线性表，是按 Morton 码的大小顺序排列的，可以看出，在这个表中还有属性值相同而又相邻排列的情况，将值相同的叶节点合并后的编码表见图 2-31（b）。这种记录方式类似游程编码，但是所合并的不是栅格单元，而是合并了代表范围大小不一的叶节点，所以称它为二维行程编码。比较两个表可以看出，二维行程编码又进一步压缩了数据。

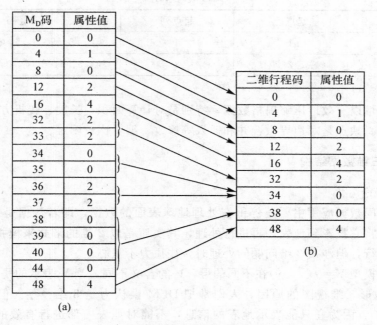

图 2-31　二维行程编码结构及其生成

二维行程编码采用了线性四叉树的地址码（Morton 码），并按照码的顺序完成编码，但却是没有规律的四叉树。二维形成编码比规则的四叉树更节省存储空间，而且有利于以后的插入、删除和修改等操作。它与线性四叉树之间的相互转换也非常容易和快速，因此可将它们视为相同的结构概念。

（4）链码结构。

链码数据结构首先采用弗里曼（Freeman）码对栅格中的线或多边形边界进行编码，然后再组织为链码结构的文件。链式编码将线状地物或区域边界表示为：由某一起始点和在某些基本方向上的单位矢量链组成。单位矢量的长度为一个栅格单元，每个后续点可能位于其前继点的 8 个基本方向之一

图 2-32　Freeman 方向

（图 2-32）。图 2-33 所示的线实体和面实体可编码为表 2.5 所示的方式。具体编码过程是：起始点的寻找一般遵从从上到下、从左到右的原则。当发现没有记录过的点，而且数值也不为零时，就是一条线或边界线的起点。记下该地物的特征码及起点的行列数；然后按顺时针方向寻迹，找到相邻的等值点，并按 8 个方向编码。如遇不能闭合的线段，结束后可以返回到起始点再开始寻找下一个线段。已经记录过的栅格单元，可将属性代码置零，以免重复编码。

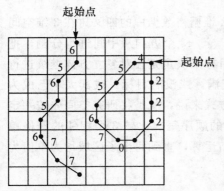

图 2-33　线、面的链式编码

表 2.5                                                链码结构文件

| 特征码 | 起点行 | 起点列 | 链码 |
|:---:|:---:|:---:|:---:|
| 2 | 1 | 4 | 6, 5, 6, 5, 6, 7, 7 |
| 7 | 2 | 8 | 4, 5, 5, 6, 7, 0, 1, 2, 2, 2 |

链码结构可以有效地压缩栅格数据，特别是对计算面积、长度、转折方向和凹凸度等运算十分方便。缺点是对边界做合并和插入等修改、编辑比较困难。

### 2.5.3　三维数据结构[①]

#### 1. 基本概念

目前，空间数据应用主要还停留在处理地球表面的数据，即若数据是地表以下或以上，则还是先将它投影到地表，再进行处理，其实质是以 2 维的形式来模拟、处理数据，在有些领域可行，但涉及 3 维问题的处理时，往往力不从心。

对于 2 维模型 $V = f(x, y)$ 在不同的层，$V$ 的含义不同，当 $V$ 表示的是高程时，就是DEM。由于地形 3 维视图的原因，人们常把 DEM 误认为是 3 维模型。但从本质上讲，DEM 是 2 维的，因为它只能表示地表的信息，不能对地表内部进行有效的表示。所以，目前人们常把 DEM 称为 2.5 维的数据模型。

真 3 维模型 $V = f(x, y, z)$ 中，$z$ 是一个自变量，不受 $x$，$y$ 的影响。3 维系统的要求与 2 维系统相似，但在数据采集，系统维护和界面设计等方面比 2 维系统复杂得多，如3 维数据的组织与重建，3 维变换、查询、运算、分析、维护等方面。

下面主要介绍三维数据结构。三维数据结构同 2 维一样，也存在栅格和矢量两种形式。栅格结构使用空间索引系统，将地理实体的 3 维空间分成细小单元——体元。存储这种数据的最简单的形式是采用 3 维行程编码，它是 2 维行程编码在 3 维空间的扩充。这种编码方法可能需要大量的存储空间。3 维矢量数据结构表示有很多方法，将实体抽象为点、线、面、体，由面构成体。其中运用最为普遍的是具有拓扑关系的三维边界表示法和八叉树法。

#### 2. 表示方法

(1)八叉树。

八叉树数据结构是 3 维栅格数据的压缩形式，是 2 维栅格数据中的四叉树在 3 维空间的推广。该数据结构是将所要表示的 3 维空间 V 按 $x$、$y$、$z$3 个方向从中间进行分割，把V 分割成 8 个立方体，然后根据每个立方体中所含的目标来决定是否对各立方体继续进行8 等份的划分，一直划分到每个立方体被一个目标所充满，或没有目标，或其大小已成为预先定义的不可再分的体素为止。按下而上合并的方式来说，就是将研究空间先按一定的分辨率将 3 维空间划分为 3 维栅格网，然后按规定的顺序每次比较 3 个相邻的栅格单元，如果其属性值相同则合并，否则就记盘。依次递归运算，直到每个子区域均为单值为止，如图 2-34 所示。

---

① 引自：边馥苓主编，空间信息导论，北京：测绘出版社，2006.

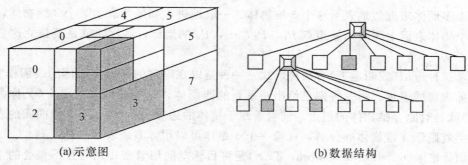

(a)示意图　　　　　　　　　　　(b)数据结构

图 2-34　八叉树编码

八叉树同样可分为常规八叉树和线性八叉树。常规八叉树的节点要记录 10 个位，即 8 个指向子节点的指针，1 个指向父节点的指针和 1 个属性值(或标识号)。而线性八叉树则只需要记录叶节点的地址码和属性值。

以图 2-35(a)所示的 3 维物体为例进行说明，其八叉树的逻辑结构可用图 2-35(b)所示的树表示。图中，小圆圈表示该立方体未被某目标填满，或者说，它含有多个目标在其中，需要继续划分；有阴影的小矩形表示该立方体被某个目标填满；空白的小矩形表示该立方体中没有目标，后两种情况都不需继续划分。

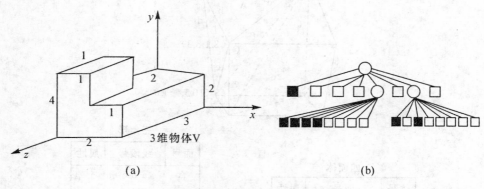

(a)　　　　　　　　　　　　　　(b)

图 2-35　八叉树编码示例

八叉树的主要优点是：① 节省存储空间，因为只需对叶节点进行编码，节省了大量中间节点的存储。每个节点的指针也免除了，而从根到某一特定节点的方向和路径的信息隐含在定位码之中，定位码数字的个位数显示分辨率的高低或分解程度。② 线性八叉树可直接寻址，通过其坐标值则能计算出任何输入节点的定位码(称编码)，而不必实际建立八叉树，并且定位码本身就是坐标的另一种形式，不必有意去存储坐标值，若需要的话还能从定位码中获取其坐标值(称解码)。③ 在操作方面，所产生的定位码容易存储和执行，容易实现像集合、相加等组合操作，而这些恰是其他表示方法比较难以处理或者需要耗费许多计算资源的地方。此外，由于这种方法的有序性及分层性，因而对显示精度和速度的平衡，隐线和隐面的消除等，带来了很大的方便，特别有用。

(2)四面体格网。

从理论上讲，对于任意的 3 维物体，只要它满足一定的条件，我们总可以找到一个合适的平面多面体来近似地表示这个 3 维物体。一般地讲，如果要表示某个 3 维物体，需知道从这个物体表面上测得的一组点 $P_1$，$P_2$，…，$P_n$ 的坐标；其次，就是要建立这些点间的关系。

通常这种近似（或叫逼近）有两种形式：一种是以在确定的平面多面体的表面作为原 3 维物体的表面的逼近；另一种则是给出一系列的四面体，这些四面体的集合（又称为四面体格网）就是对原 3 维物体的逼近。前者着眼于物体的边界表示（类似于 3 维曲面的表示），而后一类着眼于 3 维物体的分解，就像一个 3 维体可以用体素来表示一样。

四面体格网（tetrahedral network，TEN）是将目标空间用紧密排列但互不重叠的不规则四面体形成的格网来表示。在概念上首先将 2 维 Voronoi 格网扩展到 3 维 Voronoi 多面体，然后将不规则三角网（triangulate irregular network，TIN）结构扩展到 3 维形成四面体格网。

四面体格网由点、线、面和体 4 类基本元素组合而成。整个格网的几何变换可以变为每个四面体变换后的组合，这一特性便于许多复杂的空间数据分析。另外，四面体格网具有体结构的优点，可快速进行几何变换和显示，还可以看成是一种特殊的边界表示，能进行快速的关系处理等。用四面体格网表示 3 维空间物体的例子及其数据结构如图 2-36 所示。

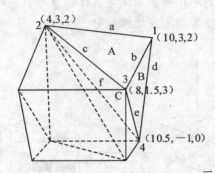

三角形

| 面号 | 线段号 | 属性 |
|---|---|---|
| A | a b c | |
| B | b d e | |
| C | c e f | |
| D | d a f | |
| … | | |

四面体

| 体号 | 面号 | 属性 |
|---|---|---|
| | … | |
| 1 | A,B,C,D | |
| | … | |

线

| 线号 | 起点 | 终点 | 属性 |
|---|---|---|---|
| a | 1 | 2 | |
| b | 1 | 3 | |
| c | 3 | 2 | |
| d | 1 | 4 | |
| … | | | |

节点

| 点号 | $X$ | $Y$ | $Z$ | 属性 |
|---|---|---|---|---|
| 1 | 10 | 3 | 2 | |
| 2 | 4 | 3 | 2 | |
| 3 | 8 | 1.5 | 3 | |
| 4 | 10.5 | 1 | 0 | |
| … | | | | |

图 2-36　四面体格网示例

（3）三维边界表示法。

在各种各样的 3 维物体中，平面多面体在表示与处理上均比较简单。为了有效地表示它们，总要通过指定顶点位置、构成边的顶点以及构成面的边来表示 3 维物体，这种方法被称为三维边界表示法。

比较常用的三维边界表示法是采用 3 张表来提供点、边、面的信息，这 3 张表分别是：顶点表，用来表示多面体各顶点的坐标；边表，指出构成多面体某边的两个顶点；面表，给出围成多面体某个面的各条边。表示方法类似图 2-36 所示三角形（面）、线和节点 3 张表。

（4）参数函数表示法。

参数函数表示法可以描述 3 维空间中的线、面和体目标。它的指导思想就是利用有限的空间数据，来寻求一个函数的解析式，并用这个解析式来生成新的空间点，用以逼近原有物体。

(a)　　　　　　　　(b)　　　　　　　　(c)

图 2-37　参数函数表示法

① 3 维空间的曲线。如图 2-37(a)所示，用参数函数来表示 3 维空间的曲线，其思想类似于"空间数据处理"中的"曲线拟合"，只不过是将 2 维空间向 3 维空间进行了扩展。

② 3 维空间的曲面。如图 2-37(b)所示，用参数函数来表示 3 维空间的曲面，其实质就是"数字高程模型"中的数字方法，数字高程模型的解析式是 $V=f(x, y)$，其中，$V$ 为在空间 $(x, y)$ 点上的高程值或其他特征值，这个解析式只能表示或获取地表信息。

③ 3 维空间体。如图 2-37(c)所示，用 3 维（立体）数据模型 $V=f(x, y, z)$ 可以描述地表内部的信息（如矿体、水体、地质状况等），其中 $x$、$y$、$z$ 是 3 维空间连续自由变化的点坐标，$V$ 是对应于坐标点的属性值（特征值）。

3 维数据模型的建立过程类似于数字高程模型的建立。首先，在欲描述空间体内采集数据，如钻井采样等。其次，对欲表达的空间体进行网格化，即根据所采集的数据，计算得到各网格节点上的特征值 $V$。这时，我们就可以通过该模型得到所表述空间体内任意点的特征值（有时是近似值）；我们还可以借用各种可视化技术来显示所要了解的信息，比如对所描述的空间体进行任意的剖面显示。

### 2.5.4　DEM[①]

讲解 DEM 前，首先需要了解一下数字地形模型（digital terrain model，DTM）。数字

---

① 引自：边馥苓主编，空间信息导论，北京：测绘出版社，2006.

地形模型是地形表面形态属性信息的数字表达，是带有空间位置特征和地形属性的数字描述。数字地形模型中地形属性为高程时称为数字高程模型。

从数学的角度，高程模型是高程 $z$ 关于平面坐标 $x$，$y$ 两个自变量的连续函数，DEM 只是它的一个有限的离散表示。高程模型最常见的表达是相对于海平面的海拔高度，或某个参考平面的相对高度，所以高程模型又叫地形模型。实际上地形模型不仅包含高程属性，还包含其他的地表形态属性，如坡度、坡向等。

**1. DEM 的表示方法**

DEM 通常用地表规则网格单元构成的高程矩阵表示，广义的 DEM 还包括等高线、三角网等所有表达地面高程的数字表示。一个地区的地表高程的变化可以采用多种方法表达，用数学定义的表面或点、线、影像都可用来表示 DEM，如图 2-38 所示。

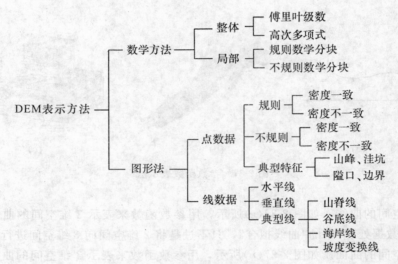

图 2-38　DEM 的表示方法

**2. DEM 的主要表示模型**

DEM 主要的表示模型有：规则格网模型、等高线模型、不规则三角网（TIN）模型和层次模型。

| 91 | 78 | 63 | 50 | 53 | 63 | 44 | 55 | 43 | 25 |
|---|---|---|---|---|---|---|---|---|---|
| 94 | 81 | 64 | 51 | 57 | 62 | 50 | 60 | 50 | 35 |
| 100 | 84 | 66 | 55 | 64 | 66 | 54 | 65 | 57 | 42 |
| 103 | 84 | 66 | 56 | 72 | 71 | 58 | 74 | 65 | 47 |
| 96 | 82 | 66 | 63 | 80 | 78 | 60 | 84 | 72 | 49 |
| 91 | 79 | 66 | 66 | 80 | 80 | 62 | 86 | 77 | 56 |
| 86 | 78 | 68 | 69 | 74 | 75 | 70 | 93 | 82 | 57 |
| 80 | 75 | 73 | 72 | 68 | 75 | 86 | 100 | 81 | 56 |
| 74 | 67 | 69 | 74 | 62 | 66 | 83 | 88 | 73 | 53 |
| 70 | 56 | 62 | 74 | 57 | 58 | 71 | 74 | 63 | 56 |

图 2-39　格网 DEM

（1）规则格网模型。

规则网格，通常是正方形，也可以是矩形、三角形等规则网格。规则网格将区域空间切分为规则的格网单元，每个格网单元对应一个数值，如图 2-39 所示。

对于格网中的数值有两种不同的解释：第一种是格网栅格观点，认为该格网单元的数值是其中所有点的高程值，即格网单元对应的地面单元内高程是均一的高度，这种数字高程模型是一个不连续的函数。第二种是点栅格观点，认为该网格单元的数值是网格中心点的高程或该网格单元的平均高程值，这样就需要用一种插值方法来计算每个点的高程。

规则格网的高程矩阵可以很容易地计算等高线、坡度坡向、山坡阴影和自动提取流域地形，使得它成为 DEM 最广泛使用的格式，目前许多国家提供的 DEM 数据都是以规则格网的数据矩阵形式提供。格网 DEM 的缺点是不能准确表示地形的结构和细部，为避免这些问题，可采用附加地形特征数据，如地形特征点、山脊线、谷底线、断裂线，以描述地形结构。

格网 DEM 的另一个缺点是数据量过大，给数据管理带来了不便，通常要进行压缩存储。

（2）等高线模型。

用等高线模型表示高程时，每一条等高线对应一个已知的高程值，这样一系列等高线集合和它们的高程值一起就构成了地面高程模型，如图 2-40 所示。

等高线通常被存成一个有序的坐标点对序列，可以认为是一条带有高程值属性的简单多边形或多边形弧段。等高线模型只表达了区域的部分高程值，因此往往需要一种插值方法来计算落在等高线外的其他点的高程，又因为这些点是落在两条等高线包围的区域内，所以，通常只使用外包的两条等高线的高程进行插值。

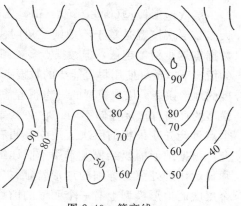

图 2-40 等高线

（3）不规则三角网（TIN）模型。

尽管规则格网 DEM 在计算和应用方面有许多优点，但也存在许多难以克服的缺陷。TIN(triangulated irregular network) 是另外一种表示数字高程模型的方法，它既减少规则格网方法带来的数据冗余，同时在计算（如坡度）效率方面又优于纯粹基于等高线的方法。

TIN 模型根据区域有限个点集将区域划分为相连的三角面网络，区域中任意点落在三角面的顶点、边上或三角形内。如果点不在顶点上，则该点的高程值通常通过线性插值的方法得到（在边上用边的两个顶点的高程，在三角形内则用 3 个顶点的高程）。所以 TIN 是一个 3 维空间的分段线性模型，在整个区域内连续但不可微。TIN 的数据存储方式比格网 DEM 复杂，它不仅要存储每个点的高程，还要存储其平面坐标、节点连接的拓扑关系、三角形及邻接三角形等关系。有许多种表达 TIN 拓扑结构的存储方式，一个简单的记录方式是：对于每一个三角形、边和节点都对应 1 个记录，三角形的记录包括 3 个指向它 3 个边的记录的指针；边的记录有 4 个指针字段，包括两个指向相邻三角形记录的指针和它的两个顶点的记录的指针；也可以直接对每个三角形记录其顶点和相邻三角形（图 2-41）。每个节点包括 3 个坐标值的字段，分别存储 $x$、$y$、$z$ 坐标。这种拓扑网络结构的特点是对于给定一个三角形查询其 3 个顶点高程和相邻三角形所用的时间是定长的，在沿直线计算地形剖面线时具有较高的效率。当然可以在此结构的基础上增加其他变化，以提高某些特殊运算的效率，例如在顶点的记录里增加指向其关联的边的指针。

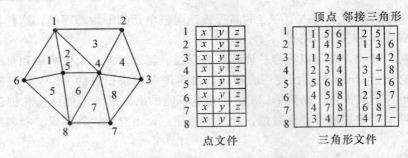

图 2-41　三角网的一种存储方式

（4）层次模型。

层次地形模型（layer of details，LOD）是一种表达多种不同精度水平的数字高程模型。大多数层次模型是基于不规则三角网模型的，通常不规则三角网的数据点越多精度越高，数据点越少精度越低，但数据点多，则要求更多的计算资源。所以，如果在精度满足要求的情况下，最好使用尽可能少的数据点。层次地形模型允许根据不同的任务要求选择不同精度的地形模型。层次模型的思想很理想，但在实际运用中需注意几个重要的问题：① 层次模型的存储与直接存储不同，它必然导致数据冗余；② 自动搜索的效率问题，如搜索一个点可能先在最粗的层次上搜索，再在更细的层次上搜索，直到找到该点；③ 模型可能允许根据地形的复杂程度采用不同详细层次的混合模型，例如，对于飞行模拟，近处时必须显示比远处更为详细的地形特征；④ 在表达地貌特征方面应该一致，例如，如果在某个层次的地形模型上有一个明显的山峰，在更细层次的地形模型上也应该有这个山峰。

3.DEM 模型间的相互转换

在实际应用中，大部分 DEM 数据都是规则格网 DEM，但由于规则格网 DEM 的数据量大而不便存储，也可能由于某些分析计算需要使用 TIN 模型的 DEM，如进行通视分析。此时需要将格网 DEM 转成 TIN 模型的 DEM。因此，本处对 DEM 模型间的转换进行阐述。

（1）不规则点集生成 TIN。

对于不规则分布的高程点，可以形式化地描述为平面的一个无序的点集 P，点集中每个点 p 对应于它的高程值。将该点集转成 TIN，最常用的方法是 Delaunay 三角剖分方法。生成 TIN 的关键是 Delaunay 三角网的生成算法。

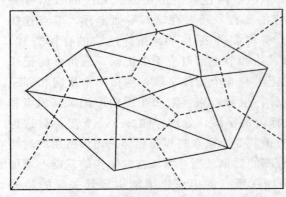

图 2-42　Delaunay 三角网与 Voronoi 图

Voronoi 图，又叫泰森多边形或 Dirichlet 图，它由一组连续多边形组成，多边形的边界是由连接两邻点线段的垂直平分线组成。n 个在平面上有区别的点，按照最近邻原则划分平面：每个点与它的最近邻区域相关联。Delaunay 三角形是由与相邻 Voronoi 多边形共享一条边的相关点连接而成的三角形。Delaunay 三角形的外接圆圆心是与三角形相关的 Voronoi 多边形的一个顶点。Delaunay 三角形是 Voronoi 图的对偶图，如图 2-42 所示。

对于给定的初始点集 P，有多种三角网剖分方式，而 Delaunay 三角网有以下特性：① 其 Delaunay 三角网是唯一的；② 三角网的外边界构成了点集 P 的凸多边形"外壳"；③ 没有任何点在三角形的外接圆内部，反之，如果一个三角网满足此条件，那么它就是 Delaunay 三角网；④ 如果将三角网中的每个三角形的最小角进行升序排列，则 Delaunay 三角网的排列得到的数值最大，从这个意义上讲，Delaunay 三角网是"最接近于规则化"的三角网。

Delaunay 三角形生成准则的最简明的形式是：任何一个 Delaunay 三角形的外接圆的内部不能包含其他任何点（Delaunay，1934）。Lawson 于 1972 年提出了最大化最小角原则：每两个相邻的三角形构成的凸四边形的对角线，在相互交换后，6 个内角的最小角度不再增大。并于 1977 年又提出了一个局部优化过程 LOP(local optimization procedure)方法。如图 2-43 所示，向 Delaunay 三角网中插入一点。先求出包含新插入点 p 的外接圆的三角形，这种三角形称为影响三角形(influence triangulation)。删除影响三角形的公共边（图 2-43(b)中粗线），将 p 与全部影响三角形的顶点连接，完成 p 点在原 Delaunay 三角形中的插入。

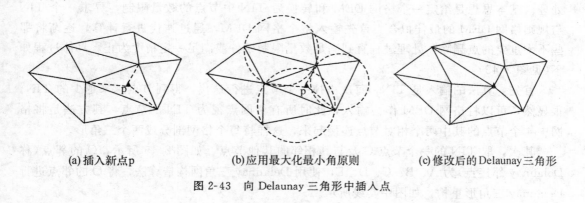

(a) 插入新点p　　　　　(b)应用最大化最小角原则　　　　　(c) 修改后的Delaunay三角形

图 2-43　向 Delaunay 三角形中插入点

将点集转成 TIN，最常用的方法是 Delaunay 三角剖分方法，生成过程分两步完成：一是利用 $p$ 中点集的平面坐标产生 Delaunay 三角网；二是给 Delaunay 三角形中的节点赋予高程值。

(2)格网 DEM 转成 TIN。

格网 DEM 转成 TIN 可以看做是一种不规则分布的采样点生成 TIN 的特例，其目的是尽量减少 TIN 的顶点数目，同时尽可能多地保留地形信息，如山峰、山脊、谷底和坡度突变处。其中两个代表性的算法是保留重要点法和启发丢弃法。

① 保留重要点法。该方法是一种保留规则格网 DEM 中的重要点来构造 TIN 的方法。它是通过比较计算格网点的重要性，保留重要的格网点。重要点(very important point, VIP)是通过 3×3 的模板来确定的，根据 8 邻点的高程值决定模板中心是否为重要点。格网点的重要性是通过它的高程值与 8 邻点高程的内插值进行比较，差分超过某个阈值的格网点保留下来。被保留的点作为三角网顶点生成 Delaunay 三角网。如图 2-44 所示，由 3×3 的模板得到中心点 p 和 8 邻点的高程值，计算中心点 p 到直线 AE、CG、BF、DH 的距离，用图 2-44(b)表示，再计算这 4 个距离的平均值。如果平均值超过阈值，p 点为重

要点，则保留，否则去除 p 点。

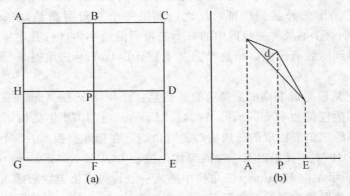

图 2-44　VIP 方法示意图

② 启发丢弃法(drop heuristic，DH)。该方法将重要点的选择作为一个优化问题进行处理。基本思想是给定一个格网 DEM 和转换后 TIN 中节点的数量限制，寻求一个 TIN 与规则格网 DEM 的最佳拟合。首先输入整个格网 DEM，通过迭代进行计算，逐渐将那些不太重要的点删除，处理过程直到满足数量限制条件或满足一定精度为止。具体过程如下(见图 2-45)：

首先，算法的输入是 TIN，每次去掉一个节点进行迭代，得到节点越来越少的 TIN。很显然，可以将格网 DEM 作为输入，此时所有格网点视为 TIN 的节点，其方法是将格网中 4 个节点的其中两个相对节点连接起来，这样将每个格网剖分成两个三角形。

其次，取 TIN 的一个节点 O 及与其相邻的其他节点，如图 2-45 所示，O 的邻点(称 Delaunay 邻接点)为 A、B、C、D、E，使用 Delaunay 三角网构造算法，将 O 的邻点进行 Delaunay 三角形重构，如图中实线所示。

再次，判断该节点 O 位于哪个新生成的 Delaunay 三角形中，如图 2-45 为三角形 BCE。计算 O 点的高程和过 O 点与三角形 BCE 交点 $O'$ 的差 $d$。若高程差 $d$ 大于阈值 $d_e$，则 O 点为重要点，保留，否则，可删除。其中 $d_e$ 为阈值。

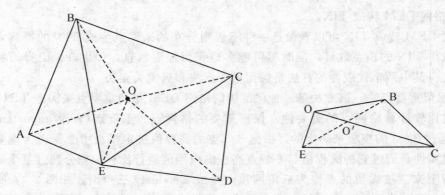

左图虚线为以 O 为中心的 Delaunay 三角形，实线为新生成的 Deleunay
三角形；右图为高差的计算(注意：此图描述了 3 维空间)
图 2-45　DH 方法转换格网 DEM 成 TIN

然后，对 TIN 中所有的节点，重复进行上述判断过程。

最后，直到 TIN 中所有的节点都满足条件 $d > d_e$，结束。

两种方法相比较，VIP 方法在保留关键网格点方面(顶点、凹点)最好；DH 方法在每次丢弃数据点时确保信息丢失最少，但要求计算量大。两种方法各有利弊，实际应用中应根据不同的需要，如检测极值点，高效存储，最小误差等，选择使用不同的方法。

(3)等高线转成格网 DEM。

由于现有地图大多数都绘有等高线，这些地图便是数字高程模型的现成数据源，可以对纸面等高线图进行扫描，但是由于数字化的等高线不适合于计算坡度或制作地貌渲染图等地形分析。因此，必须要把数字化等高线转为格网高程模型。

使用局部插值算法，如距离倒数加权平均或克里金插值算法，可以将数字化等高线数据转为规则格网的 DEM 数据，但插值的结果往往会出现一些不令人满意的结果，而且数字化等高线时越小心，采样点越多，问题越严重。常导致在每条等高线周围的狭长区域内具有与等高线相同的高程，出现了"阶梯"地形。最好的解决方法是使用针对等高线插值的专用方法。如果没有合适的方法，最好把等高线数据点减少到最少，并增加标识山峰、山脊、谷底和坡度突变的数据点，同时使用一个较大的搜索窗口。

(4)利用格网 DEM 提取等高线。

在利用格网 DEM 生成等高线时，需要将其中的每个点视为一个几何点，这样可以根据格网 DEM 中相邻 4 个点组成四边形进行等高线跟踪。实际上，也可以将每个矩形分割成为两个三角形，并应用 TIN 提取等高线算法，但是由于矩形有两种划分三角形的方法，在某些情况下，会生成不同的等高线，如图 2-46 所示，这时需要根据周围的情况进行判断，并决定取舍。

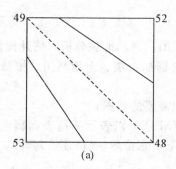 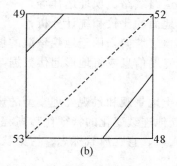

图 2-46　由于三角形划分造成生成等高线的不同

在格网 DEM 提取等高线中，除了划分为三角形之外，也可以直接使用四边形跟踪等高线。但是在图 2-46 所示的情形中，仍会出现等高线跟踪的二义性，即对于每个四边形，有两条等高线的离去边。进行取舍判断的方法一般是计算距离，距离近的连线方式优于距离远的连线方式。在图中，就要采用图 2-46(b)所示的跟踪方式。格网 DEM 提取等高线另一个值得注意的问题是，如果一些网格点的数值恰好等于要提取的等高线的数值，会使判断过程变得复杂，并且会生成不闭合的等高线，一般的解决办法是将这些网格点的数值增加一个小的偏移量。

（5）TIN 转成格网 DEM。

TIN 转成格网 DEM 可以看做普通的不规则点生成格网 DEM 的过程。方法是按要求的分辨率大小和方向生成规则格网，并对每一个格网搜索最近的 TIN 数据点，按线性或非线性插值函数计算格网点高程。

4. DEM 的建立

DEM 的建立通常有以下方法：

（1）地面测量。利用自动记录的测距经纬仪（常用电子速测经纬仪或全站经纬仪）在野外实测。这种速测经纬仪一般都有微处理器，可以自动记录和显示有关数据，还能进行多种测站上的计算工作。其记录的数据可以通过串行通讯，输入计算机中进行处理。

（2）现有地图数字化。利用数字化仪对已有地图的信息（如等高线）进行数字化的方法，目前常用的数字化仪有手扶跟踪数字化仪和扫描数字化仪。

（3）空间传感器。利用全球定位系统 GPS，结合雷达和激光测高仪等进行数据采集。

（4）数字摄影测量方法。这是 DEM 数据采集最常用的方法之一。利用附有的自动记录装置（接口）的立体测图仪或立体坐标仪、解析测图仪及数字摄影测量系统，进行人工、半自动或全自动的量测来获取数据。它具有效率高、劳动强度低的优点。

5. DEM 的主要用途

DEM 在针对空间信息的处理和应用中被广泛使用，其主要用途有以下一些方面：

（1）在国家数据库中存储数字地形图的高程数据；

（2）计算道路设计、其他民用和军事工程中挖填土石方量；

（3）为军事目的（武器导向系统、驾驶训练）的地表景观设计与规划（土地景观构筑）等显示地形的 3 维图形；

（4）越野通视情况分析（也是为了军事和土地景观规划等目的）；

（5）规划道路线路、坝址选择等；

（6）不同地面的比较和统计分析；

（7）计算坡度坡向，用于地貌晕渲的坡度剖面图，帮助地貌分析，估计侵蚀和径流等；

（8）显示专题信息或将地形起伏数据与专题数据如土壤、土地利用、植被等进行组合分析；

（9）提供土地景观和景观处理模型的影像模拟需要的数据；

（10）用其他连续变化的特征代替高程后，DEM 还可以表示一些表面属性，如通行时间和费用、人口、直观风景标志、污染状况、地下水水位等（吴信才，2003）。

## 2.6　空间数据转换[①]

不同的数据来源，不同的数据采集方式，不同的应急系统，都带来数据结构和格式的不一致。数据结构的转换主要指矢量数据结构和栅格数据结构之间的转换，栅格数据与矢量数据作为最为常用的数据结构，各具特点与适用性，为了在一个系统中可以兼容这两种数据，以便有利于进一步的分析处理，常常需要实现两种结构的转换。例如通过航片提取某一种地理要素的矢量图画。格式的变换主要指各种不同文件格式的空间数据之间的转换，如 Shape

---

①　引自：边馥苓主编，空间信息导论，北京：测绘出版社，2006.

文件格式转换为 DXF 文件格式等。空间数据的转换是数字工程建设中经常要遇到的问题。

### 2.6.1　矢量数据结构向栅格数据结构的转换

许多数据如行政边界、交通干线等都是用矢量数字化的方法输入到计算机，表现为点、线、多边形数据。然而，矢量数据直接用于多种数据的复合分析等处理比较复杂。相比之下利用栅格数据进行处理则容易得多。土地覆盖和土地利用等数据常常从遥感图像中获得，这些数据都是栅格数据，因此矢量数据与它们的叠置复合分析更需要把其从矢量数据的形式转变为栅格数据的形式。

矢量数据中的点到栅格数据的点只是简单的坐标变换，所以，这里主要介绍线和面的矢量到栅格的转换。

#### 1. 点的栅格化

点的栅格化十分简单，只要这个点落在哪个网格中就是属于哪个网格的元素。其行、列坐标 $i$、$j$ 可由下式求出：

$$i = \text{Integer}\left(\frac{y_{max} - y}{\Delta y}\right) \qquad \Delta x = \frac{x_{max} - x_{min}}{J}$$

$$j = \text{Integer}\left(\frac{x - x_{max}}{\Delta x}\right) \qquad \Delta y = \frac{x_{max} - y_{min}}{I} \tag{2-12}$$

式中，$x$，$y$ 为矢量点位坐标；$\Delta x$，$\Delta y$ 分别表示元素的两个边长；$x_{min}$，$x_{max}$ 表示全图 $x$ 坐标的最小值和最大值；$y_{min}$，$y_{max}$ 表示全图 $y$ 坐标的最小值和最大值；$I$，$J$ 分别表示全图网格的行数和列数，见图 2-47。这里 $I$ 和 $J$ 可以由原地图比例尺根据地图对应的地面长宽和网格分辨率相除求得，并取整数。

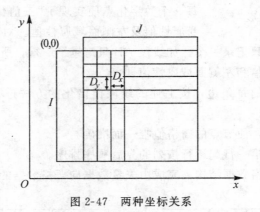

图 2-47　两种坐标关系

#### 2. 矢量线段的栅格化

线是由多个直线段组成的，因此，线的栅格化的核心是直线段如何由矢量数据转换为栅格数据。假定一线段两端点之间经过若干个网格元素（至少一个），如图 2-48 所示。两端点坐标已知为 $(x_1, y_1)$、$(x_2, y_2)$，则要确定直线经过的中间网格，只要先确定中间那一行的中心坐标 $y$。根据点的栅格化方法，即式(2-12)，求得两端点的行数 $i$ 为 3 和 6，那么需要知道直线经过的 4、5 两行哪个网格与直线相交，因为行数已知，主要计算列数。计算时先找到第 4 行($i=4$)中心的 $y$ 值是多少，再可以由 $\Delta y$ 和 $y_{max}$ 求出这一点的 $j$ 值。同样方法可以计算第 5 行($i=5$)的 $j$ 值。

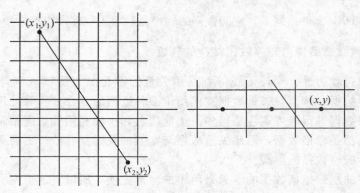

图 2-48　线的变换

依次用同样方法找到直线经过的每一网格并用本直线的属性值(特征值)去填充这些网络，完成直线的转换。对于曲线或多边形边上的每条直线作连续运算，可以完成曲线或多边形的交换。此外常用的方法有：数字微分分析法(DDA 法)和 Bresenham 法。

3. 多边形的栅格化

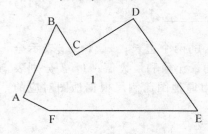

图 2-49　闭合多边形

目前，多边形的栅格化一般采用的是左码记录法。如图 2-49 所示，其原理是，若有一个闭合多边形，则它将整个矩形面域分割成属性为 1 和 0 的两部分。具体步骤如下：

第一步，从数字化数据的第一点开始依次记录每一点左边面域的属性值(面域外为 0，面域内为 1)。这样，每一个数字化点便实现了"三值化"，即坐标值、线段自身属性值及左侧面域属性值。对每一条边栅格化时，记录的点的坐标值每一行只记录一个。如线段 AB 只跨越了 5 行，所以最后只记录 5 个栅格点的坐标值、线段属性值和左侧面域属性值即可。

第二步，对多边形的每条边，按上述的线段栅格化的方法进行转换，得到如图 2-50 所示的数据。

第三步，节点处理，使节点的栅格值唯一而准确。

第四步，排序，从第一行起逐行按列的先后顺序排序。

最后，展开为全栅格数据结构，完成由矢量数据向栅格数据的转换(图 2-51)。

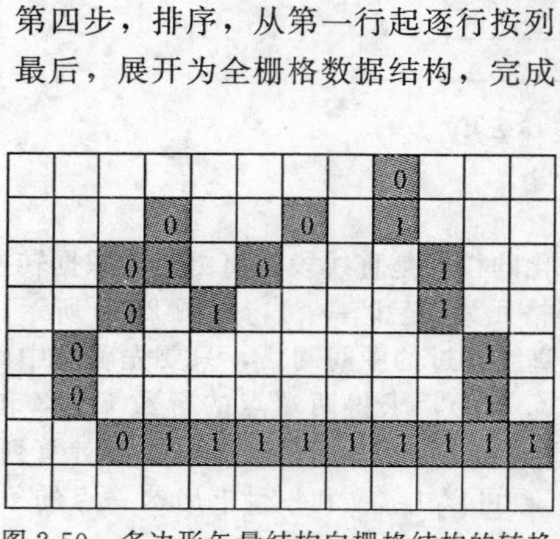

图 2-50　多边形矢量结构向栅格结构的转换

| 0 | 0 | 0 | 0 | 0 | 0 | 0 | 0 | 0 | 0 | 0 | 0 | 0 |
| 0 | 0 | 0 | 0 | 0 | 0 | 0 | 0 | 1 | 1 | 0 | 0 | 0 |
| 0 | 0 | 0 | 1 | 0 | 0 | 1 | 1 | 1 | 1 | 0 | 0 |
| 0 | 0 | 0 | 1 | 1 | 1 | 1 | 1 | 1 | 1 | 0 | 0 |
| 0 | 0 | 1 | 1 | 1 | 1 | 1 | 1 | 1 | 1 | 0 |
| 0 | 0 | 1 | 1 | 1 | 1 | 1 | 1 | 1 | 1 | 0 |
| 0 | 0 | 1 | 1 | 1 | 1 | 1 | 1 | 1 | 1 | 1 |
| 0 | 0 | 0 | 0 | 0 | 0 | 0 | 0 | 0 | 0 | 0 |

图 2-51　全栅格数据结构

除此转换方法以外，矢量数据向栅格数据转换的方法还有内部点扩散法、复数积分算法、射线算法和扫描线算法，但相比之下，这些方法都比较复杂，并有较大的限制条件，这里不作进一步讨论。

### 2.6.2　栅格数据结构向矢量数据结构的转换

栅格向矢量转换处理的目的，是为了将栅格数据分析的结果，通过矢量绘图装置输出，或者为了数据压缩的需要，将大量的面状栅格数据转换为由少量数据表示的多边形，但是主要目的是为了能将自动扫描仪获取的栅格数据加入矢量形式的数据库。转换处理时，针对基于图像数据文件和再生栅格数据文件的不同，分别采用不同的算法。

#### 1. 基于图像数据的矢量化方法

图像数据是由不同灰阶的影像或线划，通过自动扫描仪，按一定的分辨率进行扫描采样，得到以不同灰度值（0～255）表示的数据，其过程如图 2-52 所示。具体转换的步骤如图 2-52 所示。

（1）二值化。线划图形扫描后产生栅格数据，这些数据是按 0～255 的不同灰度值量度的（类似图 2-52(b)），设以 $G(i,j)$ 表示，为了将这种 256 或 128 级不同的灰阶压缩到 2 个灰阶，即 0 和 1 两级，首先要在最大与最小灰阶之间定义一个阈值，设阈值为 $T$，则如果 $G(i,j)$ 大于等于 $T$，则记此栅格的值为 1，如果 $G(i,j)$ 小于 $T$，则记此栅格的值为 0，得到一幅二值图，如图 2-53(a) 所示。

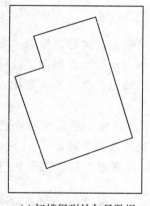
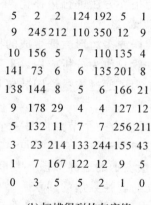
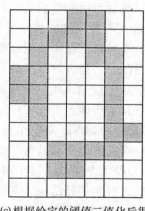

| (a) 扫描得到的矢量数据 | (b) 扫描得到的灰度值 | (c) 根据给定的阈值二值化后得到的栅格数据 |
|---|---|---|

图 2-52　经扫描得到栅格数据的过程

（2）细化。细化是消除线划横断面栅格数的差异，使得每一条线只保留代表其轴线或周围轮廓线（对面状符号而言）位置的单个栅格的宽度。对于栅格线划的细化方法，可分为"剥皮法"和"骨架化"两大类。剥皮法的实质是从曲线的边缘开始，每次剥掉等于一个栅格宽的一层，直到最后留下彼此连通的由单个栅格点组成的图形，如图 2-53(c) 所示。

（3）跟踪。跟踪的目的是将细化处理后的栅格数据，整理为从节点出发的线段或闭合的线条，并以矢量形式存储特征栅格点中心的坐标如图 2-53(d) 所示。跟踪时，从图西北角开始，按顺时针或逆时针方向，从起始点开始，对 8 个邻域进行搜索，依次跟踪相邻点。并记录节点坐标，然后搜索闭曲线，直到完成全部栅格数据的矢量化。

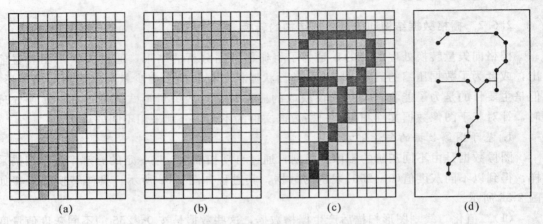

图 2-53　栅格-矢量结构转换过程

（4）拓扑化。为了进行拓扑化，需要找出线的端点、节点以及孤立点。孤立点就是它的 8 邻域中没有为 1 的像元；端点就是在它的八邻域中只有一个为 1 的像元；节点就是在它的 8 邻域中有 3 个或 3 个以上为 1 的像元。在追踪时加上这些信息后，就可以形成节点和弧段，然后可用矢量数据的自动拓扑方法进行拓扑化。

2. 基于再生栅格数据的矢量化方法

再生栅格数据是指根据弧段数据或多边形数据生成的栅格数据。这种数据除了要与图像数据相匹配，加入数据库外，一般只作为分析应用，不需作为永久文件保存。这种再生栅格数据的矢量化。其主要目的是为了通过矢量绘图装置将其输出，具体的矢量化方法主要有以下几个步骤：

（1）边界线追踪。对每个边界弧段由一个节点向另一个节点搜索，通常对每个已知边界点需沿除进入方向的其他 7 个方向搜索下一个边界点，直到连成边界弧段。

（2）拓扑关系生成。对于用矢量表示的边界弧段，判断其与原图上各多边形的空间关系，形成完整的拓扑结构，开建立与属性数据的联系。

（3）去除多余点与曲线圆滑。由于搜索是逐个栅格进行的，必须去除由此造成的多余点记录以减少数据冗余。另外，搜索结果曲线由于栅格精度的限制可能不够圆滑，需要采用一定的插补算法进行光滑处理。常用的算法有线性迭代法、分段三次多项式插值法、正轴抛物线平均加权法、斜轴抛物线平均加权法、样条函数插值法等。

# 思考题

1. 城市地物的空间关系有哪些？如何表达？
2. 简述四参数和七参数坐标转换的含义及应用。
3. 各类数据模型、数据结构的优缺点有哪些？

# 第3章 城市空间信息的获取

本章讨论了利用管线探测仪、测地雷达、全站仪、水准仪、激光扫描仪、遥感、全球定位系统、摄影测量、移动道路测量系统等技术获取空间信息，利用地图、影像解译等技术获取属性信息。

## 3.1 城市地下空间信息的获取

城市地下空间开发利用是提高城市土地利用效率、缓解城市中心密度、实现人车立体分流、扩充基础设施容量、减少环境污染、改善城市生态最为有效的途径。城市地下空间信息的获取方法有很多手段。

### 3.1.1 管线探测仪

#### 1. 地下管线的分类

地下管线是城市的生命线，作为城市的重要基础设施，它担负着传输信息、输送能量及排放废液的工作。地下管线分为3类：①由铸铁、钢材构成的金属管线；②由钢、铝材料构成的电缆；③由水泥、陶瓷和塑料材料构成的非金属管道。探测地下管线对城市的正常运营及改造扩建具有十分重要的意义。

地下管线与周围介质在电性、磁性、密度、波阻抗和导热性等方面均存在差异，我们可以利用这些差异进行地下管线的探测。探测方法主要有两种：一是井中调查与开挖样洞或简易触探相结合的方法；二是仪器探测与井中调查相结合的方法，这是目前应用最为广泛的方法。探测方法有电探测法、磁探测法、地震波映像法等，其中，电探测法中的电磁感应探测法是目前国内外最常用的方法。

#### 2. 电探测法原理

电探测法通常称为电法探测，分为直流电探测法和交流电探测法两大类。

直流电探测法是用两个供电电极向地下供直流电，电流从正极流入地下再回到负极，在地下形成一个电场。当存在金属管线时，由于金属管线的导电性良好，它们对电流有"吸引"作用，使电流密度的分布产生异常；若地下存在水泥或塑料管道，它们的导电性极差，于是对电流则有"排斥"作用，同样也使电流密度的分布产生异常。通过在地面布置的2个测量电极便可观测到这种异常，从而可以发现金属管线或非金属管线的存在及其位置。

交流电探测法是利用交变电磁场对导电性、导磁性或介电性的物体具有感应作用，通过观测发射产生的二次电磁场来发现被感应的物体。交流电探测法分为甚低频法和电磁感应探测法。甚低频法是电台发射的电磁波在传播过程中，使管线及周围介质极化而产生二次场，由于管线与周围介质在物性的差异，使二次场及其总场均有一定的差异，通过测量这些差异可发现引起差异。

应用电磁法探测地下管线，通常是先使导电的地下管线带电，然后在地面上测量由此电流产生的电磁异常，达到探测地下管线的目的。在感应激发条件下，管线本身及导电介质均会产生涡流。在地表所引起的异常既决定于管线本身所产生的涡流，和大地—管线—大地这个回路中的电流，以及管线所聚集的、存在于导电介质中的感应电流。金属管线的导电性远大于周围介质的导电性，所以管线内及其附近的电流密度就比周围截止的电流大。该方法具有不接地、无损探测地下金属物的特点，在地下 5 m 以内效果都很明显。

3. 管线探测仪

管线探测仪主要由发射机、接收机、电源等组成，如图 3-1 所示。

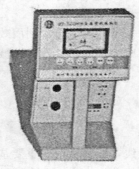

图 3-1　管线探测仪

发射机将有一定功率的电磁波，通过天线有效地输送到地下的金属管道上，于是管道上便产生感应电流，此信号电流连续沿着管道流动的同时，产生一个以管道为中心的圆形电磁场向四周辐射，其强度为管道正中的上方最强。当接收机的磁性探头在地面上来回移动时，便能接收到信号且最强信号的位置就是管道正上方，于是管线的位置就找到了。

### 3.1.2　测地雷达

测地雷达(简称 GPR)利用超高频电磁波探测地下介质分布，发射机发射中心频率为 12.5M 至 1200M、脉冲宽度为 0.1 ns 的脉冲电磁波信号。当信号在岩层中遇到探测目标时，会产生反射信号。直达信号和反射信号输入到接收机，放大后由示波器显示出来。根据示波器有无反射信号，可以判断有无被测目标；根据反射信号到达滞后时间及目标物体平均反射波速，可以大致计算出探测目标的距离。测地雷达原理如图 3-2 所示。

GPR 是一种高效的无损检测仪器，能够在多种不同环境中找到目标并测量其材料、成分、位置及深度等特性。GPR 组成部分包括信号发射单元、信号接收单元、数据处理单元。如图 3-3 是两种测地雷达的示意图。GPR 主要用于浅层目标的检测、成像，其应用领域非常广泛，包括路面路基质量检验、路基破损检查、建筑物基础检测、管道深度定位、埋设缆线定位、隧道超前预测、隧道空洞检测、露天矿表层深度探测、桥梁质检、考古及其他埋没物的探测。GPR 的探测深度和被测物质有关，一般在几米到几十米的范围内。

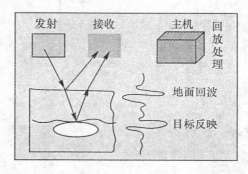

图 3-2　测地雷达原理图

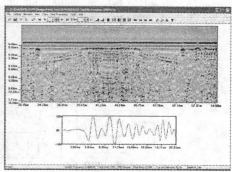

图 3-3　测地雷达软硬件系统

### 3.1.3　全站仪

1. 全站仪的组成

全站式电子速测仪（简称全站仪），如图 3-4 所示，是一种集经纬仪、电子测距仪和外部计算机软件系统为一体的现代光学测量仪器。它可以在一个测站位完成水平角、垂直角、距离、高差等全部测量工作。全站仪能直接测得观测点至观测目标之间角度差值与距离，利用三角学的换算关系可以计算出观测目标的坐标。

全站仪的组成可用框图 3-5 表示。由充电电池提供电源；测角部分为电子经纬仪，可以测定水平角、竖直角和设置方位角；测距部分为光电测距仪，测定至目标点的斜距，并可计算出平距及高差；中央处理器接受输入指令，完成各观测值的处理、计算工作；输入/输出部分包括键盘、显示屏和数据接口，从键盘可以输入指令、数据和设置各种参数，显示屏可显示仪器当前的状态、观测数据和运算结果，接口可使全站仪与微机交互通信，传输数据。

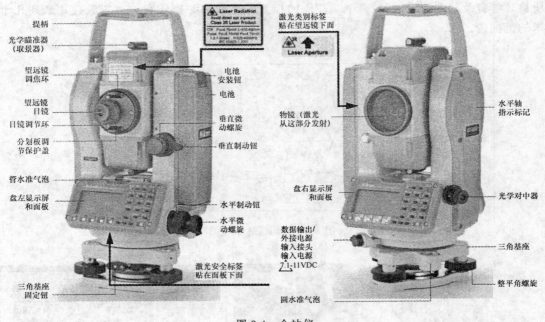

图 3-4　全站仪

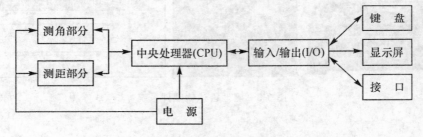

图 3-5　全站仪的组成

## 2. 角度测量原理

地面上一点到两目标的方向线在水平面上的垂直投影所构成的角，称为水平角，常用 $\beta$ 表示。如图 3-6 所示，为了测出水平角 $\angle A'O'B'$，设想在 $O$ 点的铅垂线上水平地放置一个全圆量角器（称为度盘），量角器圆心通过铅垂线，过方向线 $OA$、$OB$ 各作一铅垂面，从两铅垂面与量角器的交线得到两读数 $a$ 和 $b$，则所求水平角

$$\beta = b - a \tag{3-1}$$

为了测量水平角，全站仪装置有一个水平度盘和照准目标用的望远镜，观测时应将度盘安置水平并使其中心通过测站的铅垂线，这就是仪器的对中整平过程。用望远镜照准目标时，望远镜应能上下转动而画出一个铅垂面，又能水平转动以照准不同方向的目标。

在一铅垂面内某视线方向与水平线方向之间的夹角，称为竖直角（又称垂直角、高度角），常用 $\delta$ 表示。规定视线上倾所构成的仰角为正，下倾所构成的俯角为负，其值为 $0° \sim \pm 90°$。另一种表述竖直角的方法是指视线方向与铅垂线天顶方向之间的夹角，称为

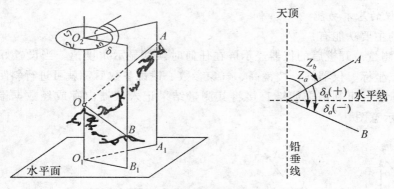

图 3-6　角度测量原理

天顶距，常用 $Z$ 表示，其值为 $0°\sim180°$。某一方向的天顶距与竖直角互余：

$$Z + \delta = 90° \tag{3-2}$$

**3. 距离测量原理**

距离测量方法一般有钢尺量距、视距测量和光电测距三种。根据测距精度要求的不同，可选择不同的测距方法。测量上要求的距离是指两点间的水平距离（简称平距）。若测得的是倾斜距离（简称斜距），需将其改算为平距。

光电测距是通过测量光波在待测距离上往返一次所经历的时间来确定两点之间的距离。如图 3-7 所示，在 $A$ 点安置测距仪，在 $B$ 点安置反射棱镜，测距仪发射的调制光波到达反射棱镜后又返回到测距仪。设光速 $c$ 为已知，如果调制光波在待测距离 $D$ 上的往返传播时间为 $t$，则距离 $D$ 为：

$$D = \frac{1}{2}c \cdot t \tag{3-3}$$

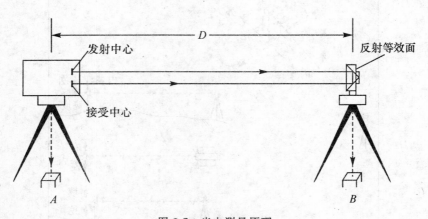

图 3-7　光电测量原理

式中，$c = c_0/n$，其中 $c_0$ 为真空中的光速，其值为 299792458m/s；$n$ 为大气折射率，它与光波波长 $\lambda$、测线上的气温 $T$、气压 $P$ 和湿度 $e$ 有关。测距时需测定气象元素，对距离进行气象改正。

### 4. 全站仪的基本功能

全站仪的主要功能有：

(1)常规测量。开机后的仪器显示屏在任何时候都显示角度值。当设置好水平度盘零方向、测站点坐标、仪器高、棱镜高、气象参数、棱镜参数后，就可进行斜距、平距、高差和坐标测量。并可利用全能键直接将其测量结果记入仪器内存或经数据端口下载。图3-8是后视点示意图。

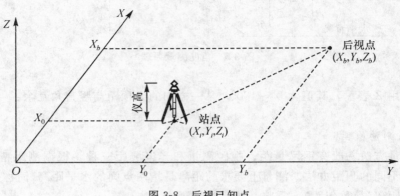

图 3-8 后视已知点

(2)放样测量。可在内存中调出欲放样点的坐标或手工输入放样点的坐标、方向角、平距和高程，利用测距键进行放样。测距后将显示出测量点与放样点之间的偏差值，移动棱镜再测，直至偏差值为零。如图 3-9 所示为放样示意图。

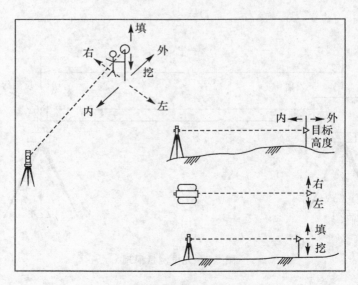

图 3-9 放样示意图

(3)自由测站，即后方交会功能。通过对两个以上五个以下的已知点进行角度或距离测量，最终得到本测站的坐标或高程(图 3-10)。

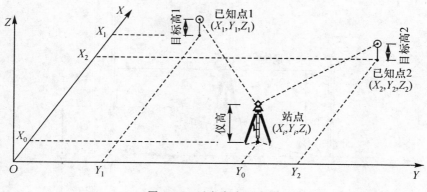

图 3-10  后方交会示意图

(4)悬高测量。对有些棱镜不能到达的被测点(悬高点)。可先直接瞄准其下方基准点上的棱镜，测其斜距，然后瞄准悬高点测出竖角，仪器将自动算出测站点与悬高点之间的高差。如图 3-11 所示是悬高测量示意图。

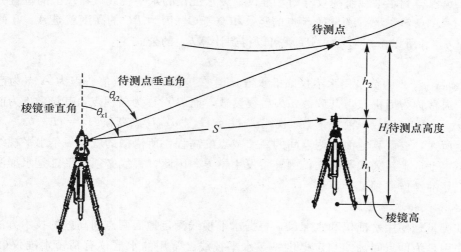

图 3-11  悬高测量示意图

### 3.1.4  水准仪

**1. 水准测量原理**

测定地面点高程的工作称为高程测量。水准测量是使用水准仪和水准尺，根据水平视线测定地面两点间高差的技术方法。水准测量是高程测量中最基本和精度最高的一种测量方法。广泛应用于国家高程控制测量、工程勘测和施工测量中，特别适用于平坦地区。

水准测量的基本原理如图 3-12 所示，已知 $A$ 点的高程为 $H_A$，只要能测出 $A$ 点至 $B$ 点的高程之差，简称高差 $h_{AB}$。则 $B$ 点的高程 $H_B$ 就可用下式计算求得：

$$H_B = H_A + h_{AB} \tag{3-4}$$

69

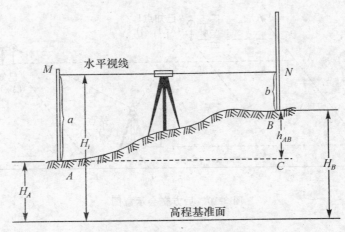

图 3-12  水准测量原理示意图

用水准测量方法测定高差 $h_{AB}$ 时，在 $A$、$B$ 两点上竖立水准尺，并在 $A$、$B$ 两点之间安置一架可以得到水平视线的仪器即水准仪，设水准仪的水平视线截在尺上的位置分别为 $M$、$N$，过 $A$ 点作一水平线与过 $B$ 点的竖线相交于 $C$。因为 $BC$ 的高度就是 $A$、$B$ 两点之间的高差 $h_{AB}$。所以由矩形 $MACH$ 就可以得到计算 $h_{AB}$ 的公式：

$$h_{AB} = a - b \tag{3-5}$$

测量时，$a$、$b$ 的值是用水准仪瞄准水准尺时直接读取的读数值。因为 $A$ 点为已知高程的点，通常称为后视点，其读数 $a$ 为后视读数，而 $B$ 点称为前视点，其读数 $b$ 为前视读数。即 $h_{AB}$ = 后视读数一前视读数；视线高 $H_i = H_A + a$；$B$ 点高程 $H_B = H_i - b$。

综上所述，要测算地面上两点间的高差或点的高程，所依据的就是一条水平视线，如果视线不水平，上述公式不成立，测算将发生错误。因此，视线必须水平，是水准测量中要牢牢记住的操作要领。

2. 水准仪和水准尺

水准测量是使用水准仪和水准尺，根据水平视线测定地面两点间高差的技术方法。水准仪的作用是为两点间高差测定提供一条水平视线。常用的水准仪有精密水准仪（DS05、DS1）和普通水准仪（DS3、DS10）。

如图 3-13 所示，水准仪主要由望远镜、水准器和基座组成。水准仪的望远镜能绕仪器竖轴在水平方向转动，为了能精确地提供水平视线，在仪器构造上安置了一个能使望远镜上下作微小运动的微倾螺旋。

望远镜由物镜、目镜和十字丝三个主要部分组成，它的主要作用是能使我们看清远处的目标，并提供一条照准读数值用的视线。十字丝是在玻璃片上刻线后，装在十字丝环上，用三个或四个可转动的螺旋固定在望远镜筒上，十字丝的上下两条短线称为视距丝，上面的短线称上丝，下面的短线称下丝。由上丝和下丝在标尺上的读数可求得仪器到标尺间的距离。十字丝横丝与竖丝的交点与物镜光心的连线称为视准轴。

水准器的作用是把望远镜的视准轴安置到水平位置。水准器有管水准器和圆水准器两种形式。圆水准器是一个玻璃圆盒，圆盒内装有化学液体，加热密封时留有气泡而成。圆

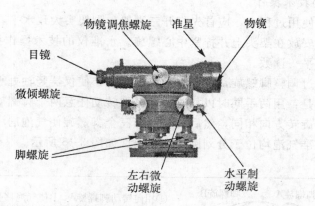

图 3-13　水准仪的组成部分

水准器内表面是圆球面，中央画一小圆，其圆心称为圆水准器的零点，过此零点的法线称为圆水准器轴。当气泡中心与零点重合时，即为气泡居中。此时，圆水准轴线位于铅垂位置。也就是说水准仪竖轴处于铅垂位置，仪器达到基本水平状态。管水准器简称水准管，它是把玻璃管纵向内壁磨成曲率半径很大的圆弧面，管壁上有刻画线，管内装有酒精与乙醚的混合液，加热密封时留有气泡而成。

水准管内壁圆弧中心为水准管零点，过零点与内壁圆弧相切的直线称为水准管轴。当气泡两端与零点对称时称气泡居中，这时的水准管轴处于水平位置，也就是水准仪的视准轴处于水平位置。

基座主要由轴座、脚螺旋和连接板组成。仪器上部通过竖轴插入座内，由基座承托整个仪器，仪器用连接螺旋与三脚架连接。

水准尺是与水准仪配合进行水准测量的工具。水准尺分为直尺、折尺和塔尺，如图 3-14 所示。双面水准尺的分划，一面是黑白相间的称黑色面（主尺），黑面分划尺底为零，另一面是红白相间的称红色面（辅助尺），红面刻画尺底为一常数：4687mm 或 4787mm。使用水准尺前一定要认清刻画特点。尺垫是供支承水准尺和传递高程所用的工具。

图 3-14　水准尺

### 3．水准仪的技术操作

在水准仪的使用过程中，应首先打开三脚架，脚架头大致水平，高度适中，踏实脚架尖后，将水准仪安放在架头上并拧紧中心螺旋。水准仪的技术操作按以下四个步骤进行：粗平—照准—精平—读数。

粗平就是通过调整脚螺旋，将圆水准气泡居中，使仪器竖轴处于铅垂位置，视线概略水平。具体做法是：用两手同时以相对方向分别转动任意两个脚螺旋，此时气泡移动的方向和左手大拇指旋转方向相同，然后再转动第三个脚螺旋使气泡居中。如此反复进行，直至在任何位置水准气泡均位于分划圆圈内为止。如图 3-15 所示。

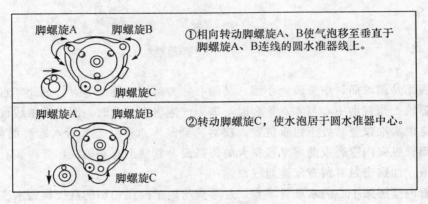

图 3-15　仪器整平

照准就是用望远镜照准水准尺，清晰地看清目标和十字丝。当眼睛靠近目镜上下微微晃动时，物像随着眼睛的晃动也上下移动，这就表明存在着视差。有视差就会影响照准和读数精度。消除视差的方法是仔细且反复交替地调节目镜和物镜对光螺旋，使十字丝和目标影像共平面，且同时都十分清晰。

精平就是转动微倾螺旋将水准管气泡居中，使视线精确水平，其做法是：慢慢转动微倾螺旋，使观察窗中符合水准气泡的影像符合。左侧影像移动的方向与右手大拇指转动方向相同。由于气泡影像移动有惯性，在转动微倾螺旋时要慢、稳、轻、速度不宜太快。

读数就是在视线水平时，用望远镜十字丝的横丝在尺上读数。读数前要认清水准尺的刻画特征，呈像要清晰稳定。为了保证读数的准确性，读数时要按由小到大的方向，先估读 mm 数，再读出 m、dm、cm 数。读数前务必检查符合水准气泡影像是否符合好，以保证在水平视线上读取数值。还要特别注意不要错读单位和发生漏零现象。

### 4．普通水准测量实施

普通水准测量的基本步骤为：

(1)将水准尺立于已知高程的水准点上作为后视，水准仪置于施测路线附近合适的位置，在施测路线的前进方向上取仪器至后视大致相等的距离放置尺垫，在尺垫上竖立水准尺作为前视。

(2)观测员将仪器用圆水准器粗平之后瞄准后视标尺，用微倾螺旋将水准管气泡居中，用中丝读后视读数，读至毫米。

（3）掉转望远镜瞄准前视标尺，此时水准管气泡一般将会偏离少许，用微倾螺旋将气泡居中，用中丝读前视读数。

（4）记录员根据观测员的读数在手簿中记下相应的数字，并立即计算高差。

以上为第一个测站的全部工作。如图 3-16 所示。

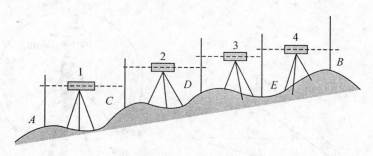

图 3-16　普通水准测量示意图

$B$ 点高程的计算是先计算出各站高差：

$$h_i = a_i - b_i (i = 1, 2, \cdots, n) \tag{3-6}$$

再用 $A$ 点的已知高程推算各转点的高程，最后求得 $B$ 点的高程。

$$\sum h = \sum a - \sum b = h_{AB} \tag{3-7}$$

从上列右边可知：

$$H_B = H_A + \sum h \tag{3-8}$$

需要指出的是，在水准测量中，高程是依次由 $ZD_1$，$ZD_2$ 等点传递过来的，这些传递高程的点称为转点。转点既有前视读数又有后视读数，转点的选择将影响到水准测量的观测精度，因此转点要选在坚实、凸起、明显的位置，在一般土地上应放置尺垫。

### 3.1.5　激光扫描仪

**1. 地面三维激光扫描测量的基本原理**

三维激光扫描仪通过激光测距原理，获取物体或地形表面的阵列式几何图像数据的测量仪器。其特点为：

（1）三维测量。三维激光扫描仪每次测量的数据包含点位信息、颜色信息和物体反射信息，这样全面的信息是一般测量手段无法做到的。

（2）快速扫描。三维激光扫描仪最初每秒 1000 点的测量速度已经让测量界大为惊叹，而现在脉冲扫描仪最大速度已经达到 50000 点每秒，相位式扫描仪最高速度已经达到 500000 点每秒。

（3）应用领域广泛。三维激光扫描仪在文物保护、城市建筑测量、地形测绘、采矿业、变形监测、工厂、大型结构、管道设计、飞机船舶制造、公路铁路建设、隧道工程、桥梁改建等领域得到广泛应用。

三维激光扫描仪，其扫描结果直接显示为点云，依据点云能够提取任何你想得到的信息。三维坐标的确定采用极坐标法，如图 3-17 所示，计算公式为

$$\begin{cases} X = S\sin\theta\sin\alpha \\ X = S\sin\theta\cos\alpha \\ X = \cos\alpha \end{cases}$$

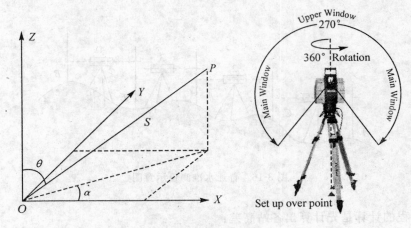

图 3-17　激光扫描仪

**2. 地面三维激光扫描的数据处理**

三维激光扫描仪的数据以点云的形式进行存储，它包含点位的三维坐标、色彩和反射强度等信息。其数据基本特点为：

(1)高密度，高精度，适用于形状测量；

(2)数据采集自动化程度高；

(3)属于非接触测量，可以夜间测量；

(4)数据信息丰富(三维坐标、强度信息、色彩信息)；

(5)数据量大，设备贵，对作业员要求高。

数据处理主要包括点云裁剪、点云连接和模型建立等步骤：

(1)点云裁剪。删掉每一站扫描点云废点。

(2)点云连接。将不同测站点云数据通过公共点转化到相同的坐标系中。可以采用共轭面转化法、标志控制点法、曲面匹配法等进行点云连接。共轭面转化法是利用三个以上不平行的共轭面，由这些共轭面求出三个平移及三个旋转参数。标志控制点法是由三个以上的控制点求转换参数。曲面匹配法是利用重叠区域的曲面匹配。

(3)模型建立。许多工程测量的应用需将三维点云物件化，即结合点云形成线、面、体，以便后续分析，因此必须开发点云模型化的后续应用软件，才能发挥三维激光资料的功效。目前大多数的软件都提供一些基本的模型原件用于模型化，如平面、圆柱、球形、圆锥等，较为实用的软件会设计一套或数套不同的模型元件库，适应实际状况。

点云所蕴含的空间信息是隐性的，须经过模型化处理才能成为显性的空间信息，并得以向量式资料描述其几何外形。将这些向量式资料投影至平面上则可形成二维的平面图或地图，当然也可以透视方式浏览所形成的三维空间信息，若扫描时同时取得数字光学影像，则可将影像贴于模型表面形成虚拟的实物景观。

74

如图 3-18 所示是利用激光三维扫描仪的数据建立模型的处理结果。

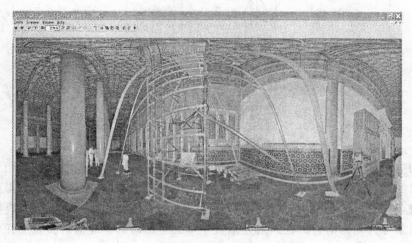

图 3-18　激光三维扫描仪的数据建模

## 3.2　城市地上与地表空间信息的获取

地表空间信息的获取方法有多种方式，除了采用全站仪等常规测量方法外，还可以采用遥感、全球定位系统、摄影测量等测量方式。

### 3.2.1　遥感

**1. 电磁波及波谱特性**

遥感即遥远感知，是在不直接接触的情况下，对目标或自然现象远距离探测和感知的一种技术。遥感之所以能够根据收集到的电磁波来判断地物目标和自然现象，是因为一切物体，由于其种类、特征和环境条件的不同，而具有完全不同的电磁波的反射或发射辐射特征。

根据麦克斯韦的电磁场理论，变化的电场能够在它周围引起变化的磁场，这一变化的磁场又在较远的区域内引起新的变化电场，并在更远的区域内引起新的变化磁场。这种变化的电场和磁场交替产生，以有限的速度由近及远在空间内传播的过程称为电磁波。电磁波是一种横波，γ射线、X 射线、紫外线、可见光、红外线、微波、无线电波等都是电磁波。电磁波的波谱特性如图 3-19 所示。

单色波的波动性可用波函数来描述，它是一个时空的周期性函数，由振幅和相位组成，一般成像原理只记录振幅，只有全息成像时，才既记录振幅又记录相位。光的波动性形成了光的干涉、衍射、偏振等现象。

由两个(或两个以上)频率、振动方向相同、相位相同或相位差恒定的电磁波在空间叠加时，合成波振幅为各个波的振幅的矢量和。因此会出现交叠区某些地方振动加强，某些地方振动减弱或完全抵消的现象。这种现象称为干涉。一般地，凡是单色波都是相干波。

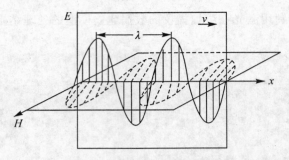

图 3-19　电磁波的波谱特性

取得时间和空间相干波对于利用干涉进行距离测量是相当重要的。激光就是相干波，它是光波测距仪的理想光源。微波遥感中的雷达也是应用了干涉原理成像的，其影像上会出现颗粒状或斑点状的特征，对微波遥感的判读意义重大。光通过有限大小的障碍物时偏离直线路径的现象称为光的衍射。在入射光垂直于单缝平面时的单缝衍射实验图样中，中间有特别明亮的亮纹，两侧对称地排列着一些强度逐渐减弱的亮纹。如果单缝变成小孔，由于小孔衍射，在屏幕上就有一个亮斑，它周围还有逐渐减弱的明暗相间的条纹。

地物波谱特性是指各种地物各自所具有发射辐射或反射辐射等电磁波特性。遥感图像中灰度与色调的变化是遥感图像所对应的地面范围内电磁波谱特性的反映。对于遥感图像的三大信息内容（波谱信息、空间信息、时间信息），波谱信息用得最多。测量地物的反射波谱特性曲线主要有以下三种作用：①它是选择遥感波谱段、设计遥感仪器的依据；②在外业测量中，它是选择合适的飞行时间的基础资料；③它是有效地进行遥感图像数字处理的前提之一，是用户判读、识别、分析遥感影像的基础。遥感技术的基础，是通过观测电磁波，从而判读和分析地表的目标以及现象，其中利用了地物的电磁波特性，即"一切物体，由于其种类及环境条件不同，因而具有反射或辐射不同波长电磁波的特性"，所以遥感也可以说是一种利用物体反射或辐射电磁波的固有特性，通过观测电磁波，识别物体以及物体存在环境条件的技术。图 3-20 所示是几种常见地物的电磁波反射曲线。

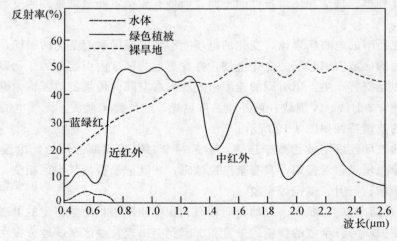

图 3-20　几种常见地物（水、绿色植被、裸旱地）的电磁波反射曲线

2. 遥感平台及运行特点

在遥感技术中，接收从目标反射或辐射电磁波的装置叫做遥感器，而搭载这些遥感器的移动体叫做遥感平台，包括飞机、人造卫星等，甚至地面观测车也属于遥感平台。通常称用机载平台的为航空遥感，而用星载平台的称为航天遥感。遥感器的工作原理如图3-21所示。

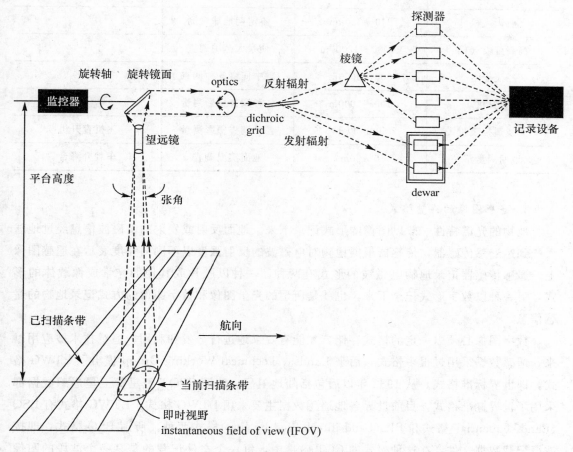

图 3-21　多光谱扫描仪示意图

遥感平台按平台距地面的高度大体上可分为三类：地面平台、航空平台、航天平台。地面遥感平台指用于安置遥感器的三脚架、遥感塔、遥感车等，高度在 100km 以下。在上放置地物波谱仪、辐射计、分光光度计等，可以测定各类地物的波谱特性。航空平台指高度在 100 米以上，100km 以下，用于各种调查、空中侦察、摄影测量的平台。航天平台一般指高度在 240km 以上的航天飞行器和卫星等，其中高度最高的要数气象卫星 GMS 所代表的静止卫星，它位于赤道上空 3600km 的高度上，Landsat、SPOT、MOS 等地球卫星高度也在 700～900km。表 3.1 列出了常用的遥感平台。

表 3.1　　　　　　　　　　　　　　　常用的遥感平台

| 遥感平台 | 高度 | 目的和用途 | 其他 |
|---|---|---|---|
| 静止卫星 | 36000km | 定点地球观测 | 气象卫星 |
| 地球观测卫星 | 500～1000km | 定期地球观测 | Landsat、SPOT、MOS |
| 小卫星 | 400km 左右 | 各种调查 | |
| 航天飞机 | 240～350km | 不定期地球观测 | |
| 高高度喷气机 | 10000～12000m | 侦察大范围调查 | |
| 飞艇 | 500～3000m | 空中侦察各种调查 | |
| 直升机 | 100～2000m | 各种调查摄影测量 | |
| 无线遥控飞机 | 500m 以下 | 各种调查摄影测量 | 飞机直升机 |
| 地面测量车 | 0～30m | 地面实况调查 | 车载升降台 |

**3. 遥感图像的存储格式**

地物的光谱特性一般以图像的形式记录下来。地面反射或发射的电磁波信息经过地球大气到达遥感传感器，传感器根据地物对电磁波的反射强度以不同的亮度表示在遥感图像上。遥感传感器记录地物电磁波的形式有两种，一种以胶片或其他的光学成像载体的形式，另一种以数字形式记录下来，也就是所谓的光学图像和数字图像的方式记录地物的遥感信息。

数字图像必须以一定的格式存储，才能有效果地进行分发和利用。遥感技术被应用以来，遥感数据采用过很多格式，后来 Landsat Technical Working Group 提出了 LTWG 格式，即世界标准格式。从 1982 年以后包括陆地卫星、法国 SPOT 卫星等卫星遥感数据都采用了世界标准格式，目前世界各地遥感数据主要采用 LTWG 格式。LTWG 格式有 BSQ (Band sequential) 格式和 BIL(band interleaved by line) 格式两种。所谓 BSQ 格式，即按波段记载数据文件，在这种格式的 CCT 磁带中，每一个文件记载的是某一个波段的图像数据。其第一波段数据文件之前都有一个像属性文件，后面又有一个尾部文件。BIL 格式是一种按照波段顺序交叉排列的遥感数据格式，BIL 格式与 BSQ 格式相似。如图 3-22 所示。

除了遥感专用的数字图像格式之外，还有其他类型的图像格式，在进行遥感图像处理时，往往需要在不同系统之间进行，其中 TIFF 格式使用很广。TIFF 文件头占用 8 个字节，头两个字节控制着文件中剩下的所有数据的解释方式。这两个字节指示了文件中的字节顺序。其中"MM"和"II"分别表示 Motorola 或 Intel 字节顺序，Intel 字节顺序按照从低到高位的顺序排序，而 Motorola 顺序按相反的顺序排序。如图 3-23 所示。

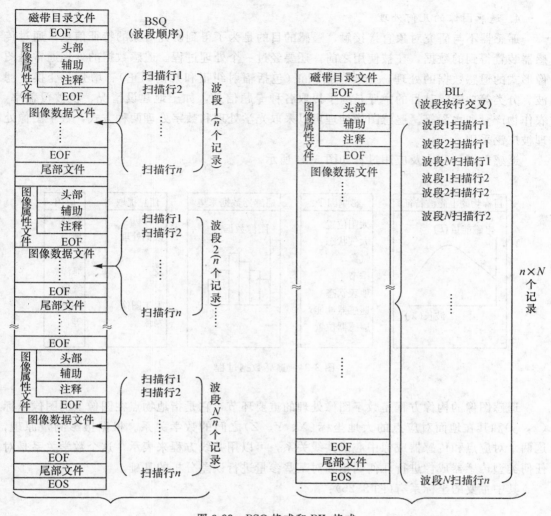

图 3-22　BSQ 格式和 BIL 格式

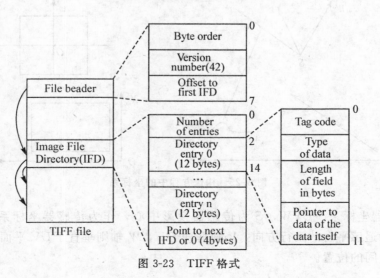

图 3-23　TIFF 格式

### 4. 遥感图像的几何处理

遥感器不与研究对象直接接触，遥感的目的是为了得到研究对象的特征信息，通过传感器装置得到的数据，在被使用之前，还要经过一个处理过程。遥感数据的处理通常是图像形式的遥感数据的处理，主要包括纠正（包括辐射纠正和几何纠正）、增强、变换、滤波、分类等功能，其目的主要是为了提取各种专题信息，如土地建设情况、植被覆盖率、农作物产量和水深等。遥感图像处理可以采取光学处理和数字处理两种方式，数字图像处理被广泛采用。

遥感数据的获取及应用过程如图 3-24 所示。

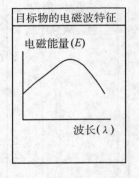 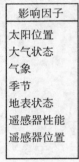 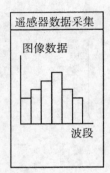 

图 3-24　遥感数据过程

遥感图像的构像方程是数字图像处理的重要环节，它是指地物点在图像上的图像坐标 $(x，y)$ 和其在地面对应点的大地坐标 $(X、Y、Z)$ 之间的数学关系。根据摄影测量原理，这两个对应点和传感器成像中心成共线关系，可以用共线方程来表示。这个数学关系是对任何类型传感器成像进行几何纠正和对某些参量进行误差分析的基础。

其中主要的坐标系有（图 3-25）：

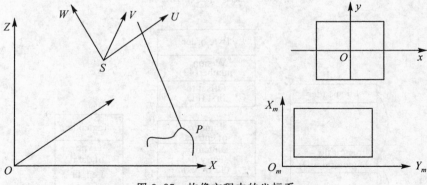

图 3-25　构像方程中的坐标系

（1）传感器坐标系 $S\text{-}UVW$，$S$ 为传感器投影中心，作为传感器坐标系的坐标原点，$U$ 轴的方向为遥感平台的飞行方向，$V$ 轴垂直于 $U$，$W$ 轴则垂直于 $UV$ 平面，该坐标系描述了像点在空间的位置。

(2)地面坐标系$O\text{-}XYZ$，主要采用地心坐标系统。当传感器对地成像时，$Z$轴与原点处的天顶方向一致，$XY$平面垂直于$Z$轴。

(3)图像(像点)坐标系$o\text{-}xyf$，$(x, y)$为像点在图像上的平面坐标，$f$为传感器成像时的等效焦距，其方向与$S\text{-}UVW$方向一致。

上述坐标系统都是三维空间坐标系，在实际处理中还需要图像坐标系统$o\text{-}xy$和地图坐标系统$O_m\text{-}X_mY_m$，它们是平面坐标系统，原始遥感图像表示在图像坐标系之中，处理成果一般为地图坐标系中的坐标。传感器投影中心$S$在地面坐标系中的坐标为$(X, Y, Z)_S$，传感器的姿态角为$(U, V, W)_P$，则通用构像方程为：

$$\begin{bmatrix} X \\ Y \\ Z \end{bmatrix}_P = \begin{bmatrix} X \\ Y \\ Z \end{bmatrix}_S + A \begin{bmatrix} U \\ V \\ W \end{bmatrix}_P \tag{3-9}$$

式中，$A$为传感器坐标系相对地面坐标系的旋转矩阵，是传感器姿态角的函数。

5. 遥感图像判读

"判读"(interpretation)是对遥感图像上的各种特征进行综合分析、比较、推理和判断，最后提取出感兴趣的信息。传统的方法是采用目视判读，也有人说成是对图像的"判译"、"解译"或"判释"等。这是一种人工提取信息的方法，使用眼睛目视观察，借助一些光学仪器或在计算机显示屏幕上，凭借丰富的判读经验，扎实的专业知识和手头的相关资料，通过人脑的分析、推理和判断，提取有用的信息。下一章将讲述的自动识别分类是利用计算机，通过一定的数字方法(如统计学、图形学、模糊数学等)，即所谓"模式识别"的方法来提取有用信息，也称自动判读。

介绍了各种地物具有各自的波谱特性及其测定方法。地物的反射波谱特性一般用一条连续曲线表示。而多波段传感器一般分成一个一个波段进行探测，在每个波段里传感器接收的是该波段区间的地物辐射能量的积分值(或平均值)。当然还受到大气、传感器响应特性等的调制。地物在多波段图像上特有的这种波谱响应就是地物的光谱特征的判读标志。不同地物波谱响应曲线是不同的，因此它们的光谱判读标志就不一样。

景物的各种几何形态为其空间特征，它与物本的空间坐标 $X$、$Y$、$Z$ 密切相关，这种空间特征在像片上也是由不同的色调表现出来。它包括通常目视判读中应用的一些判读标志：形状、大小、图形、阴影、位置、纹理、类型等。

(1)形状：指各种地物的外形、轮廓。从高空观察地面物体形状是在 $X\text{-}Y$ 平面内的投影；不同物体显然其形状不同，其形状与物体本身的性质和形成有密切关系。

(2)大小：地物的尺寸、面积、体积在图像上按比例缩小后的相似性记录。

(3)图形：自然或人造复合地物所构成的图形。

(4)阴影：由于地物高度 $Z$ 的变化，阻挡太阳光照射而产生的阴影。它既表示了地物隆起的高度，又显示了地物侧面形状。

(5)位置：地物存在的地点和所处的环境。图像上除了地物所在的位置还与它所处的背景有很大关系。例如处在阳坡、阴坡的树，可能长势不同或品种不同。

(6)纹理：图像上细部结构以一定频率重复出现，是单一特征的集合。实地为同类地物聚集分布。如树叶丛和树叶的阴影，单个地看是各叶子的形状、大小、阴影、色调、图形。当它们聚集在一起时就形成纹理特征。图像上的纹理包括光滑的、波纹的、斑纹的、线性及不规则的纹理特征。

(7)类型：各大类别组成类型。如水系类型、地貌类型、地质构造类型、土壤类型、土地利用类型等。在各自类型中，根据其形状、结构、图形等又可分成许多种类。如图3-26所示为各种水系构造类型，分别为树枝状、栅格状、辐射状、平行状等。

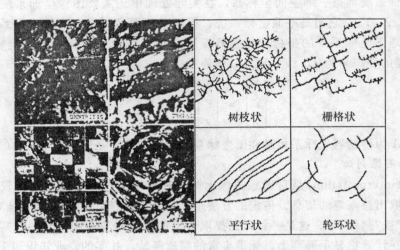

图 3-26　水系影像及根据水系影像勾绘的图形

### 6.遥感图像处理软件

Erdas Imagine v9.0 是功能非常强大的遥感图像处理系统，将图像处理与空间数据管理融合成一体，构成完整的客户/服务器结构的工作流。ERDAS IMAGINE V9.0 AutoSync 模块将减轻您繁重的纠正选点工作，使得用于动态监测的不同时相/分辨率精确配准融合工作量大大减小；为用户提供了基于 Internet/Intranet 环境的影像等空间信息共享的工具，可创建自己的三维数字地球，进行沙盘推演，三维浏览查询/检索，分析，飞行，量测等。ERDAS IMAGINE 是美国 ERDAS 公司开发的遥感图像处理系统。它以其先进的图像处理技术，友好、灵活的用户界面和操作方式，面向广阔应用领域的产品模块，服务于不同层次用户的模型开发工具以及高度的 RS/GIS(遥感图像处理和地理信息系统)集成功能，为遥感及相关应用领域的用户提供了内容丰富而功能强大的图像处理工具，代表了遥感图像处理系统未来的发展趋势。如图 3-27 所示。

### 3.2.2　全球定位系统

#### 1.全球定位系统(GPS)发展现状

全球定位系统(GPS)是目前应用最广的卫星导航定位系统，其应用已从普通的定位、测速和授时拓展到了解决复杂的工程、技术和科学问题，对人类社会的影响已远远超出了该系统设计者当初的设想。目前，在航空、航天、军事、交通、运输、资源勘探、广播、通信、电力、气象、地球空间信息和工程建设等领域中，GPS 都被作为一项非常重要的技术手段和方法，用来进行导航、定位、定时、反演地球物理和大气物理参数等。

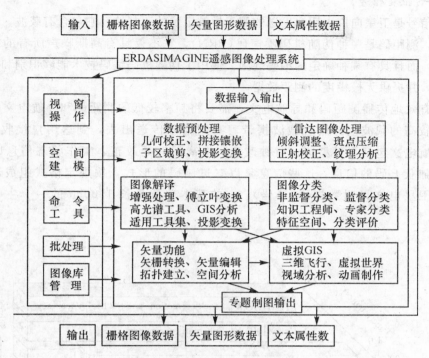

图 3-27　Erdas Image 功能体现

自 1978 年 GPS 星座建立以来，共发射了 59 颗 GPS 卫星，其中 25 颗已经退役，2 颗发射失败，当前正在运行的卫星为 31 颗，分布在 6 个轨道面上，轨道面之间的夹角为 60 度，其中轨道面 A 上有 5 颗卫星，B 上有 5 颗，C 上有 5 颗，D 上有 6 颗，E 上有 4 颗，F 上有 6 颗卫星。卫星类型有 Block II、Block IIA、Block IIR、Block IIR－M 等。如图 3-28 所示。

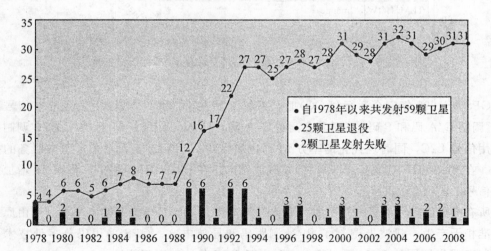

图 3-28　GPS 卫星运行现状

## 2. GPS 卫星信号

卫星信号是卫星向广大用户发送的用于导航定位的调制波，它包含有载波、测距码和导航电文。测距码是一种伪随机码噪声码（PRN），它不仅具有高斯噪声所有的良好的自相关特征，而且具有某种确定的编码规则。使用了伪随机码编码技术能够识别和分离各颗卫星信号，并提供无模糊度的测距数据。

为了有效地传播测距码和导航电文，需要将频率较低的测距码和导航电文等信号加载在频率较高的载波上，然后载波携带着有用信号传送出去，到达用户接收机。GPS卫星的导航电文包括卫星星历、时钟改正、电离层时延改正、工作状态信息以及 C/A码转换到捕获 P 码的信息。这些信息是以二进制码的形式，按规定格式组成，按帧向外播送，卫星电文又叫数据码（D 码）。它的基本单位是长 1500bit 的一个主帧。如图3-29所示。

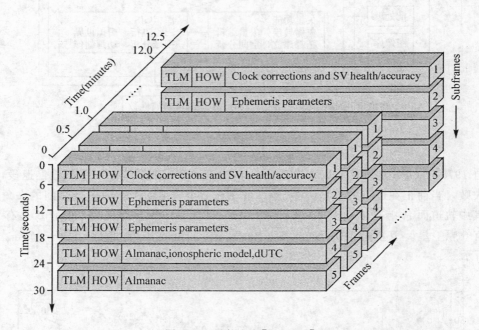

图 3-29　导航电文［ICD-200］

GPS 于 1995 年完全运行（FOC）时，系统开始在 L1 和 L2 载波上发送导航信号，在L1 上调制 C/A 码和 P 码，在 L2 上调制 C/A 码。从 Block IIR—M 开始，在 L2 调制第二个民用信号 L2C，同时现代化的军方 M 码也加载到 L1 和 L2 上，增加了军方服务的抗干扰性。在 Block IIF 卫星上，将增加 L3 载波频率，在 Block III 卫星上，将在 L1 增加第二民用信号 L1C。

所有的导航信号和计时过程都以基本频率 f0＝10.23MHz 为基础。基本频率由原子频率标准相干产生。载波上调制了 PRN 测距码和导航电文。GPS 采用码分多址技术，因此，GPS 发送不同的 PRN 码，表 3.2 列出了 GPS 载波和测距信号。

**表 3.2**　　　　　　　　　　　　**GPS 载波和测距信号**

| | | |
|---|---|---|
| L1 | | L1 载波，频率＝1575.420MHz，波长＝19.0cm |
| L2 | | L2 载波，频率＝1227.600MHz，波长＝24.4cm |
| L5 | | L5 载波，频率＝1175.450MHz，波长＝25.5cm |
| L1 | C/A | 粗捕获码，PRN 码长 1023 |
| | P(Y) | 精码，在 A—S 模式下用 Y 码代替 P 码，PRN 码长～7 天 |
| | M | 军方码，加密 |
| | L1C | L1 上的民用码，PRN 码长 10230 |
| L2 | P | 精码，PRN 码长～7 天 |
| | C/A | 民用码，粗捕获码，PRN 码长 1023 |
| | L2CM | L2 的中等长度码，PRN 码长 10230 |
| | L2CL | L2 的长码，PRN 码长 767250 |
| | M | 军方码，加密 |
| L5 | L5I | L5 上的同相码，PRN 码长 10230×10 |
| | L5Q | L5 上的正交码，PRN 码长 10230×20 |

**3. 广播星历**

准确预测在信号发射时刻卫星的位置，这种能力对于导航卫星运行来说至关重要。以导航电文广播星历的轨道参数确定轨道和卫星的实际位置会有几米的误差。可以用开普勒 6 参数描述卫星轨道和发送信号时刻卫星的位置。图 3-30 所示是卫星轨道参数示意图。

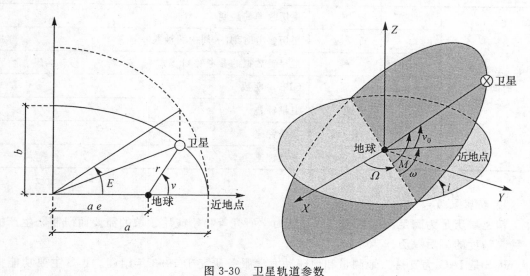

图 3-30　卫星轨道参数

广播星历是由地面控制部分所确定和提供的，经卫星向全球所有用户公开播发的一种预报星历。GPS 广播星历参数主要有 16 个，其中包括 1 个参考时刻，6 个对应参考时刻的开普勒轨道参数和 9 个反映摄动力影响的参数，如表 3.3 所示。这些参数通过 GPS 卫星发射的含有轨道信息的导航电文传递给用户。

表 3.3　　　　　　　　　　　　　　广播星历参数

| 类型 | 参数 | 单位 | 说明 |
|------|------|------|------|
| 开普勒六参数 | $A^{1/2}$ | $m^{1/2}$ | 长半轴的平方根 |
|  | $e$ | 无量纲 | 偏心率 |
|  | $i_0$ | 弧度 | 参考时刻的轨道倾角 |
|  | $\Omega_0$ | 弧度 | 参考时刻升交点赤经 |
|  | $\omega$ | 弧度 | 近地点角距 |
|  | $M_0$ | 弧度 | 参考时刻的平近点角 |
| 摄动九参数 | $\Delta n$ | 弧度/秒 | 由精密星历计算得到的卫星平均角速度与按给定参数计算所得的平均角速度之差 |
|  | $\dot{\Omega}$ | 弧度/秒 | 升交点赤径变化率 |
|  | $\dot{i}$ | 弧度/秒 | 轨道倾角变化率 |
|  | $C_{uc}$ | 弧度 | 纬度幅角的余弦调和项改正的振幅 |
|  | $C_{us}$ | 弧度 | 纬度幅角的正弦调和项改正的振幅 |
|  | $C_{rc}$ | 米 | 轨道半径的余弦调和项改正的振幅 |
|  | $C_{rs}$ | 米 | 轨道半径的正弦调和项改正的振幅 |
|  | $C_{ic}$ | 弧度 | 轨道倾角的余弦调和项改正的振幅 |
|  | $C_{is}$ | 弧度 | 轨道倾角的正弦调和项改正的振幅 |
| 时间参数 | AODE |  | 星历数据的龄期 |
|  | $t_{oe}$ | 秒 | 星历参考时刻(一周中的秒数) |
|  | $t_{oc}$ | 秒 | 卫星钟数据的参考时刻 |
|  | weekno | 周 | GPS 星期数 |
|  | $a_0$ | 秒 | 卫星钟差 |
|  | $a_1$ | 秒/秒 | 卫星钟速 |
|  | $a_2$ | 秒/秒$^2$ | 卫星钟速变率 |

### 4. 精密星历

精密星历是为满足大地测量、地球动力学研究等精密应用领域的需要而研制、生产的一种高精度的事后星历。

IGS 是 IAG 为支持大地测量和地球动力学服务研究于 1993 年组建。IGS 主要功能提供跟踪站数据和 IGS 的各种产品，包括 GPS 卫星星历、地球自转参数、GPS 跟踪站的坐标及其变化率、各跟踪站的天顶方向的对流层延迟、全球电离层延迟信息等。IGS 所提供的 GPS 卫星星历及其精度如表 3.4 所示。

表 3.4　　　　　　　　　　　IGS 所提供的 GPS 卫星星历及其精度

| 卫星星历 | 精度 | 滞后时间 | 更新率 |
|---|---|---|---|
| 广播星历 | 260cm | 实时 | |
| 预报星历 | 25cm | 实时 | 2 次/天 |
| 快速星历 | 5cm | 17h | 1 次/天 |
| 最终星历 | <5cm | 约 13d | 1 次/星期 |

5. 观测值

卫星观测值主要包括码伪距、载波相位和多普勒数据三种观测值。

码伪距是利用测距码获得卫星到测站之间的距离。卫星依据自己的时钟发出某一结构的测距码，该测距码经过 $t$ 时间的传播后到达接收机。接收机在自己的时钟控制下产生一组结构完全相同的测距码（复制码），并通过时延器 使其延迟时间 $t'$ 将这两组测距码进行相关处理，若自相关系数 $R(t')\neq1$，则继续调整 延迟时间 $t'$ 直至自相关系数 $R(t')=1$ 为止。使接收机所产生的复制码与接收到的 GPS 卫星测距码完全对齐，那么其延迟时间 $t'$ 即为卫星信号从卫星传播到接收机所用的时间 $t$。卫星信号的传播是一种无线电信号的传播，其速度等于光速 $c$，卫星至接收机的距离即为 $t$ 与 $c$ 的乘积。

载波相位测量的观测量是 GPS 接收机所接收的卫星载波信号与接收机本振参考信号的相位差。载波相位由整周未知数（$N$）、整周计数 $\mathrm{Int}(\varphi)$、和不满一周的小数部分 $\mathrm{Fr}(\varphi)$ 组成，即

$$\varphi = \mathrm{Int}(\varphi) + \mathrm{Fr}(\varphi) + N \tag{3-10}$$

卫星信号中还包含有多普勒频移信号。当卫星与接收机之间存在相对运动时，接收机接收的卫星发射信号的频率与卫星发射信息频率不相同所产生的多普勒效应。

6. 卫星位置的确定

如果要计算时刻 $t$ 某卫星的空间坐标，根据前面的广播星历格式，读出该卫星广播星历的有关参数，按如下步骤计算：

（1）计算卫星运行的平均角速度 $n$。

根据开普勒第三定律，卫星运行的平均角速度 $n_0$ 的计算公式为：

$$n_0 = \sqrt{\frac{GM}{a^3}} = \sqrt{\frac{\mu}{a^3}} \tag{3-11}$$

式中的 $\mu=GM$ 为坐标系中的地球引力常数。导航电文中给出了卫星轨道的长半轴的平方根 $\sqrt{a}$。平均角速度 $n_0$ 加上卫星电文给出的摄动改正数 $\Delta n$，便得到卫星运行的平均角速度 $n$：

$$n = n_0 + \Delta n \tag{3-12}$$

（2）计算归化时间 $T$。

计算时刻 $t$ 必须是卫星信号发射时刻，它由信号接收时刻减去传播时间延迟后得到。计算卫星信号发射时刻 $t$ 卫星钟的钟差改正 $\Delta T$

$$\Delta t = a_0 + a_1(t-t_\alpha) + a_2(t-t_\alpha)^2 \tag{3-13}$$

$t_\alpha$ 是卫星钟数据的参考时刻（以秒为单位）；$t_\alpha$ 卫星星历数据的参考时刻（以秒为单位），二

者不等同。进行卫星钟差改正：

$$t = t - \Delta t \tag{3-14}$$

计算归化时间 $T$。$T$ 大于 302400 秒时，应在 $T$ 中减去一个 GPS 星期相应的秒数 604800 秒，当 $T$ 小于 0 秒时，应在 $T$ 中加上 604800 秒：

$$T = t - t_{oe} \tag{3-15}$$

（3）卫星发射时刻平近点角 $M$ 的计算：

$$M = M_0 + n \times T \tag{3-16}$$

（4）按下式迭代计算偏近点角 $E$：

$$E = M + e\sin E \tag{3-17}$$

上述方程可用迭代法进行解算，即先令 $E = M$，代入上式，求出 $E$ 再代入上式计算，因为 GPS 卫星轨道的偏心率 $e$ 很小，因此收敛快。

（5）由下面两式计算真近点角 $V$：

$$\begin{cases} \cos V = \dfrac{(\cos E - e)}{(1 - e\cos E)} \\ \sin V = \dfrac{\sqrt{1 - e^2}\sin E}{(1 - e\cos E)} \end{cases} \tag{3-18}$$

因此，

$$V = \arctan \frac{\sin V}{\cos V}$$

（6）计算升交角距 $\phi$：

$$\phi = V + \omega \tag{3-19}$$

（7）摄动改正项的计算：

$$\begin{cases} \delta u = C_{us}\sin(2\phi) + C_{uc}\cos(2\phi) \\ \delta r = C_{rs}\sin(2\phi) + C_{rc}\cos(2\phi) \\ \delta i = C_{is}\sin(2\phi) + C_{ic}\cos(2\phi) \end{cases} \tag{3-20}$$

（8）计算经过摄动改正的升交距角 $u$、卫星失径 $r$ 和轨道倾角 $i$：

$$u = \phi + \delta u$$
$$r = A(1 - e\cos E) + \delta r \tag{3-21}$$
$$i = i_o + \delta i$$

（9）计算卫星在轨道平面内的坐标 $(X', Y')$：

$$\begin{cases} X' = r\cos(u) \\ Y' = r\sin(u) \end{cases} \tag{3-22}$$

（10）卫星信号发射时刻的升交点经度：

$$\Omega_c = \Omega_0 + (\dot{\Omega} - \dot{\omega}_e)T - \omega_e t_{oe} \tag{3-23}$$

式中的 $\omega$ 是地球自转的角速度。

（11）最后计算卫星在地固坐标系中的坐标：

$$\begin{cases} X = X'\cos(\Omega_c) - Y'\cos(i)\sin(\Omega) \\ Y = X'\sin(\Omega_c) + Y'\cos(i)\cos(\Omega) \\ Z = Y'\sin(i) \end{cases} \tag{3-24}$$

**7. 观测值的误差改正**

影响到 GPS 基线解算中的各种误差，要在基线解算之前和计算过程中采取一定方法和措施加以消除，主要包括 8 类误差改正模型：

（1）相对论效应改正。相对论效应是指卫星钟和接收机钟所处的运动速度和重力位不同而引起的相对钟差现象，通过建立广义相对论和狭义相对论模型进行改正。广义相对论和狭义相对论的综合改正模型为

$$\Delta f = \frac{\mu}{c^2}\left(\frac{1}{R} - \frac{3}{2a}\right)f - \frac{2f\sqrt{a\mu}}{tc^2}e\sin E \tag{3-25}$$

（2）电离层延迟改正模型。GPS 信号在穿过电离层时，传播速度发生变化，传播途径发射弯曲，克罗布歇（Klobuchar）模型的计算公式为

$$T_g = 5 \times 10^{-9} + \left[\sum_{i=0}^{3}\alpha_i\,(\varphi_m)^i\right]\cos\frac{2\pi(t - 14^h)}{\sum_{i=0}^{3}\beta_i\,(\varphi_m)^i} \tag{3-26}$$

（3）对流层延迟改正模型。对流层的气温、气压和相对湿度的变化会影响到 GPS 信号的传播速度和路径，主要模型有霍普菲尔德（Hopfield）模型、萨斯塔莫宁（Saastamoinen）模型和勃兰克（Black）模型等。普菲尔德数学模型为

$$\Delta s = \frac{155.2 \times 10^{-7}P_s(h_d - h_s)}{T_s\sqrt{\sin(E^2 + 6.25)}} + \frac{155.2 \times 10^{-7} \times 4810e_s(h_d - h_s)}{T_s^2\sqrt{\sin(E^2 + 2.25)}} \tag{3-27}$$

（4）地球自转改正模型。GPS 数据处理在协议地球坐标系中进行，但 GPS 信号从卫星传输到地面测站时，协议地球坐标系已经围绕其自转轴旋转了一个角度，该项改正的计算公式为

$$\begin{bmatrix}\delta x_s\\ \delta y_s\\ \delta z_s\end{bmatrix} = \begin{bmatrix}\omega(t_2 - t_1)y_1^s\\ -\omega(t_2 - t_1)x_1^s\\ 0\end{bmatrix} \tag{3-28}$$

（5）地球固体潮汐改正模型。地球在太阳、月亮和其他星体的万有引力作用下，地表产生周期性的变形，尤其在垂直位移上变化很大，固体潮汐改正模型的计算公式为

$$\begin{bmatrix}\delta R\\ \delta\theta\\ \delta\lambda\end{bmatrix} = \frac{m_jR^4}{Mr_j^3}\left\{3l(\vec{r}_j^0\cdot\vec{R}^0)\vec{R}_j^0 + \left[3\left(\frac{h}{2} - l\right)(\vec{r}_j^0\cdot\vec{R}^0)^2 - \frac{h}{2}\right]\vec{R}^0\right\} \tag{3-29}$$

（6）海洋潮汐改正模型。海洋在太阳、月亮和其他星体的万有引力作用下产生周期性的变形，而海洋的变形又会引起陆地的变形，尤其对离海洋较近的地区影响很大，海洋潮汐改正的计算公式为

$$\begin{bmatrix}\delta R\\ \delta\theta\\ \delta\lambda\end{bmatrix} = \begin{bmatrix}\sum_{i=1}^{I}\sum_{k=1}^{K}\delta H_i\left[\dfrac{Rh'_\infty}{2M\sin\left(\frac{k}{2}\right)} + \dfrac{R}{M}\sum_{n=0}^{N}(h'_n - h'_\infty)P_n(\cos k)\right]\mathrm{d}\sigma_n\\[4mm] \sum_{i=1}^{I}\sum_{k=1}^{K}\delta H_i\left\{\dfrac{-R\cos\left(\frac{k}{2}\right)\left[1 + 2\sin\left(\frac{k}{2}\right)\right]}{2M\sin\left(\frac{k}{2}\right)\left[1 + \sin\left(\frac{k}{2}\right)\right]} + \dfrac{R}{M}\sum_{n=1}^{N}\dfrac{nh'_n - h'_\infty}{n}\dfrac{\partial P_n(\cos k)}{\partial k}\right\}\cos\alpha\mathrm{d}\sigma_n\\[4mm] \sum_{i=1}^{I}\sum_{k=1}^{K}\delta H_i\left\{\dfrac{-R\cos\left(\frac{k}{2}\right)\left[1 + 2\sin\left(\frac{k}{2}\right)\right]}{2M\sin\left(\frac{k}{2}\right)\left[1 + \sin\left(\frac{k}{2}\right)\right]} + \dfrac{R}{M}\sum_{n=1}^{N}\dfrac{nh'_n - h'_\infty}{n}\dfrac{\partial P_n(\cos k)}{\partial k}\right\}\sin\alpha\mathrm{d}\sigma_n\end{bmatrix}$$

$$\tag{3-30}$$

（7）天线相位中心改正模型。天线相位中心偏差是指几何中心与相位中心不重合引起，卫星天线相位中心偏差和接收机天线相位中心偏差可以通过求差法加以改正。

（8）钟误差改正模型。GPS测量是依据卫星信号的传播时间来确定从卫星至接收机的距离的，因此卫星钟差和接收机钟差必须十分仔细地消除，卫星钟差和接收机钟差的可以通过求差法进行改正，或者作为参数进行求解。

8. GPS数据采集

（1）选点。在进行选点作业时需尽可能满足以下基本要求：①为保证对卫星的连续跟踪观测和卫星信号的质量，要求测站四周视野应尽可能的开阔，在$10°\sim15°$高度角以上不能存在成片的障碍物。②为减少各种电磁波对GPS卫星信号的干扰以及保护接收机天线，在测站周围约200m的范围内不能有大功率无线电发射源；远离高压输电线、变压器和变电所等，其距离不得小于50m。③为避免或减少多路径效应误差的影响，测站应远离对电磁波信号反射强烈的地形、地物。④为便于其他测量手段的扩展和联测，测站应选在交通便利、容易到达的地方。⑤为了保持点位的稳定性，测点应位于地址条件良好、基础稳定的地方，易于点的保存和安全作业。⑥AA、A、B级GPS点，应选在能长期保存的地点。⑦测站可充分利用符合要求的原有控制点。⑧选址时，应尽可能使测站附近的小环境（地形、地貌、植被等）与周围的大环境保持一致，以减少气象元素的代表性误差。

此外，对于GPS连续运行站的站址选择来说，还应该考虑所选点位要便于接入公共通信网络或专用通信网络、便于架设市电线路或有可靠的电力供应等因素。

（2）接收机配备。接收机的配备要考虑类型和数量两方面的问题。从工程应用的角度来划分，可将接收机分为单频、双频接收机。不同等级GPS网对接收机类型及最少同步观测机数的要求如表3.5所示。

表3.5 接收机选用

| 级别 | AA | A | B | C | D、E |
|---|---|---|---|---|---|
| 单频/双频 | 双频/全波长 | 双频/全波长 | 双频 | 双频或单频 | 双频或单频 |
| 观测量至少有 | L1、L2载波相位 | L1、L2载波相位 | L1、L2载波相位 | L1载波相位 | L1载波相位 |
| 同步观测接收机数 | ≥5 | ≥4 | ≥4 | ≥3 | ≥2 |

理论上，在一个时段中，接收机的数量越多，直接相连点的数量就越多，因而，网的结构就越好，测量推进的速度就越快，成本也就越低。但是，可供使用的接收机和外业小组的数量是有限的，另外，作业调度的难度也将随着仪器数量的增加迅速增大。在一般的工程应用中，接收机的最佳数量为4～6台。

利用双频载波相位观测值可以较为彻底地消除电离层折射的影响，另外还有利于周跳的探测，因而在高精度应用中广为采用。

（3）天线安置和高度量测。以下是一些天线安置相关的过程和要求：①天线通常应用它上面的方向标识进行定向，所有测站上的天线均应采用罗盘使其指向同一方向。这可以确保任何天线的中心偏移以系统性的方式传递到基线解中。②同一天线、接收机和电缆应集中到一起，保存到仪器箱中。③由于GPS测量的精度很高，天线的对中非常重要。

如果对中不好，整个测量的精度都将受到影响。所以，应避免采用垂球对中。④天线应安置在带有光学对中器的标准测量基座上，并安放在高质量的测量脚架上。

在测量过程中，天线的安置可能是最为关键的。由天线外罩上的标准参考点所量测的天线高于点标志的高度，需要量到毫米，而且需要在每一时段的开始和结束时进行。

GPS 的观测值是相对于 GPS 天线的相位中心，因而 GPS 定位软件最初所计算出的位置就是天线相位中心的位置。

但是，用户所需要的位置通常是一个物理标识，它通常直接在天线的下方。天线的相位不是一个物理点，而是相对于天线上一个物理特性，它可以通过一组校正观测值来确定。天线上还有一个被称为天线参考点的特殊点，它通常位于天线底部中央，从天线参考点到相位中心的向量称为天线偏移量。另外，对于 L1 和 L2 载波相位数据来说，天线偏移量是不相同的。

不同类型的天线，有不同的建议量高方法。图 3-31 给出了两种常用的为安置在脚架上的天线量取高度的方法。应对所有的天线高量测值加以仔细的记录，最好附加图示。

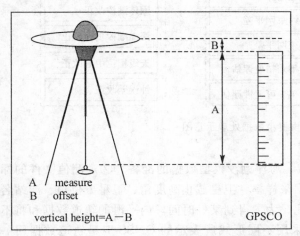 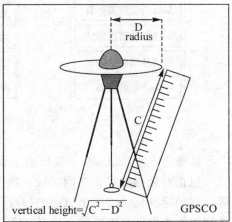

图 3-31　对于采用脚架安置的天线高的量测方法

（4）观测时应观察的内容。接收机运行时需监视的内容：电池状态；所剩存储空间；所跟踪卫星；实时导航定位解；卫星健康状态（对后处理也有用）；日期和时间（UTC 或地方时）；卫星的高度角和方位角（与预报值和天空图比较）；信噪比；天线连接指示符；跟踪通道的状态；数据记录量。

9. GPS 数据处理

多模卫星数据处理主要包括数据预处理、基线解算、网平差和报告生成四大部分，如图 3-32 所示。

（1）数据预处理。

GPS 数据预处理的目的是对数据进行滤波检验、剔除粗差，统一数据文件格式并将各类数据加工成标准文件，找出整周跳变点并修复观测值。从参与基线解算的各类数据文件中提取所需信息，对能够采用确定方法和模型进行改正和改化的项目进行相应处理，并将经过处理后的数据按内部数据结构进行存储，最终形成直接用于形成基线解算数学模型的标准数据。主要有 5 个方面的内容：①各类数据的收集与传输。包括用户数据的上载，

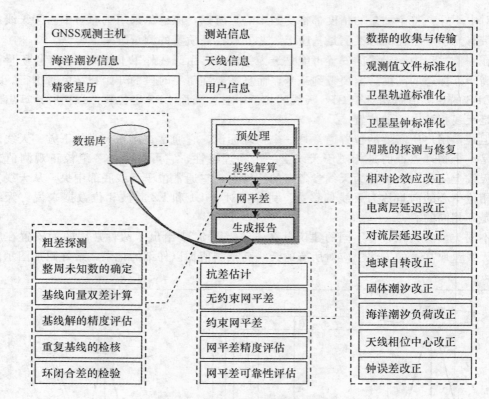

图 3-32　多模卫星数据处理示意图

GNSS 数据的传输，SP3 精密星历的下载，海洋潮汐模型数据的准备。②观测值文件的标准化。包括对数据格式、观测时段、数据采样率、卫星截止高度角、卫星方位角、测站名称等信息的标准化。③卫星轨道的标准化。为了得到某一时间段内平滑的轨道数据和将不同类型的轨道数据转换为统一形式，将采用不同形式所表示的 GNSS 卫星轨道数据用一个统一的方式来表示，通常是采用一组高阶多项式的系数。④卫星星钟的标准化。对卫星星钟的标准化有两种方式：利用星钟参数建立钟差多项式模型；利用精密星钟文件建立钟差模型。⑤整周跳变的探测与修复。常用方法有多项式拟合法、历元间高次差法、残差法、伪距法以及无几何关系（Geometry-free）的组合观测值法等。处理方法有修复法和引入参数（新模糊度参数）。

（2）基线解算。

GPS 基线向量解是利用 2 台或 2 台以上 GPS 接收机所采集的同步观测数据形成差分观测值，通过参数估计的方法所计算出的两两接收机之间三维坐标差。基线解算是 GPS 相对定位的关键。

① 根据观测值的信噪比、卫星高度角、卫星健康状态、观测值间的同步情况等对数据进行编辑整理，信噪比异常或过低、卫星高度角低于预先设值的阈值、星历显示卫星不健康或没有同步观测数据的观测值将被剔除。选择参考星：可以选择高度角最高的卫星，或者选择与其他卫星高度角差异最大的卫星作为参考卫星。

② 整周未知数的确定。整周未知数的确定是载波相位测量中的关键问题。整周未知

数确定方法一般分为三类：观测值域内的未知数搜索技术、坐标域内的未知数搜索技术、未知域内的未知数搜索技术。经典算法有最小二乘未知数搜索技术（LSAST）、快速整周未知数解算法（FARA）、最小二乘降相关平差法（LAMBDA）等。

FARA 的搜索原理为

$$(\hat{N} - N)^{\mathrm{T}} Q_N^{-1} (\hat{N} - N) = \min \tag{3-31}$$

LAMBDA 的搜索算法为

$$(\hat{z} - z)^{\mathrm{T}} Q_{\hat{z}}^{-1} (\hat{z} - z) = \min \tag{3-32}$$

③ 基线向量的参数估计。包括观测值的个数及已知点坐标的获取、待定参数及其系数的确定、误差方程式的组成、待定参数的解算。

用载波相位双差观测值组成误差方程式、将基线向量和双差整周未知数作为待定参数，通过最小二乘法进行解算，接收机 $i$ 对卫星 $p$ 载波相位观测值方程为

$$\varphi_i^p = \frac{f}{c} \sqrt{(X^p - X_i)^2 + (Y^p - Y_i)^2 + (Z^p - Z_i)^2} - fV_{t_i} + fV_{t^p} - N_i^p - \frac{f}{c}(V_{\mathrm{ion}})_i^p - (V_{\mathrm{trop}})_i^p \tag{3-33}$$

在测站 $i$、$j$ 之间求一次差，其方程为

$$\Delta \varphi_{ij}^p = \frac{f}{c} \Delta \rho_{ij}^p - fV_{t_{ij}} - \Delta N_{ij}^p - \frac{f}{c}(V_{\mathrm{ion}})_{ij}^p - (V_{\mathrm{trop}})_{ij}^p \tag{3-34}$$

在一次差的基础上在卫星间求差，即双差方程为：

$$\Delta \varphi_{ij}^{pq} = \frac{f}{c} \Delta \rho_{ij}^{pq} - \Delta N_{ij}^{pq} - \frac{f}{c}(V_{\mathrm{ion}})_{ij}^{pq} - (V_{\mathrm{trop}})_{ij}^{pq} \tag{3-35}$$

根据上式，通过最小二乘法，求解基线向量和双差整周未知数。

④ 基线解算的精度评定。计算基线向量的单位权中误差估值、基线分量的精度估计、数据剔除率等。

⑤ 重复观测边检核。

⑥ 同步环闭合差和异步环闭合差检核。

（3）网平差。

基线向量解算完成后，需要进行网平差，网平差的主要内容包括三维无约束网平差、约束平差、精度评估和报告生成等内容。

① 三维无约束网平差。用以处理网中存在的粗差和调整各基线向量观测值的权。主要研究内容包括基线向量的读取与选择、平差函数模型的建立、对所形成的平差模型进行求解、粗差的判断与处理、调整基线向量观测值的权等。用三维无约束网平差处理网中存在的粗差和调整各基线向量观测值的权，每条基线可以列出如下一组误差方程：

$$\begin{bmatrix} v_{\Delta X} \\ v_{\Delta Y} \\ v_{\Delta Z} \end{bmatrix} = \begin{bmatrix} -1 & 0 & 0 \\ 0 & -1 & 0 \\ 0 & 0 & -1 \end{bmatrix} \begin{bmatrix} \mathrm{d}X_i \\ \mathrm{d}Y_i \\ \mathrm{d}Z_i \end{bmatrix} + \begin{bmatrix} 1 & 0 & 0 \\ 0 & 1 & 0 \\ 0 & 0 & 1 \end{bmatrix} \begin{bmatrix} \mathrm{d}X_j \\ \mathrm{d}Y_j \\ \mathrm{d}Z_j \end{bmatrix} - \begin{bmatrix} \Delta X_{ij} - X_i^0 + X_j^0 \\ \Delta Y_{ij} - Y_i^0 + Y_j^0 \\ \Delta Z_{ij} - z_i^0 + Z_j^0 \end{bmatrix} \tag{3-36}$$

若网中共有 $n$ 个点，通过观测共得到 $m$ 条独立基线向量，可以将总的误差方程写为如下形式：$V = B\hat{X} - L$。

② 约束网平差。在进行完三维无约束平差后，需要进行约束平差。主要研究内容包括约束条件的配置、限制条件方程的建立、对所形成的数学模型进行求解，计算待定参数的估值和观测值的平差值、观测值的改正数及相应的精度统计信息。

③ 网平差质量评价。网平差精度评估包括精确度评价、可靠性评价和置信度评价。

网的精确度评价是以平差后的各项中误差来表征的，其指标有验后单位权中误差、点位中误差、基线向量中误差及其相对中误差。其中点位中误差的计算公式为

$$M = \hat{\sigma}_0 \sqrt{Q_{\widehat{XX}} + Q_{\widehat{YY}} + Q_{\widehat{ZZ}}}$$ (3-37)

可靠性的指标有多余观测量、内可靠性和外可靠性等。GPS网的置信度评价通过假设检验，如进行 $\chi^2$ 检验量，令置信度为 $1 - \alpha$，则有如下概率式：

$$P\{\chi^2_{1-\alpha/2} < V^T PV < \chi^2_{1+\alpha/2}\} = 1 - \alpha$$ (3-38)

则显著水平 $\alpha$ 的接受域为 $\chi^2_{1-\alpha/2} < V^T PV < \chi^2_{1+\alpha/2}$。

④ 报告生成。项目拟开发基线处理和网平差报告生成程序，包括自动生成GPS的基线处理报告、重复基线和闭合环检验报告、网平差报告和坐标成果报告等。

10. GPS数据处理软件的操作

GPS数据处理软件在GPS测量中具有重要的地位，其处理能力的高低直接影响GPS测量成果的质量。GPS数据处理软件的主要功能有两个：GPS基线解算，对接收机在野外采集的同步观测进行处理，确定出同步观测接收机间的基线向量；GPS网平差，利用基线解算所得到的基线向量构成GPS网，对GPS网进行处理，确定出构成GPS网的点的坐标。

另外，数据处理软件还提供一些辅助功能，包括：质量控制；坐标转换；成果报表输出等。

TGO(trimble geomatics office)是美国 Trimble 公司为其测量型GPS接收机配套的数据处理软件。除了GPS数据外，TGO还可以处理其他一些类型的数据，包括常规光学仪器、水准仪和激光测距仪。TGO的主要功能包括：测量项目管理；测量数据导入和导出；GPS基线处理；测量控制网平差；数据的质量保证和质量控制（QA/QC）；道路设计数据的导入和导出；GPS和常规的地形测量数据处理；数字地面模型和等高线生成；数据转化和投影；GIS数据获取和导出；要素编码；项目报告创建。

项目(project)是TGO用于数据管理的单位，TGO所进行的处理都是针对归于某一项目下的数据的。创建项目是利用TGO进行数据处理的第一步。创建项目的方法为：

选择"File/New Project(文件/新建项目)"菜单项，进行项目创建。如图3-33所示。

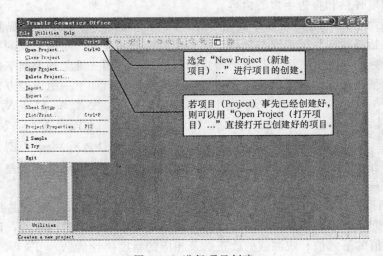

图3-33　进行项目创建

要进行数据处理，需要将观测数据导入到项目中。TGO 可导入多种类型的数据，其中与 GPS 有关的为 Trimble 系列 GPS 接收机的原始观测数据（DAT 格式）和 RINEX 格式的数据。导入此类数据的方法为：

根据所需导入数据的类型，从"Import（导入）"工具栏中选取适当的数据类型，然后再在"打开"对话框中选取所需导入的文件。对导入数据的信息进行检查，包括：点名、天线类型、天线高、天线高量测方法等内容，如图 3-34 所示。

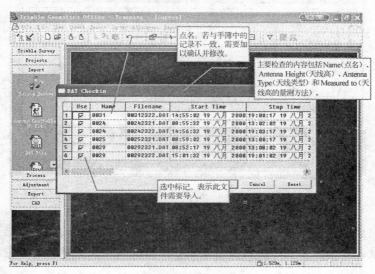

图 3-34　数据检查

在完成数据导入后，就可以进行基线处理。基线处理的方法是：选定"Survey/GPS Processing Styles（测量/GPS 处理形式）..."菜单项，指定和修改 GPS 处理形式。GPS 处理形式是控制基线解算过程的一组参数，直接影响基线处理的结果。如图 3-35 所示。

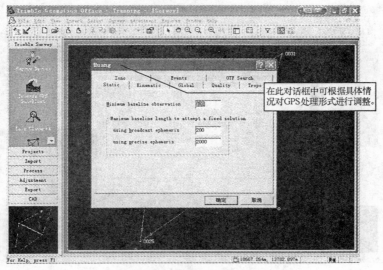

图 3-35　设置 GPS 处理形式

选择"Survey/Process GPS Baselines（测量/处理 GPS 基线）..."开始采用所选定的
GPS 处理形式对所选择的基线进行处理。如图 3-36 所示。

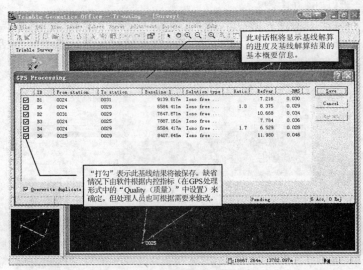

图 3-36　处理 GPS 基线

基线解算完成后，需要根据重复基线较差、环闭合差和网无约束平差结果等来检查基
线解算结果质量。如果有基线不满足质量要求，就需要采用新的解算策略重新解算这些基
线或者返工。

在完成部分或所有基线的解算后，可以进行网的无约束平差。平差的步骤为：选定
"Datum/WGS-84（基准/WGS-84）"菜单项，设定无约束平差的坐标系。然后再选定
"Adjustment/Adjustment Styles（平差/平差形式）..."菜单项，指定和修改网平差的形式，
如图 3-37 所示。平差形式是控制网平差过程的一组参数，直接影响网平差的结果。

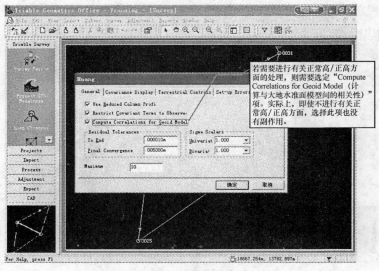

图 3-37　设定平差方式

选定"Adjustment/Weighting Strategies（平差/加权策略）..."菜单项，设置进行网的无约束平差时所采取的观测值定权方法。如图 3-38 所示。

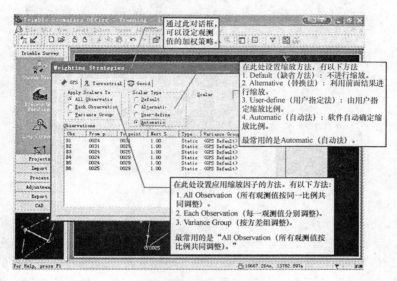

图 3-38　设定加权策略

选定"Adjustment/Adjust（平差/平差）..."菜单项，进行网的无约束平差。完成 GPS 网的无约束平差后，如果各项质量指标达到要求，就可以开始进行 GPS 网的约束平差。

### 3.2.3　摄影测量

**1. 摄影测量的影像获取**

摄影测量是利用光学摄影机获取的像片，经过处理以获取被摄物体的形状、大小、位置、特性及其相互关系。摄影测量的主要特点为：

(1)无需接触物体本身获得被摄物体信息。

(2)由二维影像重建三维目标。

(3)面采集数据方式。

(4)同时提取物体的几何与物理特性。

影像获取的手段有框幅式摄影机、光机扫描仪、全景摄影机、CCD 固态扫描仪、合成孔径侧视雷达等。

图 3-39 是影像示例。

**2. 立体测图原理**

相邻两站对同一地面景物摄取的有一定重叠的两张像片称为立体像对。双像立体测图是利用一个立体像对重建立体几何模型，量测该几何模型，绘制地形图。

在立体相对中，有一些特殊的点、线、面。

(1)同名像点是地面上一点在相邻两张像片上的构像。

(2)核面，摄影基线与地面点所作平面。

(3)核点，基线延长线与左右片的交点。

图 3-39　影像示例

（4）核线：核面与像片的交线，核线会聚于核点。

（5）同名核线，同名像点在同名核线上。

立体测图需要确定摄影时摄影中心、像片与地面三者之间相关位置关系的参数。确定摄影物镜后节点与像片之间相互位置关系的参数是像片的内方位元素。确定摄影瞬间像片在地面直角坐标系中空间位置和姿态的参数确定摄影瞬间像片在地面直角坐标系中空间位置和姿态的参数称为像片的外方位元素。立体像对测图原理如图 3-40 所示。

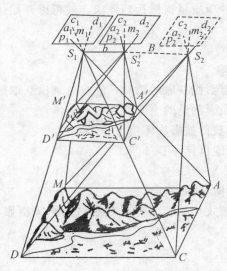

图 3-40　立体像对原理图

立体测图的关键：重建与实地相似的几何模型，恢复摄影时的空间方位。模拟法测图的过程：

（1）内定向：恢复像片的内方位元素，建立相似光束。

（2）相对定向：恢复两张像片的相对位置，建立和地面相似的立体模型。

（3）绝对定向：将模型纳入到地面测量坐标系中，并归化为所需的模型比例尺。

(4)立体测图：用量测工具量测立体模型，测制地形图。

3．数字摄影测量处理软件

全数字化摄影测量系统 VirtuoZo 为用户提供了从自动空中三角测量到测绘地形图的全套整体作业流程解决方案。VirtuoZo 可处理航空影像、近景影像、卫星影像（SPOT1－4、TM 等）、高分辨率的 IKONOS、QuickBird、SPOT5 卫星影像和可量测数码相机影像。其开放的数据交换格式也可与其他测图软件、GIS 软件和图像处理软件方便的共享数据。

VirtuoZo 大部分的操作不需要人工干预，可以批处理地自动进行。用户也可以根据具体情况灵活选择作业方式。

VirtuoZo 拥有多种高效实用的测图模式以及 Microstation 接口测图模块，符合测图生产的实际情况，是采集三维基础地理信息的理想平台。VirtuoZo 已经大大地改变了我国传统的测绘模式，提高了行业的生产效率，它不仅是制作各种比例尺的 4D 测绘产品的强有力的工具，也为虚拟现实和 GIS 提供了基础数据，是 3S 集成、三维景观和城市建模等最强有力的操作平台。

VirtuoZo 数据处理流程如图 3-41 所示。

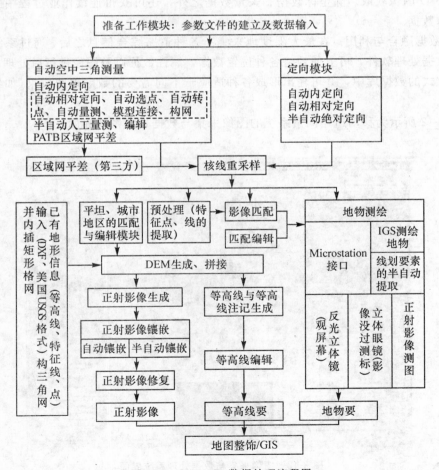

图 3-41　VirtuoZo 数据处理流程图

### 3.2.4 移动道路测量系统

移动道路测量系统（MMS）是在机动车上装配 GPS（全球定位系统）、CCD（视频系统）、INS（惯性导航系统）或航位推算系统等先进的传感器和设备，在车辆的高速行进之中，快速采集道路及道路两旁地物的空间位置数据和属性数据，如：道路中心线或边线位置坐标、目标地物的位置坐标、路（车道）宽、桥（隧道）高、交通标志、道路设施等。数据同步存储在车载计算机系统中，经事后编辑处理，形成各种有用的专题数据成果，如导航电子地图等。

MMS 系统的主要功能：

（1）位置测量。运用 GPS 定位、CCD 视频技术和惯导技术，测量行车轨迹并推算道路中心线和边线坐标，并可从 CCD 影像中提取目标点精确位置坐标，精度可达 1 米以内。

（2）属性记录。通过专门的属性记录器，将上百种道路标记（红绿灯，立交桥，加油站等）设置成直观醒目的按钮，作业时只需轻轻一按，即可将矢量化的属性信息录入车载电脑。

（3）3-D 图像获取。除坐标数据和矢量数据之外，还可获得连续作业过程中的可量算三维图像数据。

（4）数据融合与利用。在最大限度地采集了各种道路综合信息之后，通过系统提供的友好的数据处理软件，可方便地将各种位置数据，属性数据以及图像进行后处理，最后存储在开放式的数据库中，并可输出形成各种适应于不同需要的数字地图成果（如导航电子地图等）。

图 3-42 所示为移动道路测量系统的图像采集与数据处理系统界面。

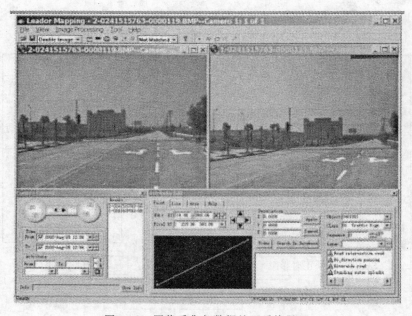

图 3-42　图像采集与数据处理系统界面

## 3.3 属性信息的获取

属性数据是空间数据的重要组成部分，例如，一条道路除了道路位置数据外，还包括道路宽度、表面类型、建筑日期、水管、电线、车流量等。属性数据主要采用键盘输入，有时也可以辅助字符识别软件。

### 3.3.1 纸质地图和电子地图的属性获取

利用纸质地图提取属性信息，一般需要将地图扫描到电脑里面，将扫描的图像转成矢量格式，才能进行属性信息的提取工作。由扫描图像转换成矢量图像一般都包括如下步骤：噪音消除，区域提取，细化或轮廓提取，矢量化，逼近算法，数据存储等，简单来说，可主要分为三个基本步骤：纸质地图扫描，光栅图到矢量图的转换和图像元素、原语、场景的识别。

地图元素识别和地图数据生成的目的是为了把从纸质地图获取的二进制地图图像转化成数字矢量地图。数字地图分为两大类。一类是数字道路矢量地图，数字道路地图由道路中线矢量和道路交叉口矢量组成。道路中线又是由一系列连接的道路节点组成，道路节点的距离是道路宽度的一半。这样的数字道路地图可以非常方便地用于陆地车辆导航。

另一类数字地图是数字房屋矢量地图。由于数字房屋地图经常被用在定位系统中，所以数字房屋地图中的每个房屋通常被矢量化为一个一个的单独矢量。即使在原始的纸质地图中有些房屋是连在一起的，在数字地图中也被要求分解为一个个的单独矢量以方便对每个房屋的单独访问。数字地图中同时也要求保存房屋的形状信息，因此多边形是表示房屋的主要结构。

房屋的识别结果一般都用多边形来表达，一是多边形可以充分表达房屋形状，二是因为使用多边形表达可以提高算法速度。除了道路和房屋，对地图上的字符识别也是地图矢量化的一个主要任务和难点。地图上的印刷字符通常具有任意的旋转角度和大小，因此对地图文字符号的识别困难大于对文档字符的识别。符号识别的第一步是检测形成字符串的那些字符。一旦确定了旋转角度，再将这些字符旋转到正常位置。

### 3.3.2 航空摄影测量图片信息的获取

二十多年以来，研究如何理解航空图像的地理信息并如何从中提取地图数据的探索一直没有中断。目前，尽管各研究机构已经在航空图像的自动理解上做了大量工作，但是结合人机交互的模型和策略的集成的半自动系统仍然是实际系统采取的方案。

随着计算机硬件系统的不断升级，人工智能和计算技术的发展，人们对航空图像理解系统的要求也越来越高。航空遥感图像理解的数据源逐渐从低分辨率图像向高分辨率图像转换。

在德国科学基金的支持下，德国慕尼黑工业大学从 20 世纪 90 年代初就开始了自动道路提取的研究。从 1993 年至 2000 年，他们把航空和卫星遥感图像作为数据源（分辨率为 0.2m 至 0.5m），主要精力集中于自动提取乡村道路上，并取得了很好的效果。这项研究中最突出的成果是应用了道路多尺度特性以及道路与其他目标之间的全局和局部的上下文关系。在这个研究基础下，他们继续在城市区域道路自动提取以及半自动道路提取两个方向分别进行深入的研究。

尽管这些研究在某种程度上取得成功，但都对现实空间和现实空间的模式作了特定的假定，其研究成果尚无法应用到数字地图的实际生产过程。

### 3.3.3 遥感影像属性信息的获取

在遥感技术应用的实践中，通过遥感影像判读识别各种目标是非常重要的环节，无论是专业信息提取、动态变化监测，还是专题地图制作和遥感数据库的建立等都离不开分类技术。通常影像判读有两种方法，一种是目视解译，即凭着光谱规律、地学规律和解译者的经验从影像的亮度、色调、位置、时间，纹理、结构等各种特征推断出地面的地物类型；另一种方法就是计算机分类技术，即对遥感影像上的信息进行属性的识别与分类，实质上是利用计算机技术来人工模拟人类的识别智能。

计算机分类过程实际上是将图像中的位置接近的像元点归属于一类或若干专题要素的一种，来完成图像数据从二维灰度空间到目标模式空间的转换，结果是将图像空间划分为若干子区域，每个子区域代表一种实际地物，这就是基于光谱信息进行分类的方法。

从统计分类的角度进行划分，基于像素特征的分类方法可以分为非监督分类和监督分类两种方法，即根据是否需要分类人员事先提供已知类别及其训练样本来划分的。两种方法都以统计特征为标准，按照图像上像元点的数据特征的相似或相异程度，把其他像元点分别归入不同的类别中去。

## 思考题

1. 名称解释：
(1)遥感；(2)全球定位系统；(3)广播星历；(4)精密星历；(5)外方位元素。
2. 请简述激光三维扫描仪数据处理的基本过程。
3. 请简述水准仪测量的基本原理。
4. 请简述 GPS 数据处理的基本流程。
5. 请简述 GPS 的主要误差源。

# 第4章　城市空间信息的可视化表达

空间信息可视化是空间信息的多维、多尺度表示。本章主要介绍空间数据可视化的基本概念、一般原则及表现形式，三维城市模型数据内容的基本构成，地形可视化、城市三维空间数据的可视化及地下城市空间信息的可视化。

## 4.1　城市空间信息的符号表达和专题图

### 4.1.1　空间数据可视化的基本概念①

这里的"可视化"（visualization），指的是运用计算机图形图像处理技术，将复杂的科学现象、自然景观及十分抽象的概念图形化，以便理解现象，发现规律和传播知识。

1987年，美国国家科学基金会的图形图像专题组提交的报告中，首次引用"科学计算可视化（visualization in scientific computing）"一词，由此开始了这一新兴技术的研究，并成为计算机图形学中的一个重要研究领域。科学计算可视化的研究目标，是要把实验或数值计算得到的大量抽象数据表现为人的视觉可以直接感受的计算机图形图像，为人们提供了一种可直观地观察数据、分析数据，揭示出数据间内在联系的方法，在地理、地质、气象、环境等地学领域获得到了广泛的应用。

可视化理论与技术用于地图学始于20世纪90年代初。国际地图学协会（1CA）1993年在德国科隆召开的第16届学术讨论会上宣告成立可视化委员会（Commission On Visualization）；1996年该委员会与美国计算机协会图形学专业组（ACMSIGGRAPH）进行了跨学科的协作，探索计算机图形学理论和技术如何有效地应用于空间数据可视化，探讨如何从地图学的观点和方法促进计算机图形学的发展。对地图学来说，可视化技术已远远超出了传统的符号化及视觉变量表示法的水平，而进入了在动态、时空变化、多维的可交互的地图条件下探索视觉效果和提高视觉功能的阶段。在地理信息系统中，空间数据可视化更重要的是为人们提供一种空间认知的工具，它在提高空间数据的复杂过程分析的洞察能力、多维和多时相数据和过程的显示等方面，将有效地改善和增强空间地理环境信息的传播能力。

在可视化技术基础上发展起来的还有仿真技术（imitation，simulation）和虚拟现实技术（virtual reality）。两者的共同基础都是科学计算可视化，都是由计算机进行科学计算和多维表达或显示的重要方面，当然它们也都是可视化技术的发展。仿真技术是虚拟现实技术的核心。仿真技术的特点是用户对可视化的对象只有视觉或听觉，而没有触觉；不存在

---

① 引自：王家耀著，空间信息系统原理，北京：科学出版社，2004.

交互作用；用户没有身临其境的感觉，操纵计算机环境的物体，不会产生符合物理的、力学的行为或动作。而虚拟现实技术则是指运用计算机技术生成一个逼真的，具有视觉、听觉、触觉等效果的，可交互的、动态的世界，人们可以对虚拟对象进行操纵和考察。虚拟现实技术的特点是，能利用计算机生成一个具有三维视觉、立体听觉和触觉效果的逼真世界；用户可通过各种感官与虚拟对象进行交互，操纵由计算机生成的虚拟对象时，能产生符合物理的、力学的和生物原理的行为和动作；具有从外到内或从内到外观察数据空间的特征，在不同空间漫游；借助三维传感技术(如数据头盔、手套及外衣等)，用户可产生具有三维视觉、立体听觉和触觉的身临其境的感觉。虚拟现实技术所支持的多维信息空间，能提供一种使人沉浸其中、超越其上、进出自如、交互作用的环境，为人类认识世界和改造世界提供了一种新的强大的工具(承继成等，2000)。

目前，地学信息可视化的产品很多。例如：运用 3DS 制作动画，实施预定路径的地景观察；运用 OpenGL 软件在微机或工作站上实现可实时交互的、可立体观察的虚拟地景仿真；运用 Performer 及 MultiGen(三维建模软件)在 SGI 工作站上完成地景建模与实时显示等。可视化技术的研究和利用，给地球科学研究带来了根本性变革。例如，加深了地学研究对数据的理解和应用；加强了地学分析的直观性，可直接观测到诸如海洋环境、大气湍流、地壳运动等地学过程；地学研究者将不仅能得到计算结果，而且能知道在计算过程中数据如何流动，发生了什么变化，从而通过修改参数，引导和控制计算过程；地学研究者利用可视化技术预测热带气旋的移动、火山灰云的活动，将它们以动画形式表现出来，从而作出预警，使社会和公众免受或少受损失，给地学研究和社会带来巨大社会和经济效益(李新等，1997)。

### 4.1.2　可视化的一般原则①

#### 1. 符号运用

空间对象以其位置和属性为特征。当用图形图像表达空间对象时，一般用符号位置来表示该要素的空间位置，用该符号与视觉变量组合来显示该要素的属性数据。例如，道路在地图上一般用线状符号表达，通过线型如线宽来区分不同的道路级别，如粗实线表示高等级公路，而细实线表示低等级公路等。

地图符号系统中的视觉变量包括形状、大小、纹理、图案、色相、色值和彩度。形状表征了图上的要素类别。大小和纹理(符号斑纹的间距)表征了图上数据之间的数量差别，例如，一幅地图可用大小不同的圆圈来代表不同规模等级的城市。色相、色值和彩度，以及图案则更适合于表征标称(normal)或定性(qualitative)数据，例如，在同一幅地图上可用不同的面状图案代表不同的土地利用类型。

矢量数据和栅格数据在符号运用上不尽相同。对栅格数据而言，符号的选择不是问题，因为无论被描述的空间对象是点、线还是面，符号都是由栅格像元组成。另外在视觉变量的选择上，栅格数据也受限制。由于栅格像元的问题，形状和大小这两个视觉变量并不适合于栅格数据，纹理和图案可用于较低分辨率的制图要求，但像元较小时就不适合。因此栅格数据的表达就局限在用不同的颜色和颜色阴影来显示。运用符号表达空间对象

---

① 引自：汤国安，刘学军，闾国年等编著，地理信息系统教程，北京：高等教育出版社，2007.

时，要注意以下几点：

（1）符号的定位。

地图上常常以符号的位置表达其实际空间位置，这就是常说的符号定位问题。符号定位的一般原则是准确，保证所示空间对象在逻辑和美观上的和谐统一。但有时由于实际空间对象的位置重叠或相距很近，当用符号表达时，容易产生拥挤现象，破坏了图形的美观性和易读性。这时可保留重要地物的准确位置，而其他次要地物可相对移动，如图 4-1 所示。点状符号、线状符号的定位可参见地图学书籍。

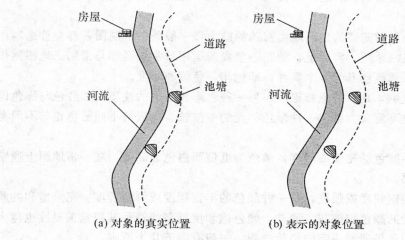

図 4-1　符合移位

符号定位中，较困难的是点的定位，特别是在点描法地图中。例如，一个点代表 1000 人，某区有 10000 人，意味着在该区应布置 10 个点。如何在该区布置 10 个点是一个比较难解决的问题。采用随机布点或均匀布点可能导致不符合实际情况的地图。这种情况下，一般要参照其他的资料来进行点位的确定，例如，人口普查图中的布点，可参考人口普查街区图或人口普查地图来进行。

（2）易读性。

空间对象属性通过符号的视觉变量来进行区分，视觉变量包括形状、大小、纹理、图案、色相、色值和彩度。空间对象的属性可通过视觉变量的不同组合来表达，因此，符号的布局、组合和纹理直接影响到图面的易读性。一般情况下，线状符号比较容易分离，图案、形状、颜色和阴影要截然不同，并且形状要清晰可辨。

符号的可见性还涉及符号自身的可见性。如果线状符号比较容易识别，其宽度就不必很大。不同颜色的组合也可改变符号的可辨性。经典的例子就是交通符号，形状各异的交通符号可以使行人和驾驶员不必读文字而获得交通信息。

（3）视觉差异性。

图形元素和背景、相邻元素的对比是符号运用中最为重要的一点。视觉上的差异性可以提高符号的分辨能力和识别能力。在符号运用过程中，要尽量使用符号视觉变量的不同组合来提高易读性，但过多的符号差异会导致图面的繁杂，也不利于符号的识别。

（4）绝对数据与派生数据在制图中的符号配置。

属性数据根据加工与否可分为两类，即原始数据和派生数据。原始数据是通过测量或调查而得到的数据，如人口调查中的一个县的人口数量；而派生数据一般是指经过加工的数据，如人口密度等。对原始数据和派生数据的符号配置需要考虑图形的可比性。这里以人口制图为例进行说明，人口密度是人口数与区域面积的比值，该值不依赖区域的大小。对于人口数相同而面积不同的两个区域来说，其人口密度就不同，如果用等值区域图以人口数量来进行制图，则区域面积的大小差异会严重影响图形的可比性。因此一般建议等值区域图用来进行派生数据的表达，而分级符号图用来进行原始数据的制图。

2. 颜色运用

地图中颜色的运用能够为地图增添特殊的魅力，一般条件下制图者都会首选制作彩色地图，其次才是黑白地图。实际上，地图中色彩的运用经常被误解与错用。地图制作中色彩的运用首先必须理解色彩的 3 个属性，即色相、色值和彩度。

色相：又称色别，是一种色彩得以与另一种色彩相区别的性质，如红色与绿色即为不同的色相。色相也可定义为组成一种颜色的光的主波长。一般将不同的色相与不同类型的数据联系起来。

色值：是一种颜色的亮度或暗度，黑色为低值而白色为高值。在一幅地图上通常感到较暗的符号更重要。

彩度：又称为饱和度或强度，是一种颜色的丰富程度或鲜明程度。完全饱和的颜色为纯色，而低饱和度的颜色则偏灰。通常，颜色饱和度越高的符号其视觉重要性也越大。

地图上色彩的运用遵循一定的经验法则，一般有以下几个原则：

（1）感情色彩：色彩与人的情感有广泛的联系，而不同民族的文化特点和背景又赋予色彩以各自的含义和象征。制图中色彩一般分为暖色和冷色两种，例如红色为暖色而青色为冷色，与色相相结合，则有干湿之分，例如浅黄色象征干燥，而蓝色象征湿润。制图中要充分考虑人的感情色彩和情绪，使得效果更人性化。

（2）习惯用色：在长期的研究实践中，制图人员总结出一系列的习惯用色，有的已约定俗成，有的已形成规范。数据表达中，要充分考虑人们在长期阅图中形成的习惯和专业背景。

（3）色彩方案：色相是适于表征定性数据的视觉变量，而色值与彩度则更适合于表征定量数据。定性数据属于标称数据（nominal data），而定量数据则属于需用排序（ordinal）、区间（interval）和比率（ratio）等尺度来量度的数据。对一幅定性地图而言，找到 10 种或 15 种易于相互区别的颜色并不难。如果一幅地图需要更多种颜色，则可将另一种定性的视觉变量——图案或者文字，与颜色组合在一起形成更多的地图符号。

色彩的配置方案主要是通过色相、色值（亮度）和彩度（饱和度）的综合运用来表达不同制图对象的属性信息，按色彩有单变量、双变量和三变量的颜色之分，按变量性质有定性方案、二元方案、顺序方案、分支方案等 4 种，它们又可组成不同的色彩配置方案。

① 单变量色彩方案：

定性方案：单变量的定性方案主要表示不同性质的种类应该相似而不相等。

二元方案：单变量的二元方案也是定性数据的一种表达，数据一般被分为两个相对的种类，例如，是/不是、出现/不出现等，一般通过中性色、单一颜色或两种颜色来表达，但应选取相反的亮度，如灰-白、红-白、淡蓝-深蓝等。

序列方案：用来表达由高到低分类的序列化数据，可用序列化的色彩亮度来表示。通常低值采用亮色而高值采用深色，若背景较暗时，这个关系也可倒过来。但无论用何种，都必须保证采用颜色所形成的亮度序列与数据类的顺序相关。

分支方案：分支方案也称为两极方案，主要用来强调由关键点（平均值、中值、零点）向两侧扩散的量化数据显示，可用向两侧扩散的亮度阶来表示。

② 双变量色彩方案：在交互可视化探索中，双变量色彩方案可以进行更详细的分类对比。

定性/二元方案：此方案中把一系列色彩的亮暗两阶同时制图，其中亮暗对应二元方案中的两个量。增加要强调的二元变量所对应所有色相的饱和度，可以增强地图的视觉强调性和一致性。

定性/序列方案：定性变量可采用几个颜色来表达，序列变量采用对应色的序列亮度阶来表示。

序列/序列方案：两个序列方案的组合在地图学中是最引人注目的。此方案可以表达同一位置或区域的两个变量。可以认为序列/序列方案是两个序列方案中所有颜色组合的逻辑混合，因此方案是以两个颜色为基础，如果两种颜色完成交叉将产生一个中性的对角线和不饱和过渡色。在整个方案的构造中，应包含系统的亮度差异，不应依靠色彩来揭示量级上的差异。

分支/二元和分支/序列方案：这两个方案具有相似的视觉特征。此方案的成功应用应依靠可用的大亮度反差范围，一般大亮度色阶是用在二元和序列化变量上，在色彩变化支持下的小亮度色阶用来表达方案中每个大亮度色阶内的分支变量。

分支/分支方案：此方案是双变量色彩方案中唯一一个不是由单变量方案直接叠加而成的方案，因为此方案需用色彩差异来表达两种变量。

③ 三变量色彩方案：通常用于表达构成百分比的和为 100% 的 3 个变量。

**3. 注记运用**

每幅地图都需要用一定的文字或者注记来标记制图要素，制图者把字体当做一种地图符号，因为与点状、线状、面状符号一样，字体也有多种类型。运用不同的字体类型表征出悦目和谐的地图是制图者所面临的一项重要任务。

字体在字样、字形、大小和颜色方面变化多样。字样指的是字体的设计特征，而字形指的是字母形状方面的不同。字形包括了在字体重量或笔画粗细（粗体、常规或细长体）、宽度（窄体或宽体）、直体与斜体（或者罗马字体与斜体）、大写与小写等方面的不同变化。

(1)字体变化：字体变化可以像视觉变量一样在地图符号中起作用。字样、字体颜色、罗马字体或斜体等方面的差异更适合于表现定性数据，而字体大小、字体粗细和大小写等方面的差异则更适合于表现定量数据。例如，在一幅显示城市不同规模的地图上，一般是用大号、粗体和大写字体表示最大的城市，而用小号、细体和小写字体表示最小的城市。

(2)字体类型：在选择字体类型的时候要考虑可读性、协调性和传统习惯。注记的可读性必须与协调性相平衡。注记的功能就是传达地图内容。因此注记必须清晰可读但又不能吸引过多的注意力。通常可以通过在一幅图上只选用 1~2 种字样，并选用另一些字体变化用于标注不同要素或符号来取得协调美观的效果。例如，在制图对象的主体中较少采用修饰性字体，但在图名和图例等部分习惯用修饰性字体。已经形成的习惯有：水系要素用斜体，行政单元名称用粗体，并且名称按规模大小有字体大小的区分，太多的字体类型会使图面显得不协调。

（3）字体摆放：地图上文字或标注的摆放与字体变化的选择同样重要。一般遵循以下规则，文字摆放的位置应能显示其所标识空间要素的位置和范围。点状要素的名称应放在其点状符号的右上方；线状要素的名称应以条块状与该要素走向平行；面状要素的名称应放在能指明其面积范围的地方。

GIS 中的标注不是一件容易的事。标注的基本要求是清晰、可读、协调和符合习惯，然而制图要素的重叠、位置上的冲突等都使得这些要求难以满足，一般需要进行多次、交互式的、基于思维的反复调整才能最终确定。

4. 图面配置

图面配置是指对图面内容的安排。在一幅完整的地图上，图面内容包括图廓、图名、图例、比例尺、指北针、制图时间、坐标系统、主图、副图、符号、注记、颜色、背景等内容，内容丰富而繁杂，在有限的制图区域上如何合理地进行制图内容的安排，并不是一件轻松的事。一般情况下，图面配置应该主题突出、图面均衡、层次清晰、易于阅读，以求美观和逻辑的协调统一而又不失人性化。

（1）主题突出：制图的目的是通过可视化手段来向人们传递空间信息，因此在整个图面上应该突出所要传递的内容，即地图主体。制图主体的放置应遵循人们的心理感受和习惯，必须有清晰的焦点，以吸引读者的注意力，焦点要素应放置于地图光学中心的附近，即图面几何中心偏上一点，同时在线画、纹理、细节、颜色的对比上要与其他要素有所区别。

图面内容的转移和切换应比较流畅。例如，图例和图名可能是随制图主体之后要看到的内容，因此应将其清楚的摆放在图面上，甚至可以将其用方框或加粗字体突出，以吸引读者的注意力。

（2）图面平衡：图面是以整体形式出现的，而图面内容又是由若干要素组成的。图面设计中的平衡，就是要按照一定的方法来确定各种要素的地位，使各个要素显示的更为合理。图面布置得平衡不意味着将各个制图要素机械性地分布在图面的每一个部分，尽管这样可以使各种地图要素的分布达到某种平衡，但这种平衡淡化了地图主体，并且使得各个要素无序。图面要素的平衡安排往往无一定之规，需要通过不断的反复试验和调整才能确定。一般不要出现过亮或过暗，偏大或偏小，太长或太短、与图廓太紧等现象。

（3）图形与背景：图形在视觉上更重要一些，距读者更近一些，有形状、令人感受深刻的颜色和具体的含义。背景是图形背景，以衬托和突出图形。合理的利用背景可以突出主体，增加视觉上的影响和对比度，但背景太多会减弱主体的重要性。图形与背景并不是简单地决定应该有多少对象和多少背景，而是要将读者的注意力集中在图面的主体上。例如，如果在图面的内部填充的是和背景一样的颜色，则读者就会分不清陆地和水体。

图形与背景可用它们之间的比值进行衡量，称之为图形-背景比率。提高图形-背景比率的方法是使用人们熟悉的图形，例如，分析陕北黄土高原的地形特点时，可以将陕西省从整体中分离出来，可以使人们立即识别出陕西的形状，并将其注意力集中到焦点上。

（4）视觉层次：视觉层次是图形与背景关系的扩展。视觉层次是指将三维效果或深度引入制图的视觉设计与开发过程，它根据各个要素在制图中的作用和重要程度，将制图要素置于不同的视觉层次中。最重要的要素放在最顶层并且离读者最近，而较为次要的要素放在底层且距读者比较远，从而突出了制图的主体，增加了层次性、易读性和立体感，使图面更符合人们的视觉生理感受。

视觉层次一般可通过插入、再分结构和对比等方式产生。

插入是用制图对象的不完整轮廓线使它看起来像位于另一对象之后。例如，当经线和纬线相交于海岸时，大陆在地图上看起来显得更重要或者在整个视觉层次中占据更高的层次，图名、图例如果位于图廓线以内，无论是否带修饰，看起来都会更突出。

再分结构是根据视觉层次的原理，将制图符号分为初级和二级符号，每个初级符号赋予不同的颜色，而二级符号之间的区分则基于图案。例如，在土壤类型利用图上，不同土壤类型用不同的颜色表达，而同一类型下的不同结构成分则可通过点或线对图案进行区分。再分结构在气候、地质、植被等制图中经常用到。

对比是制图的基本要求，对布局和视觉层都非常重要。尺寸宽度上的变化可以使高等级公路看起来比低等级公路、省界比县界、大城市比小城市等更重要，而色彩、纹理的对比则可以将图形从背景中分离出来。

不论是插入还是对比，应用过程中要注意不要滥用。过多地使用插入，将会导致图面的费解而破坏平衡性，而过多地对比则会导致图面和谐性的破坏，如亮红色和亮绿色并排使用就会很刺眼。

### 4.1.3　可视化的表现形式①

**1. 等值线显示**

等值线又称等量线，表示在相当范围内连续分布而且数量逐渐变化的现象的数量特征。用连接各等值点的平滑曲线来表示制图对象的数量差异，如等高线、等深线、等温线、等磁线等。

等高线是表示地面起伏形态的一种等值线。它是把地面上高程相等的各相邻点相连所形成的闭合曲线，垂直投影在平面上的图形。一组等高线可以显示地面的高低起伏形态和实际高度，根据等高线的疏密和图形，可以判断地形特征和斜坡坡度。

用等高线法表示地形，总体来说立体感还是较差的。因此对等高线图形的立体显示方法研究一直在不断地进行，明暗等高线法是其中的一种。明暗等高线法是使每一条等高线因受光位置不同而绘以黑色或白色，以加强其立体感。还有粗细等高线法，它是将背光面的等高线加粗，向光面绘成细线，以增强其立体效果。

等值线的应用相当广泛，除常见的等高线、等温线以外，还可表示制图现象在一定时间内数值变化的等数值变化线（如年磁偏角变化线、地下水位变化线）、等速度变化线、表示现象位置移动的等位移线（如气团位移、海底抬升或下降）、表示现象起止时间的等时间线（如霜期、植物开花期）等。

**2. 分层设色显示**

分层设色法是在等高线的基础上根据地图的用途、比例尺和区域特征，将等高线划分

---

① 引自：汤国安，刘学军，闾国年等编著，地理信息系统教程，北京：高等教育出版社，2007.

一些层级，并在每一层级的面积内绘上不同颜色，以色相、色调的差异表示地势高低的方法。这种方法加强了高程分布的直观印象，更容易判读地势状况，特别是有了色彩的正确配合，使地图具有一定的立体感。

设色有单色和多色两种。单色是利用色调变化表示地形的高低，现在已经很少采用。多色是利用不同色相和色调深浅表示地形的高低。设色时要考虑地形表示的直观性、连续性以及自然感等原则。要求每一色层准确地代表一个高程带，各色层之间要有差别，但变化不能过于突然和跳跃，以便反映地表形态的整体感和连续感。选色尽量和地面自然色彩相接近，各色层的颜色组合应能产生一定程度的立体感。色相变化视觉效果显著，用以表示不同的地形类别，每类地形中再以色调的变化来显示内部差异。如平原用绿色，丘陵用黄色，山地用褐色；在平原中又以深绿、绿和浅绿等3种浓淡不同的绿色调显示平原上的高度变化。色相变化也采用相邻色，以避免造成高度突然变化的感觉。

目前普遍采用的色层是绿褐色系。陆地部分由平原到山地为：**深绿-绿-浅绿-浅黄-黄-深黄-浅褐-褐-深褐**；高山（5000 m以上）为白色或紫色；海洋部分采用浅蓝到深蓝，海水愈深，色调愈浓。这种设色使色相色调相结合，层次丰富，具有一定象征性意义和符合自然界的色彩，效果较好。

### 3. 地形晕渲显示

晕渲法也叫阴影法，是用深浅不同的色调表示地形起伏状态，按光源的位置，分为直照晕渲、斜照晕渲和综合光照晕渲；按色调，分为墨渲和彩色晕渲。

晕渲法的基本思想是：一切物体只有在光的作用下才能产生阴影，才显现得更清楚，才有立体感。由于光源位置不同，照射到物体上所产生的阴影也不同，其立体效果也就不同。晕渲法通常假定把光源固定在两个方向上，一为西北方向俯角45°，一为正上方与地面垂直，前者称为斜照晕渲，后者称为直照晕渲。当山脉走向恰与光源照射方向一致时，或其他不利显示山形立体效果时，则适当的调整光源位置，这种称为综合光照晕渲。

斜照晕渲的立体感很强，明暗对比明显，与日常生活中自然光和灯光照射到物体上所形成的阴影相似。光的斜照使地形各部位分为迎光面、背光面和地平面3部分。

斜照光下，每一地点的明暗又因其坡度与坡向而有所不同，且山体的阴影又互相影响，改变其原有的明暗程度，使阴影有浓淡强弱之分。斜照晕渲的光影变化十分复杂，但也有一定的规律，即迎光面愈陡愈明，背光面愈陡愈暗，明暗随坡向而改变，平地也有淡影三分。斜照光下，物体的阴影随其主体与细部不同而不同。主体阴影十分重要，它可以突出山体总的形态和基本走向，使之脉络分明，有利于增强立体效果。

斜照晕渲立体感强，山形结构明显，所以多为各种地图采用。其缺点是无法对比坡度，背光面阴影较重，影响图上其他要素的表示。

直照晕渲又叫坡度晕渲。光线垂直照射地面后，地表的明暗随坡度不同而改变。平地受光量最大，因而最明亮。直照晕渲能明显地反映出地面坡度的变化。其缺点是立体感较差，只适合于表示起伏不大的丘陵地区。

综合光照晕渲是斜照与直照晕渲的综合运用。或以斜照晕渲为主，或以直照晕渲为主，另一种来补充。它具备了两种晕渲的优点，弥补了两者的不足。

墨渲是用黑墨色的浓淡变化来反映光影的明暗。由于墨色层次丰富，复制效果好，应用广泛。印刷时用单一的黑色作晕渲色的很少，印成青灰、棕灰、绿灰者居多。

彩色晕渲又分为双色晕渲、自然色晕渲等。双色晕渲，常见的有阳坡面用明色或暖色系，阴坡面用暗色或冷色系，高地用暖色，低地用冷色，或制图主区用近感色，邻区用远感色等。主要是利用冷暖色对比加强立体感或突出主题。这种方法效果好，常被用于一些精致的地图上。自然色晕渲是模仿大自然表面的色调变化，结合阴影的明暗绘成晕渲图。这种方法主要是把地面色谱的规律与晕渲法的光照规律结合起来，用各种颜色及它们的不同亮度来显示地面起伏。如用绿色调为主晕染开阔的平原，以棕黄色调为主晕染高原和荒漠，山区则有黄、棕、青、灰等色的变化，再加以明暗的区别，可构成色彩十分丰富的图面。

### 4. 剖面显示

剖面是指地面沿某一方向的垂直截面(或断面)，它包含地形剖面图和地质剖面图等。地形剖面图是为了直观地表示地面上沿某一方向地势的起伏和坡度的陡缓，以等高线地形图为基础转绘成的。它沿等高线地形图某条线下切而显露出地形垂直剖面。从地形剖面图上可以直观地看出地面高低起伏状况。

### 5. 专题地图显示

专题地图是在地理底图上按照地图主题的要求，突出而完善地表示与主题相关的一种或几种要素，使地图内容专题化、形式各异、用途专门化的地图。

专题地图具有下列 3 个特点：①专题地图只将一种或几种与主题相关联的要素特别完备而详细地显示，而其他要素的显示则较为概略，甚至不予显示；②专题地图的内容广泛，主题多样，在自然界与人类社会中，除了那些在地表上能见到的和能直接进行测量的自然现象或人文现象外，还有那些往往不能见到的或不能直接测量的自然现象或人文现象，均可以作为专题地图的内容；③专题地图不仅可以表示现象的现状及其分布，还能表示现象的动态变化和发展规律。

专题地图按照表现方式来分主要有以下几种：

(1)点位符号法：用点状符号反映点状分布要素的位置、类别、数量或等级。可以用点的密度来表示各城市人口数量，也可以用分级符号来表现各城市人口数量等。

(2)定位图表法：在要素分布的点位上绘制成的统计图表，表示其数量特征及结构。常用的图表有两种，一种是方向数量图表，一种是时间数量图表。

(3)线状符号法：用线状符号表示呈线状、带状分布要素的位置、类别或等级。如河流、海岸线、交通线、地质构造线、山脊线等。

(4)动态符号法：在线状符号上加绘箭头符号，表示运动方向。还可以用线条的宽窄表示数量的差异，也可以用连续的动线符号表示面状分布现象的动态。

(5)面状分布要素表示法：面状符号表示成片分布的地理事物。

此外，在专题地图上还常使用柱状图表、剖面图表、玫瑰图表、塔形图表、三角形图表等多种统计图表，作为地图的补充。上述各种方法，经常是配合应用的。

专题地图按照其内容要素的不同性质，可以划分为自然地图、社会政治经济地图和其他专题用图。①自然地图包括如地质图、地球物理图、地震图、地势图、地貌图、气候气象图、水文图、海洋图、环境图、植被图、土壤图和综合自然地理图等。②社会政治经济地图包括如行政区划图、交通图、人口图、经济地图、文化建设图、历史地图、旅游地图及其他专题用图。

# 4.2 城市空间信息的三维表达

## 4.2.1 三维城市模型数据内容基本构成①

根据认知研究的观点，所有空间现象可分为基本的两类，一类为要素实体，为一种离散的空间现象，其特点是离散、同质，有明确定义的空间边界，能被完整地定义，如建筑物；另一类为场，是一种连续的空间现象，其特点是具有光滑的连续空间变化，如大气。在 OSI/TC211 和 OpenGIS 规范中，场模型更多地被称为覆盖（coverage）（OGC 抽象规范，2001；ISO/TC211 19123）。考虑两类地物的特点，要素实体具有特定的三维特征，可以使用三维体元表达（以多边形映射纹理表达的地物如树木可以认为是体元的一种特殊形式），而覆盖类型因缺少明确定义的三维特征，一般以连续的三维表面如 TIN 进行表达。

一般认为，城市地区需要表达的最重要的三维真实地物为建筑物和地形。在 OEEPE 于 1996 年进行的有关三维城市模型所关注的地物类型的调查中，对建筑物、植被、交通网络、公共设施与电信设备等五类调查地物，建筑物、交通网络与植被认为是三维城市模型数据内容需求中最重要的部分，Dahany(1997)也认为地形、植被与建筑物为城市中最需要关注的地物类型。

根据空间现象的划分和定义，有关三维城市模型需要表达的地物特征，一部分为表达地形特征的覆盖模型，另一部分为各自独立的、具有一定空间形态的三维要素模型。

三维城市模型的覆盖模型包括两个对象，一个为表达地形起伏的数字高程模型（DEM），另一个为表达地表纹理特征的数字正射影像（digital orthoimage model，DOM）。这两个对象的可视渲染，可表现城市地形表面通真的自然景观。要素模型在三维城市模型中包括城市形态丰富的各类空间地物，如建筑物、基础设施等。这一类模型是在三维城市模型中需要表达的主体，也是在各种三维城市模型特征提取、数据模型等研究中的主要研究对象。DEM 本书在第 3 章已经述及。下面重点介绍数字正射影像 DOM。

城市地表包含丰富而多样的人工或自然纹理特征，如街区、建筑物、植被等，通过正射影像的使用，可以逼真地表现这些地表特征。DOM 一般通过航空像片或高分辨率卫星影像经纠正后获取，所用片种可为黑白、彩红色或真彩色灯。正射影像在三维城市模型数据体系中的作用，是通过覆盖于地形表面之上创造逼真的地形景观。城市地标纹理具有特定的结构特征，比如车行道、人行道、绿地、建筑物组成一个不同类型纹理顺序邻接的过程。为完整逼真地表现这一特征，正射影像一方面需要满足一定程度的细节程度，另一方面需要有逼真的色调表达。正射影像能够表达的纹理细节程度可以通过其地面分辨率表达，而逼真色调在当前的生产条件下，需要使用真彩色的影像类型。根据应用实践的经验，以不超过一米分辨率的真彩色正射影像，可以较为完整地表达城市地面的文体特征。

在三维城市模型中该使用的 DOM，除分辨率指标外，还需要考虑影像可视质量包括色调平衡、对比度等特征，以在可视渲染中有更好的视觉效果和逼真度。另外，在一般情

---

① 引自黄铎，三维城市模型，武汉大学博士学位论文，2004.

况下 DOM 的生产没有纠正建筑物等地物的影像偏移，而所谓的真正射影像则将这一部分的影像偏移予以纠正，在对地形的表达中，可具有更逼真的效果。

### 4.2.2　三维城市模型中的空间对象属性[①]

任何一种空间数据类型，都有着其独特的数据特征，这是将一种类型与另一种类型进行区分的依据，同时也是进行数据描述和研究的基础。三维城市模型与二维空间数据的重要区别，在于前者更强调以三维可视的方式进行空间现象的表达，这是对三维城市模型进行数据内容分类与描述的出发点。因此对三维城市模型的空间对象属性，需要从空间特征与可视特征两个方面进行描述，空间特征说明三维城市模型在几何与结构方面的特性，而视觉特征则说明三维城市模型在心理和美学方面的特性。

二维空间数据从位置、大小和形状三个方面对数据的特性进行描述，这种抽象二维图形的描述对三维城市模型的属性特征进行说明是远远不够的。根据当前各种类型三维城市模型的实际应用，可总结出三维城市模型对象所具有的不同属性特征：

（1）几何：在点、线、面、体从 0 维到 3 维不同维数的空间对象中，三维城市模型主要以体为基本单元对空间对象进行分解与组合，以在三维空间中对空间对象进行特定细节程度的抽象。几何模型是三维城市模型的基础，纯粹的几何模型，在某些场合如电信基站规划中，便可以满足应用需求。

（2）纹理：纹理（特别是逼真纹理）的应用，是三维城市模型的一个重要特征。三维城市模型应用的重要特征，是以可视化的方式进行作息的交流，而纹理影像的应用可直接在场景渲染中提高人的感知能力。纹理在三维城市模型中的应用，具有以下作用：

① 提高逼真度：逼真纹理的应用，可提高虚拟三维场景对现实世界的对应度，增加观察者的认同感；

② 提高对象可识别性：无论是通真纹理还是非通真纹理的应用，都可直接提高模型的可视特征，从而增加其可识别性；

③ 在一定程度上增加模型的几何细节特征：在三维城市模型的生产中，几何细节的提取是耗时耗力的工作，纹理的应用在保持模型可视特征的同时，可直接减少几何细节的表达。

（3）分辨率：三维城市模型由二维向三维的发展，除了在空间维数上的增加。同时也大大增加了需要在空间模型中表达的细节，对城市地物来说，在三维空间上播要表达的细节要远远多于在二维平面上的细节。无论是二维还是三维，对空间物体的表达都是一种抽象的过程。在二维空间数据表达的情况下，空间物体在二维平面上的投影是唯一的。因而这种抽象也是明确的。在三维模型的情况下，这种对实体的抽象由于：① 实体在三维空间上的复杂性；② 几何细节取舍的模糊性；③ 纹理影像对部分几何细节的表达等三个方面的原因而变得具有不确定性和多义性。结合不同应用的需求以及数据获取的技术限制，对三维城市模型分辨率的定义是基于几何细节，纹理细节以及逼真度基础上的平衡，是三维城市模型数据特性的一个重要方面。

（4）可识别性：在大多数的三维城市模型应用中，无论是针对基于通真度的可视场景

---

① 引自黄铎，三维城市模型，武汉大学博士学位论文，2004.

应用、还是针对车辆导航等与认知地图和地标识别相关的应用，都涉及空间对象识别这样一个基本问题。对象识别可涉及两方面的过程，一个是生理识别过程，即投影到视网膜的影像其细节被首先感知，另一个是心理识别过程，即被生理上识别的影像特征，基于以前生活经历所存储记忆的心像表达(mental representation)通过心理识别的过程将对象最终识别。三维城市模型不同方式的几何与纹理表达、不同细节层次所表达的细节特征，都可影响对象的可识别性。因此可识别性是三维城市模型对象的一个重要特征。

(5)整体性：城市是一个功能复杂的综合体，一方面具有多样的地物，另一方面不同地物之间具有明显结构性的特征。在城市这个有序的系统中，城市中每一类地物都具有特定的功能，也和其他地物具有系统和明确的关系，如对城市景观的感知，首先是从建筑物开始的，如果缺少建筑。则在感知层面的城市认识将非常有限，然而在结构层面上，城市景观却需要包括更多的地物。尽管建筑物在可视性方面最为显眼，但其结构也最大限度地依赖于其他结构如周围的绿地，而绿地则与环绕其周围道路发生关系。所有城市的地物，都是以此方式系统融入到城市景观当中的。因此对三维城市模型对象属性的考虑来说，整体性特征是必须考虑的一个重要方面，对一种在场景中表现的地物，必须同时考虑与其相关的其他地物对人感知的影响。

(6)美观性：在地面制图等空间现象的二维表达中，除在数据精度方面的要求外，还对图形的美观如符号设计、色彩搭配等方面有特定要求。三维城市模型主要以可视化方式作为交流的手段，因而在场景美观方面有更高的要求. 三维城市模型某于桌面的可视表达通过二维平面上的透视渲染图为媒介，其实质最终是一种二维的影像。影响影像美学质量的各种要素如色调对比、场景协调等直接决定了三维城市模型的美学特征。具体而言三维城市模型美学特征由以下三个方面决定，其中两个方面直接与数据内容有关，第三个方面主要是一种渲染的手段。

① 纹理质量：作为一种影像，纹理处理的质量直接影响了三维城市模型的美学效果。

② 几何形态：几何形态包括特定对象的几何构成以及不同对象之间的结构协调，对复杂地物的三维结构抽象具有一定的模糊性与选择性，不同的结构表达具有不同的美学效果。

③ 光影变化：对大气光影的模拟可直接影响三维城市模型场景渲染的效果，增加场景的逼真度与观赏性。

### 4.2.3 地形三维可视化①

地形三维可视化是空间信息系统中应用最广泛的，也是目前研究最多的，技术上也是最成熟的。

地形三维可视化的基础是高质量数字高程模型和高逼真度三维显示技术。数字高程模型的质量，对地形三维可视化的效果有着至关重要的影响，而生成数字高程模型的算法又是影响其质量的关键，受到普遍关注。对于不规则三角网 TIN 而言，它可以由离散点构成；也可以在顾及地性线(山脊线、谷底线)的条件下由离散点构成。对于规则格网 DEM 而言，通常由离散点内插而成。相比较而言，不规则三角网 TIN 特别是在顾及地性线的

---

① 引自：王家耀著，空间信息系统原理，北京：科学出版社，2004.

条件下，具有更高的精度和逼真度。所以，一般地说，对于大比例尺数字高程数据，采用顾及地性线的方法构成不规则三角网 TIN，可以较精确地显示小区域地形特征，在其上可以进行较精确的地形特征计算；而对于较小比例尺数字高程数据，适宜于采用规则格网 DEM，能较好地显示大区域宏观地形特征。当然，不规则三角网 TIN 和规则格网 DEM 是可以互相转换的。

地形三维显示的效果，除与用于地形三维显示的地形数据及数字高程模型的类型有关外，还涉及投影变换，消隐与裁剪处理、光照模型等的算法及彩色合成技术。这些算法和技术在一些相关文献中都有论述。为了增强地形三维显示效果，有的学者提出了基于 fBm 的地形表面逼真三维显示算法和基于纹理映射算法的地形三维显示技术（徐青，1995），fBm（fractional Brownian motion）即分数维布朗运动，是现代非线性时序分析中的重要随机过程，它能有效地表达自然界中许多非线性现象，是迄今为止能够描述真实地形的最好的随机过程（芮小平，2004）。

为了提高地形三维显示的实用性，在空间信息系统中，通常要将地物要素叠加在三维地形上，这就涉及基于 DEM 的地物要素叠加算法，包括点状地物要素、线状地物要素和面状地物要素在三维地形景观上的叠架算法。对于点状要素（如各种独立地物符号），由于它们在地面上的位置坐标已知，于是可据此计算该点落在哪个格网内，并判断出该格网的四个顶点，据此即可采用插值方法计算出点状地物要素的高程值，并实现点状地物符号在三维地形上的标示；对于线状要素（如铁路、公路、河流等），由于可以将它们视为一组直线段组成的折线，则可计算直线段与格网边（$X$、$Y$ 方向）交点，用插值算法计算每个交点的高程值，并将它们按 $X$ 值或 $Y$ 值的大小排序，形成基于规划格网 DEM 地形交点序列 $P_i(X_i，Y_i，Z_i)$，依次连接 $P_i$，$P_{i+1}$，即可实现线状地物要素在三维地形景观上的标示；对于面状要素（如水库、湖泊、森林、双线河流等），可将其分为两类：一类是面状要素与地表起伏一致、依附于地形表面的（如森林、农作物、双线河流等）；另一类是面状要素以平面形式截取地形的某一区域，将该区域内的地表形态特征覆盖起来（如水库、湖泊等）。对于后者，只需计算出面状要素的值，将落在面状要素区域内的每个地形格网曲面片用该要素高程的格网平面片代替高程值即可；而对于前者，情况就比较复杂，由于面状要素的高程值与地表形态同一位置的格网曲面片的相同，所以要素将落在面状要素区域内的每个地形格网曲面片，用该面状要素的符号标示在该曲面片上。但无论是前者或是后者，都要解决判断格网 DEM 数据中的哪些格网落在面状要素区域内的问题。解决这一问题常用的有交点计数检验法、叉积判断法、夹角之和检验法等（孙家广，1996）。不过，面对规划格网 DEM 覆盖范围与面状要素区域比较相差过大时，这些算法效率普遍较低。为提高判断效率，有的学者提出了一种基于扫描线算法的区域填充的改进算法（陈永华，1997）。

综上所述，地形三维可视化的基本步骤可以归纳为：

（1）获取地形数据，包括数字高程数据（等高线）、地物要素（如居民地、河流、道路等）的矢量数据，像素地形图数据、数字遥感影像图数据等；

（2）生成数字高程模型，包括不规则三角网 TIN（顾及或不顾及地性线）、规则格网 DEM，它们是地形三维可视化的基础与核心；

（3）进行可视化处理，包括地物点投影变换和像点坐标变换、消隐与裁剪处理、光照模型选择、地物要素叠加、纹理映射等；

(4)三维显示，以采用基于 fBm 的三维显示算法为宜，最终得到高逼真度的三维地形图。

### 4.2.4  城市三维空间数据的可视化[①]

1. 城市三维空间数据可视化流程

城市三维空间数据的可视化一般分为以下几个步骤(图 4-2)：

图 4-2  三维空间数据可视化流程

(1)数据生成。由计算机数值模拟或测量仪器产生数据。

(2)数据精炼与处理。对于数据量过大的原始数据，需要加以精炼和选择，以适当减少数据量。相反地，当数据分布过分稀疏而有可能影响可视化的效果时，需要进行有效的插值处理。该步中最常见的处理方法有消除噪音、参数域变换和法向计算等。

(3)可视化映射。这是整个可视化的核心。其含义是将经过处理的原始数据转换为可供绘制的几何图素和属性。这里的"映射"包括可视化方案的设计，即需要决定在最后的图像中应该看到什么，又如何将其表现出来。实际上，就是如何用形状、光亮度、颜色以及其他属性表示出原始数据中人们感兴趣的性质和特点。

(4)绘制。将第③步产生的几何图素和属性转换为可供显示的图像，所用的方法是计算机图形学中的基本技术，包括视见变换、光照计算、隐藏面消除以及扫描变换等。

(5)图像变换和显示。包括图像的几何变换、图像压缩、颜色量化、图像格式转换和图像的动态输出等。

2. 三维可视化技术

(1)OpenGL(王家耀，2004)。基于数学描述的直接建模，是以 OpenGL 作为建模的基础平台的。

OpenGL 是由一些公司在 GL(graphics library)的基础上联合推出的三维图形标准，是一种图形与硬件的接口，独立于硬件设备、窗口系统和操作系统。它使三维图形的制作、显示达到了动态实时交互的水平，为三维图形的开发提供了先进的、标准化的平台，已得到较普遍的应用。

利用 OpenGL 进行三维实体建模，有三个方面的核心技术问题。首先，是实施空间物体的三维坐标到二维计算机屏幕上像素位置的转换，要经过三个步骤的计算机操作，即投影变换、窗口裁剪和视口变换；第二个问题是光照模型的建立，即将光照加到场景中，包括对全部空间物体的每个顶点定义法向量，选择和定位一个或多个光源，建立和选择光照模型，定义全局泛射光(环境光)和视点的有效位置，定义场景中对象的材料性质等；第三个问题是纹理映射，包括指定纹理，指出如何将纹理施加于每个像素，激活纹理映射，给出纹理和几何坐标的场景。

---

① 彭文祥，上海交通大学博士后研究出站报告，2005.

OpenGL 建模的基本过程分为三个步骤:

第一步,几何建模。它是根据实体的特征点数据,通过求出各点法向量生成三维几何模型;

第二步,形象建模。它是对已生成的几何模型进行纹理映射,光照、颜色设置,消隐处理等工作,使三维物体更加逼真;

第三步,三维显示。它是对已创建的三维模型经过投影(正射投影或透视投影),设置观察视点,进行各种变换(平移、旋转等),显示到二维屏幕上,并达到逼真的视觉效果。

(2)VRML。VRML 是英文 Virtual Reality Modeling Language——虚拟现实造型语言的缩写。其最初的名字叫 Virtual Reality Makup Language。名字是在第一届 WWW(1994,日内瓦)大会上,由 Tim Berners Lee 和 Dave Raggett 所组织的一个名为 Bird-of-a-Feather(BOF)小组提出的。后来 Makeup 改为 Modeling. VRML 和 HTML 是紧密相连的,是 HTML 在 3D 领域的模拟和扩展。由于 VRML 在 Internet 具有良好模拟性和交互性,而显示出强大的生命力。

VRML 是一种 3D 交换格式,它定义了当今 3D 应用中的绝大多数常见概念,诸如变换层级、光源、视点、几何、动画、雾、材质属性和纹理映射等。VRML 的基本目标是确保能够成为一种有效的 3D 文件交换格式。

VRML 是 HTML 的 3D 模型。它把交互式三维能力带入了万维网,即 VRML 是一种可以发布 3D 网页的跨平台语言。事实上,三维提供了一种更自然的体验方式,例如游戏、工程和科学可视化、教育和建筑。诸如此类的典型项目仅靠基于网页的文本和图像是不够的,而需要增强交互性、动态效果连续感以及用户的参与探索,这正是 VRML 的目标。

VRML 提供的技术能够把三维、二维、文本和多媒体集成为统一的整体。当把这些媒体类型和脚本描述语言(scripting language)以及互联网的功能结合在一起时,就可能产生一种全新的交互式应用。VRML 在支持经典二维桌面模型的同时,把它扩展到更广阔的时空背景中。

VRML 是赛博空间(cyber space)的基础。赛博空间的概念是由科幻作家 William Gibson 提出来的。虽然 VRML 没有为真正的用户仿真定义必要的网络和数据库协议,但是应该看到 VRML 迅速发展的步伐。作为标准,它必须保持简单性和可实现性,并在此前提下鼓励前沿性的试验和扩展。

(3) X3D。X3D(Extensible 3D——可扩展 3D)是一个 3D 软件标准,定义了如何在多媒体中整合基于网络传播的交互三维内容。X3D 将可以在不同的硬件设备中使用,并可用于不同的应用领域中。比如工程设计、科学可视化、多媒体再现、娱乐、教育、网页、共享虚拟世界等方面。X3D 也致力于建立一个 3D 图形与多媒体的统一的交换格式。X3D 是 VRML 的继承。X3D 具有以下的新特性:

① 3D 图形:多边形化几何体、参数化几何体、变换层级、光照、材质、多通道多进程纹理贴图。

② 2D 图形:在 3D 变换层级中显示文本、2D 矢量、平面图形。

③动画:计时器和插值器驱动的连续动画;人性化动画和变形。

④空间化的音频和视频:在场景几何体上映射视听源。

⑤用户交互：基于鼠标的选取和拖曳；键盘输入。

⑥导航：摄像机；用户在 3D 场景中的移动；碰撞、接近和可见性检测。

⑦用户定义对象：通过创建用户定义的数据类型，可以扩展浏览器的功能。

⑧脚本：通过程序或脚本语言，可以动态地改变场景。

⑨网络：可以用网络上的资源组成一个单一的 X3D 场景；可以通过超链接对象连接到其他场景或网络上的其他资源。

⑩ 物理模拟：人性化动画；地理数据集；分布交互模拟（Distributed Interactive Simulation，DIS）协议整合。

(4)Java3D。Java3D 用其自己定义的场景图和观察模式等技术构造了 3D 的上层结构，实现了在 Java 平台使用三维技术。Java3D API 是 Sun 定义的用于实现 3D 显示的接口。3D 技术是底层的显示技术，Java3D 提供了基于 Java 的上层接口。Java3D 把 OpenGL 和 DirectX 这些底层技术包装在 Java 接口中。这种全新的设计使 3D 技术变得不再繁琐并且可以加入到 J2SE，J2EE 的整套架构，这些特性保证了 Java3D 技术强大的扩展性。JAVA3D 建立在 JAVA 2 的基础之上，JAVA 语言的简单性使 JAVA3D 的推广有了可能。Java 3D 是在 OpenGL 的基础上发展起来的，可以说是 JAVA 语言在三维图形领域的扩展，其实质是一组 API 即应用程序接口。利用 JAVA 3D 所提供的 API 就可以编写出一些诸如三维动画、远程三维教学软件、三维辅助设计分析和模拟软件以及三维游戏等。它实现了以下三维功能：

① 生成简单或复杂的形体（也可以调用现有的三维形体）。

② 使形体具有颜色、透明效果、贴图。

③ 在三维环境中生成灯光、移动灯光。

④ 具有行为的处理判断能力（键盘、鼠标、定时等）。

⑤ 生成雾、背景、声音。

⑥ 使形体变形、移动、生成三维动画。

⑦ 编写非常复杂的应用程序，用于各种领域如 VR（虚拟现实）。

(5)IDL。IDL(Interactive Data Language)是美国 RSI 公司（Research System Inc.）的产品，它集可视、交互分析、大型商业开发为一体，为用户提供了完善、灵活、有效的开发环境。IDL 的主要特性包括：

① 高级图像处理、交互式二维和三维图形技术、面向对象的编程方式、OpenGL 图形加速、跨平台图形用户界面工具包、可连接 ODBC 兼容数据库及多种程序连接工具等。

② IDL 是完全面向矩阵的，因此具有处理较大规模数据的能力。IDL 可以读取或输出有格式或无格式的数据类型，支持通用文本及图像数据，并且支持在 NASA，TPT，NOAA 等机构中大量使用的 HDF，CDF 及 netCDF 等科学数据格式及医学扫描设备的标准格式 DICOM 格式。IDL 还支持字符、字节、16 位整型、长整型、浮点、双精度、复数等多种数据类型。能够处理大于 2Gb 的数据文件。IDL 采用 OpenGL 技术，支持 OpenGL 软件或硬件加速，可加速交互式的 2D 及 3D 数据分析、图像处理及可视化。可以实现曲面的旋转和飞行；用多光源进行阴影或照明处理；可观察体（volume）内部复杂的细节；一旦创建对象后，可从各个不同的视角对对象进行可视分析。

③ IDL 具有图像处理软件包，例如感兴趣区（ROI）分析及一整套图像分析工具、地

图投影及转换软件包,宜于 GIS 的开发。

④ IDL 带有数学分析和统计软件包,提供科学计算模型。可进行曲线和曲面拟合分析、多维网格化和插值、线性和非线性系统等分析。

⑤ 用 IDL DataMiner 可快速访问、查询并管理与 ODBC 兼容的数据库,支持 Oracle,Informix, Sybase, MS SQL 等数据库。可以创建、删除、查询表格,执行任意的 SQL 命令。

⑥ IDL 可以通过 ActiveX 控件将 IDL 应用开发集成到与 COM 兼容的环境中。用 Visual Basic、Visual C++ 等访问 IDL,还可以通过动态链接库方式从 IDL 调用 C、Fortran 程序或从其他语言调用 IDL。

⑦ 用 IDL GUIBuilder 可以开发跨平台的用户图形界面(GUI),用户可以拖放式建立图形用户界面 GUI,灵活、快速地产生应用程序的界面。

⑧ IDL 为用户提供了一些可视数据分析的解决方案,早在 1982 年 NASA 的火星飞越航空器的开发就使用了 IDL 软件。

三维可视化技术是随着计算机软硬件技术的发展而发展变化的,其鼻祖是 SGI 公司推出的 OpenGL 三维图形库。OpenGL 是业界最为流行也是支持最广泛的一个底层 3D 技术,几乎所有的显卡厂商都在底层实现了对 OpenGL 的支持和优化。OpenGL 同时也定义了一系列接口用于编程实现三维应用程序,但是这些接口使用 C(C++)语言实现并且很复杂。掌握针对 OpenGL 的编程技术需要花费大量时间精力。

Java 3D 是在 OpenGL 的基础上发展起来的,可以说是 JAVA 语言在三维图形领域的扩展,其实质是一组 API 即应用程序接口。

DIRECT3D 是 Microsoft 公司推出的三维图形编程 API,它主要应用于三维游戏的编程。众多优秀的三维游戏都是由这个接口实现。与 OpenGL 一样,Direct3D 的实现主要使用 C++语言。

VRML2.0(VRML97)自 1997 年 12 月正式成为国际标准之后,在网络上得到了广泛的应用,这是一种比 BASIC,JAVASCRIPT 等还要简单的语言。现已发展为 X3D。脚本化的语句可以编写三维动画片、三维游戏、计算机三维辅助教学。它最大的优势在于可以嵌在网页中显示。

美国 RSI(Research System Inc.)公司研制和开发的最新可视软件 IDL(Interactive Data Language)交互式数据语言,是进行数据分析、可视化和跨平台应用开发的较佳选择,它集可视、交互分析、大型商业开发为一体,为用户提供了完善、灵活、有效的开发环境。

3. 树的可视化

在三维 GIS 中,树是一种复杂地物。如何实时快速地绘制具有真实感的树,是数字地球、数字城市研究的热点。一般来说,可以将树的建模分为两大类:即树的生长模型和树的描述模型。前者根据树生长的生物特征信息来模拟树的生长过程,后者仅对树的几何特征进行建模。下面仅介绍一种实用简单的透明贴图法来实现树的可视化。

在三维场景中,树的绘制相当困难。透明贴图法绘树就是在一个二维平面上贴上树的图像,在三维场景中只显示有枝叶的部分,而不显示树以外的其他任何物体。在绘制时,若仅用一个平面贴图来画一棵树,则需根据人的视线放系实时调整树平面和视线之间的关系，保证贴图平面垂直于视线方向。这样虽可减少贴图的数量，但增加了计算量，当场景复杂时，要考虑每棵树与视线的相对位置，从算法上将比较负责。解决该问题的有效方法是使用十字交叉贴图法绘树。这样在三维场景中绘树时，只要知道树的坐标位置、树的图像和树的高度(一般不易获得树的高度，若无树的高度，可示意进行绘制)就可进行树的可视化。

运行 Java3D 实现了树的绘制，其步骤如下：

① 拍摄树的照片。

② 对照片进行预处理：采用图像处理软件对照片图像中透明的部分用单一的颜色表示。

③ 根据树的坐标点和树的高度(若有高度数据)，生成十字交叉的两平面。

④ 在 Java3D 中，采用纹理的方式，将处理过的图像透明贴到十字交叉的两平面。

⑤ 为了保证场景的真实性，可进行光照模型、雾化效果和 LOD 等处理。

4. **房屋和沟渠的三维可视化**

(1)基于轮廓线的三维形体重构。

只要知道多面体每个顶点的坐标，三维实体可以用多面体来表达，可以将多面体的每个面进行三角化，以绘制三维体。我们知道要获取多面体(如房屋顶)每个顶点的坐标，是非常困难的。在大多数情形下，我们可能只需要根据房屋的二维平面数据和房屋高度生成三维房屋。研究表明，可用基于轮廓线的三维重构原理来进行房屋和管渠的三维可视化。

为了叙述方便，将房屋的二维平面形状称为房屋的断面形状，管渠的截面形状称为管渠的断面形状。因房屋或管渠的断面形状是复杂多变的，我们需要考虑用不同的断面形状重构三维房屋或管渠的一般原理。事实上，房屋或管渠的不同断面形状可以看成是不同的轮廓线，这样可以根据轮廓线重构三维形体的原理，绘制不同形状的房屋、管渠，甚至河流。运用轮廓线重构三维形体的研究工作始于 20 世纪 70 年代。首先，人们将注意力集中在由相邻两层的轮廓线重构三维形体的问题上，该问题解决了，由一个序列的轮廓线重构三维形体的问题也就不难实现。其次，假定相邻两层的轮廓线位于相互平行的两个面上，这符合大多数应用的实际情况。如果在相邻两层的平面上，各自只有一条轮廓线，称之为单轮廓线的重构。若在相邻两层的平面上(或其中之一)有多条轮廓线，则为多轮廓线的重构。下面讨论单轮廓线之间的三维形体重构原理，为城市房屋和管网的可视化奠定理论基础。

如图 4-3 所示，假设两相邻平行平面上各有一轮廓线，并且均为凸轮廓线。上轮廓线上的点列为 $P_0$, $P_1$, …, $P_{m-1}$；下轮廓线上的点列为 $Q_0$, $Q_1$, …, $Q_{n-1}$。点列均按逆时针方向排列。若将这些点列分别依次用直线连接起来，则得到这两轮廓线的多边形近似表示。每一个直线段 $P_iP_{i+1}$ 或 $Q_jQ_{j+1}$，称为轮廓线线段，连接上轮廓线上一点与下轮廓线上的一点的线段称为跨距。显然，一条轮廓线线段，以及将该线段两端点与相邻轮廓线上的一点相连的两段跨距构成了一个三角形面片，称为基本三角形，而该两段跨距分别称为左跨距和右跨距。实现两条凸轮廓线之间的三维面模型重构就是要用一系列相互连接的三角形面片将上下两条轮廓线连接起来。然而，怎样保证连接起来的三维面模型是合理的，并具有良好的性质，是需要认真研究的问题。H. Fuchs 认为只有满足下列两个条件的三角形面片集合才是合理的。

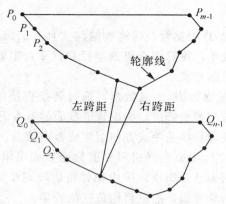

图 4-3　单轮廓线三维重构示意图

① 一个轮廓线线段必须在而且只能在一个基本三角形面片中出现。

② 若一个跨距在某一个基本三角形面中为左跨距，则该跨距是而且仅是另一个基本三角形面片的右跨距。

将符合上述条件的三角形面片集合称为一可接受的形体表面，显然，对于相邻两条轮廓线及其上的点列而言，符合这些条件的可接受的形体表面可以有多种不同的组合。不同的学者采用不同的优化方法来确定一种组合，典型的三种启发式算法有最短对角线法、最大体积法和相邻轮廓线同步前进法。这些方法对于当上下两条凸轮廓线的大小和形状相近，相互对中情况的效果较好，但对非凸轮廓线绘制时，并非都有效，有时会出现错误的结果。由于城市房屋或管渠有非凸轮廓线这种情形，因此，我们需要寻找新的方法。研究发现，实现非凸轮廓线之间三角面片重构的比较好的方法是首先将非凸轮廓线变换为凸轮廓线，在凸轮廓线之间构造好三角形面片集以后，再将其反变换为非凸轮廓线。为了叙述方便，我们将该种方法称为非凸轮廓线变换法。对于城市房屋或管渠来说，多数的断面形式为凸轮廓线，我们采用相邻轮廓线同步前进法进行可视化；对于特殊情况的非凸轮廓线，首先采用非凸轮廓线变换法，然后按凸轮廓线三维形体重构法进行绘制，最后进行反变换，即可完成房屋或管渠的可视化。

（2）房屋和管渠的三维可视化。

根据三维数据场可视化的基本原理和基于轮廓线的三维形体重构方法，房屋和管渠的可视化的流程如图 4-4 所示。为了叙述方便，若无特殊说明，下面管渠均以圆形管道为例论述管网可视化的基本原理。

① 根据管网探测数据或管网图形数据（平面图和断面图）生成三维城市管网数据模型形式的数据结构。由地下管线探测的原理可知，我们可以探测到管线中心线的位置和埋深，而不易获取管渠断面的数据，因此，管渠可视化的关键在于如何将探测到的管线中心线位置和埋深数据转换为断面形式的数据。由我们的三维数据模型可知，对于任意一条管段来说，只需知道端点的坐标（$X$，$Y$，$Z$，$E$）和管径，就确定了管段在空间的位置和大小。根据几何知识，$PO$，$Z_i$，$E_i$，$D$ 之间的关系式见（4-1）。

$$PO = E_i - Z_i - \frac{1}{2}D \tag{4-1}$$

式中：$PO$ 指管道中心线的埋深；$Z_i$ 指管内底标高；$E_i$ 为 $Z_i$ 投影到地面的地面标高；

$D$ 为管径。

根据式(4-1)可以很容易地根据管线探测数据建立具有三维城市管网数据模型形式的数据结构，为提高可视化效率，我们用管道的半径替换 $E$，也就是说，在管道可视化时，将管道的半径也作为空间数据考虑。

② 根据管网数据生成截面数据(房屋数据可通过转换直接得到)。由于管道位置在空间的任意性，为了表示任意位置的管道，生成管道截面的基本思路是：在管线的端点作任意管线的垂线，然后，在任意管线的垂线方向上生成截面数据。

③ 根据截面构造管网立体图或根据房屋平面数据生成房屋立体图。由轮廓线重构三维形体的方法可知，若截面为凸轮廓线，采用相邻轮廓线同步前进法进行可视化；否则，首先将非凸轮廓线变换为凸轮廓线，然后再构造三维管渠。

④ 房屋、管网数据赋属性。

⑤ 标准数据格式生成。考虑到模型的实用性与通用性，可以生成事实上的工业标准 Shape 数据格式和标准的 X3D 的数据格式。

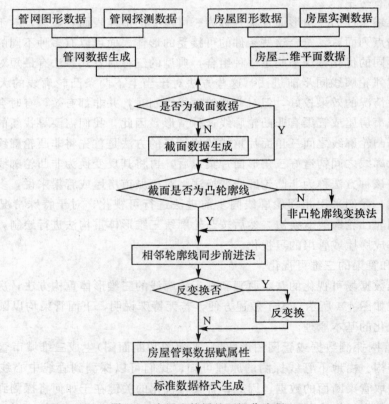

图 4-4　房屋和管渠的可视化流程

### 4.2.5　地下城市空间信息三维可视化

与如火如荼的城市地下空间开发规模相比，目前城市地下空间信息化建设却相对滞后。系统信息资料的缺乏，常使得城市的地质环境被破坏，引发地质灾害、地下管线破坏、地下水失衡等问题。所有这一切对城市地下空间信息化建设提出了新的和更高的要求，地下空间信息化建设已经成为有效利用地下空间解决现代"城市病"的重要手段。另一方面，随着信息技术的快速发展和互联网的普及，要求实现地下空间信息共享的呼声越来越高，通过共享，最大限度地挖掘地下空间信息的价值已经成为一种共识，而城市地下空间信息表达是实现城市地下空间信息共享的一个关键环节。陈亚东(2009)将虚拟现实技术与三维地质建模技术相结合，对城市地下空间中地质体、地下管网的快速建模技术，地下空间三维场景的漫游以及二维导航和信息查询等交互控制进行了研究。

1. 三维地层模型的建立

三维地质建模的研究主要反映地质构造的形态及分布规律，而城市三维地质模拟不仅要反映地下结构，同时还要表现地表大量的建筑、景观环境及公共设施，建立地上地下统一的三维环境，从而使工作人员在逼真的城市地质环境中从事各种规划设计、资源管理等研究活动，改变传统的地质研究方式。但是由于地上与地下模型采用的数据模型、数据结构的不同、空间比例精度的不同等问题，导致地面与地下空间的统一表达仍是国际上三维地学模拟领域的科技难题。虚拟现实技术是对复杂数据进行可视化操作与交互的一种全新方式，它的引入为解决这一难题提供了强有力的技术支持。陈亚东(2009)利用实时三维仿真建模工具 MultiGen Creator 建立地表场景模型，基于它的 OpenFlight API 和多层 TIN 建模法构建地层模型，实现两者数据结构统一，完成地表与地下模型的集成。

2. 三维地下管网模型的构建

城市地下管网是城市基础设施中的生命线，触及城市的各个角落，对城市的经济建设具有重要的保障作用。在城市地下空间的开发与利用中，由于城市地下管网的空间分布越来越复杂，二维图形无法表达管线之间的空间关系。有些管线上下起伏，与地面垂直的一段管线在平面图上只能以一个点及相应注记来表示，失去了自然界的本原感觉。三维管网可以轻松解决这个问题，并且视觉效果直观，因此地下管网三维显示的研究势在必行。然而地下管网空间分布复杂，建模任务量巨大，采用传统的手工单管线逐一建模方式进行地下管网的建模不仅耗费大量的人力、物力、财力，且时间长、精度差。瞿畅等(2009)提出用 GIS-VRML 技术实现地下管网的三维可视化。

地下管线空间位置复杂，但各种管线路径规则，系统建立的过程中，将管线的图形数据和属性数据(如管径、管长、路径节点坐标、材料、埋入年代等)写入数据文件，在获得管线各节点坐标，并形成相应的管线三维路径的数据文件的基础上，利用 VRML 作为管线三维图形的生成平台，生成管线的三维实体模型。虚拟现实造型时，管线应用圆形截面沿管线路径进行拉伸处理，这可用 VRML 中的 Extrusion 节点实现，Extrusion 节点的基本格式如下：

```
Extrusion{
crossSection [xa za, xb zb, …]
spine [x1 y1 z1, x2 y2 z2, …]
scale [sxa sza, …]
solid [TRUE]
  :
}
```

其中，crossSection 域指定了一系列二维坐标，它定义了垂直于放样路径的横截面轮廓，第一个值是横截面轮廓上某点的 $x$ 坐标，第二个值是其 $z$ 坐标；

spine 域给出了一系列三维坐标，用以定义放样路径上与横截面位置对应的点的坐标，即管线路径节点的坐标；

scale 域指定了一系列放样图形比例因数对，它们被用于定义路径上某点处的 $x$ 方向和 $z$ 方向的缩放比例，可根据管线半径的真实大小来确定；

solid 域的值为 TRUE 或 FALSE，用来定义放样结果是否为实体造型。

用上述方法创建的管网模型一方面可直接在网络上供浏览，另一方面可实现管网相关数据信息的网上发布，使得在一些突发事件处理过程中，相关人员能及时、准确地了解管网的空间分布状况和相关数据信息，以提高工作效率和管理水平。该功能主要通过 VRML2.0 的 Inline 和 Anchor 等节点实现。

Inline 节点可以实现多个 VRML 文件的集合，利用该节点的 url 域可以方便地将各类管网(如自来水管网、煤气管网等)的 VRML 文件插入到当前的虚拟世界中来，以实现地下管网的真实再现。

Anchor 节点可以实现不同目标页面间的跳转，其 url 域可指定一个 URL 地址列表，即跳转的目的地址，而其 description 域可给出要显示的描述字符串，并且在 VRML 浏览器窗口中只要将鼠标移至具有 Anchor 节点的造型上，就将出现相应的描述。系统创建时，将相应管线的 Anchor 节点的 description 域的域值设置为该管线的名称、编号、管径、管材等参数信息，而将其 url 域的域值设置为该管网的数据库文件(如 .xls 文件)所在的地址。这样当在 VRML 浏览器内浏览管网模型时，一旦鼠标指向该管线的三维模型，即可显示该管线的名称、编号、管径等属性信息，单击该管线模型，即可跳转至其相应的数据文件，详细显示查询结果(管线的各类数据信息)。

## 思考题

1. 空间数据可视化的表现形式有哪些？
2. 城市三维空间数据可视化的方法有哪些？

# 第5章 城市空间信息的数据库建设

本章给出了空间数据库相关的定义、城市空间信息的管理方式，介绍了 SQL Server 数据库和 Oracle 数据库等目前流行数据库平台。探讨了文件管理、关系型数据库管理和面向对象型数据库管理，给出了它们的概念、管理信息的优缺点等探讨了城市地形信息、地物信息和城市影像库的建设原理、数据模型、城市真三维信息的可视化表达、数据库的存储以及索引的方法。以 SQL Server 和 Oracle 为例，介绍了空间数据库的建设。

## 5.1 空间数据库概述

### 5.1.1 空间数据库的定义与特征

空间数据库是存储在数据库中的空间数据集，它提供了对世界某一方面的空间表达。某一方面包括：①点、线和多边形等矢量要素的有序集；②数字高程模型（DEM）和影像的栅格数据集；③描述性属性。

空间数据库具有以下特征：

（1）空间特征。用于表示空间物体的位置、形状、大小和分布特征。

（2）抽象特征。包括建模方法和模型的抽象性和，如 ArcGIS 的基于弧段/节点的几何模型。

（3）空间关系特征。表示物体的空间关系和拓扑关系的信息；以支持强大的空间分析和拓扑分析。

（4）多尺度与多态性。由于计算机中空间数据是以实际点位存储，距离就是实地距离，那么"图上距离与实地距离之比"也就失去了意义。但比例尺还有隐含的内容：比例尺隐含着对于地图的精度和详细程度的描述。现在用"空间数据尺度"来表达这种功效—数据精度与详细程度。它的含义是指信息被表示、分析和传输的详细程度。由于不可能观察地理世界的所有细节，因此尺度必定是所有地理信息的重要特征。

（5）多态性，即同一对象不同的表现形式。当前的空间数据库为了满足人们的不同需求，不得不为每一种比例尺创建一种库，以表达不同比例尺下地物的详细程度。这种方式的库有以下缺陷：数据重复存储，严重冗余；不利于数据更新；不利于数据综合；不利于管理和维护；不利于空间数据库的共享共用。解决难题的方法是在一定范围内建立多尺度的单一空间数据库。1：500 为主导比例尺，1：1000，1：2000，1：5000 和 1：10000 为附属比例尺，在库中完整描述 1：500 比例尺的空间数据以及其相关的属性信息，其他比例尺的数据是由主导比例尺数据综合模型自动综合产生。不同比例尺下，房屋点，线，面均有多态性。

（6）非结构化特征。数据记录不定长，嵌套表示的空间数据。

（7）分类编码特征。不同地物有不同的编码，不同行业中地物有不同的编码，标准不一致。

（8）海量数据特征。一个城市的空间数据往往达到几百 GB，TB 级。

空间数据库的作用为：

（1）对海量数据的管理能力。解决了冗余问题，大大加快了访问速度。

（2）空间分析功能。空间数据库也应有空间分析的功能。

（3）设计方式灵活。不同的专题，不同的数据模型，满足不同的用户需求。

（4）支持网络功能。支持 C/S、B/S、Web 技术应用。

### 5.1.2　城市空间信息的管理方式

城市空间信息的管理方式有很多种，主要包括文件管理、关系型数据库、面向对象型数据库三种管理方式。

#### 1. 文件管理

文件管理是指对文件在其形成、保存、利用和处置过程中进行的经济而有效的全面管理。文件管理概念的内涵包括文件生命周期中从文件的形成或接收到它们的处置过程。

在从文件生成到最终销毁或永久保存的全程管理中不仅应尊重文件运动的客观规律，还应考虑本单位的实际情况，坚持经济、高效的原则，并不存在普遍的规定与做法。当一个单位规模较大、文件较多时，拥有自己专门的文件管理部门和稳定而且专业素质又比较高的文件管理者，不但可以提高文件管理质量，还做到了资源的最优化配置。而当一个单位较小、文件相应较少，或者它没有足够的能力有效管理和处置这些文件时，这种管理方式带来的后果可能是不理想的，可以向联合档案室、文件中心和商业性文件中心的方向发展。

#### 2. 关系型数据库

关系型数据库允许数据被存储在多个平面文件表中，这些表通过被称为"键"的共享数据域而相互关联。关系型数据库提供了结构化查询语句（SQL），对特殊报表的更简单的访问机制，并且通过减少冗余而改善了可靠性。

关系型数据的特点是简单数据结构，对数据和表之间关系的所有存取是基于值进行的。一个数据的值是由表的名字、列名和行的唯一标识符（主关键字）决定，表之间的联系基于相同的值。

关系型数据库管理系统中储存与管理数据的基本形式是二维表。关系式数据结构把一些复杂的数据结构归结为简单的二元关系（即二维表格形式）。关系型数据库提供了对特殊报表的更简单的访问机制一般通过，并且通过减少冗余而改善了可靠性。

关系型数据库以行和列的形式存储数据，以便于用户理解。这一系列的行和列被称为表，一组表组成了数据库。由关系数据结构组成的数据库系统被称为关系数据库系统。在关系数据库中，对数据的操作几乎全部建立在一个或多个关系表格上，通过对这些关系表格的分类、合并、连接或选取等运算来实现数据的管理。对于一个实际的应用问题，有时需要多个关系才能实现。用数据库管理系统建立起来的一个关系称为一个数据库（或称数据库文件），而把对应多个关系建立起来的多个数据库称为数据库系统。数据库管理系统的另一个重要功能是通过建立命令文件来实现对数据库的使用和管理，对于一个数据库系统相应的命令序列文件，称为该数据库的应用系统。

3. 面向对象型数据库

数据库研究人员借鉴和吸收了面向对象的方法和技术，提出了面向对象的数据模型和对象关系模型。面向对象模型的基础是面向对象的程序设计方法，面向对象建模的基本思想是，把现实世界抽象成为对象的集合，对象与对象之间通过调用、继承和包含关系相互作用，现实世界的状态变化就是对象之间相互传递信息作用的结果。早期的面向对象的数据库，实际上是一种将面向对象编程中所建立的对象自动保存在辅存上的文件系统，一旦程序中止，它可以自动按另一程序的要求取出已存入的对象。第二代面向对象数据库，是将关系模型与面向对象的程序设计语言中面向对象的核心概念结合起来，包括将数据库和程序封装到对象中、对象表示、多重继承和嵌套对象等。并且将传统的关系型语言和调用级界面进行扩充。对象数据库管理组开发了新的标准，即对象数据模型和对象查询语言，它们相当于关系数据库的 SQL 标准。

### 5.1.3　数据库系统平台简介

数据库是以一定组织方式动态存储的相互关联的数据的集合。它能以最佳的方式、最小的冗余，为多个用户或应用程序服务。它独立于使用它的程序，数据的增加、检索、修改、删除等操作由公用的程序来完成，这个公用程序称为数据库管理系统。数据库系统的个体含义是指一个具体的数据库管理系统软件和用它建立起来的数据库；它的学科含义是指研究、开发、建立、维护、应用数据库系统所涉及的理论、方法、技术所构成的学科。

数据库系统的出现是计算机应用的一个里程碑，它使计算机应用从以科学计算为主转向以数据处理为主，并使计算机得以在各行业的人普遍使用。在此前的文件系统虽能处理持久数据，但是不提供对任意部分数据的快速访问。为了实现对任意部分数据的快速访问，就要研究许多优化技术。这些优化技术往往很复杂，是普通用户难以实现的，所以就由系统软件(数据库管理系统)完成，用户只需简单易用的数据库语言。由于对数据库的操作都由数据库管理系统完成，所以数据库就可独立于具体应用程序而存在，从而数据库又可为多个用户所共享。因此，数据的独立性和共享性是数据库系统的重要特征。数据共享节省了大量的人力和物力，为数据库系统的广泛应用奠定了基础。数据库系统使得普通用户能够方便地将日常数据存入计算机，并在需要时快速访问它们。

1. SQL Server 数据库

Microsoft 公司的 SQL Server 数据库系统可处理的数据量较大，既适合于一般用户使用，也可以应用用于企业的数据管理系统，处理生产中的各种数据。由于与微软开发的操作系统和应用平台的兼容性较好，QL Server 越来越多地被应用于各种场合。SQL_Server 是一个关系数据库管理系统，安全性高，真正的客户机/服务器体系结构，图形化用户界面，使系统管理和数据库管理更加直观、简单，丰富的编程接口工具为用户进行程序设计提供了更大的选择余地。SQL_Server 是高级的非过程化编程语言，允许用户在高层数据结构上工作。它以记录集合作为操作对象，所有 SQL 语句接受集合作为输入，返回集合作为输出，这种集合特性允许一条 SQL 语句的输出作为另一条 SQL 语句的输入，所以 SQL 语句可以嵌套，这使他具有极大的灵活性和强大的功能，在大多数情况下，在其他语言中需要一大段程序实现的功能只需要一个 SQL 语句就可以达到目的，这也意味着用 SQL 语言可以写出非常复杂的语句。

SQL Server 数据库具有逻辑数据分区、应用和安全机制的功能，一台计算机上有多个实例，每个 SQL Server 实例有多个数据。数据库系统文件包含单个 SQL SERVER 数据库以及类似于备份这样的数据库任务管理文件，SQL SERVER 数据库由若干文件组组成，文件组具备分配数据的功能．在文件组中，不可能包含多个数据库系统文件，数据库创立以后，文件组被加到数据库中。

2. Oracle 数据库

Oracle 是当前应用最广泛的大型数据库。在 Oracle 数据库中，包括：①数据库处理的缓冲器；②带有一个集中式系统目录的 SYTEM 表空间和由 DBA 来定义的其他表空间；③两个以上的在线重做日志；④归档重做日志；⑤各种其他文件(控制文件、初始化文件、配置文件等)。

Oralce 数据库是由表空间组成，表空间是由数据文件组成，表空间数据文件的内部单元是块。当 Oralce 数据建立时，块的大小由 DBA 设定，对象创建在 ORACLE 表空间中，用户可以指明它的区域单元空间(最初区域，下一个区域，最小区域，最大区域)。

Oracle 数据库正是以其具有的特点，适应了存储容量大、数据运算速度快的要求，同时由于 Oracle 是一个可跨平台的系统，而且提供了很多可供选择的开发方法。它具有以下突出的特点：

(1)支持大数据库、多用户的高性能的事务处理。Oracle 支持最大数据库，其大小可到几百千兆，可充分利用硬件设备。支持大量用户同时在同一数据上执行各种数据应用，并使数据争用最小，保证数据一致性。系统维护具有高的性能，Oracle 每天可连续 24 小时工作，正常的系统操作(后备或个别计算机系统故障)不会中断数据库的使用。可控制数据库数据的可用性，可在数据库级或在子数据库级上控制。

(2)Oracle 遵守数据存取语言、操作系统、用户接口和网络通信协议的工业标准。所以它是一个开放系统，保护了用户的投资。

(3)实施安全性控制和完整性控制。Oracle 为限制各监控数据存取提供系统可靠的安全性。Oracle 实施数据完整性，为可接受的数据指定标准。

(4)支持分布式数据库和分布处理。Oracle 为了充分利用计算机系统和网络，允许将处理分为数据库服务器和客户应用程序，所有共享的数据管理由数据库管理系统的计算机处理，而运行数据库应用的工作站集中于解释和显示数据。通过网络连接的计算机环境，Oracle 将存放在多台计算机上的数据组合成一个逻辑数据库，可被全部网络用户存取。分布式系统像集中式数据库一样具有透明性和数据一致性。

(5)具有可移植性、可兼容性和可连接性。由于 Oracle 软件可在许多不同的操作系统上运行，以致 Oracle 上所开发的应用可移植到任何操作系统，只需很少修改或不需修改。Oracle 软件同工业标准相兼容，包括许多工业标准的操作系统，所开发应用系统可在任何操作系统上运行。可连接性是指 Oracle 允许不同类型的计算机和操作系统通过网络可共享信息。

## 5.2  城市空间数据库建设

### 5.2.1  城市地形信息的数据库建设

城市是社会信息化的先锋和主体，当前城市信息系统的建设或者说数字城市的建设正在全国许多大、中城市开展。城市社会经济和人文信息大多数都与地理空间位置有关，所以城市信息系统一般以地理信息系统为基础。数字城市的建设要以空间数据基础设施为框架，如城市规划、城市管理、土地管理、房产管理、公安、消防、煤气、给水排水、旅游等信息系统都需要有空间数据为基础。城市空间数据可以分为三种类型：第一种是地上的三维空间目标如房屋、电力线、桥梁、树木等；第二种是地面的实体如道路、花园、草地、水体等；第三种是地下的管网、地铁和隧道等。传统的地理信息系统仅能表达二维目标，因而对地上的三维目标和地下三维目标做了简化，都投影到二维平面上，并且将目标的高程进行简化表示，仅把它们作为目标的属性值。这样就限制了城市空间的使用和可视化的表达。随着科学计算可视化和虚拟现实技术的发展，人们已有可能采用三维空间数据模型表达地上和地下的三维空间目标，并采用虚拟现实技术对城市的三维目标进行可视化表达。

### 1. 数字地面模型(DTM)

数字地面模型(DTM)是描述地面特性的空间分布的有序数值阵列，它可以用二维区域上的一个有限项的向量序列来表示，即 $K_p = F_k(U_p, V_p)(k=1, 2, \cdots, m; p=1, 2, \cdots, n)$，其中 $K_p$ 为第 $p$ 号地面点(可以是单一点，但一般是某点及其微小邻域所划定的一个地面单元上)上的第 $k$ 类地面特性信息的取值；$U_p, V_p$ 为第 $p$ 号地面点的二维坐标，$m(m \geqslant 1)$ 为地面特征信息类型的数目，$n$ 为地面点的个数。在许多情况下，所记的地面特性是高程 $Z$。它的空间分布由 $x, y$ 平面坐标系统来描述，也可以用经度和纬度的分布，对于这种 DTM 也称为数字高程模型(DEM)。

### 2. 规则网格

规则网格通常是正方形，也可以是矩形、三角形等规则网格。它将区域分割为规则的格网单元，每个对应于一个数值。在计算机实现中则为一个二维数组每个数组元素对应一个高程值。可以很容易地用计算机进行处理，特别是栅格数据结构的地理信息系统。目前很多国家提供的 DEM 数据都是以规则格网的数据矩阵形式提供的。此种表示方法简单，但有如下缺点：地形简单的区域存在大量冗余数据；如不改变网格大小，则无法适用于地形复杂程度不同的地区，对于某些特殊计算，如通视计算，网格的轴向方向被夸大；由于栅格过于粗略，不能精确表示地形的关键特征，如山峰、洼坑、山脊、山谷等。由于数据量过大，通常要进行压缩存储，无损压缩可以采用游程编码，但如果地形起伏变化较多则效果不好，则可以采用哈夫曼编码进行无损压缩，也可以用 DCT 或小波变换压缩。

### 3. 等高线模型

等高线模型表示高程，一系列的等高线集合和它们的高程值一起就构成了一种地面高程模型。等高线被存为一个有序的坐标点对序列，可以认为是一条带有高程值属性的简单多边形或多边形弧段，等高线外其他点的高程值由外包的两条等高线的高程插值得到。等高线可以用二维的链表束存储，此外也可以用图来表示等高线的拓扑关系。

### 4. 不规则三角网(TIN)

用不规则三角网表示数字高程模型既能减少规则网格方法带来的数据冗余，同时在计算(如坡度)效率方面又优于纯粹基于等高线的方法，而且能更加有效地用于各类以 DTM 为基础的计算，TIN 表示法利用所有采样点取得的离散数据，按照优化组合的原则，把这些离散点(各三角形的顶点)连接成相互连续的三角面(在连接时，尽可能地确保每个三角形都是锐角三角形或三边的长度近似相等)。三角面的大小取决于不规则分布的测点或节点的位置和密度。TIN 可以根据地形起伏变化的复杂程度改变采样点的密度和决定采样点的位置,因而能减少地形较平坦区域的数据冗余,又能按地形特征点如山脊、山谷和地形变化线等表现地形,同时也能对它进行通视分析计算,不存在规则格网 DEM 中的轴向问题。TIN 的 Delaunay 三角形网格模型适用于各种数据分布密度,利于更新和直接利用各种地形特征信息,具有唯一性好,追踪绘制等高线算法简单,适应不规则形状区域等优点,比较适用于建立数字地形模型。目前广泛采用 Delaunay 三角剖分来建立数字地形结构模型。

### 5.2.2 城市地物信息的数据库建设

由于空间数据的复杂性和特殊性,一般的商用数据库管理系统难以满足要求。因而,围绕空间数据管理方法,出现了几种不同的模式。

1. 文件与关系数据库混合管理系统

文件与关系数据库混合管理系统是用文件系统管理几何图形数据,用商用关系数据库管理系统管理属性数据,它们之间的联系通过目标标识或者内部连接码进行连接。

在这种管理模式中,几何图形数据与属性数据除它们的连接关键字段以外,两者几乎是独立地组织、管理与检索。就几何图形而言,可以采用高级语言编程直接操纵数据文件,所以图形用户界面与图形文件处理是一体的,中间没有裂缝,但对属性数据来说,则因系统和历史发展而异,早期系统由于属性数据必须通过关系数据库管理系统,图形处理的用户界面和属性的用户界面是分开的,它们只是通过一个内部码连接,导致这种连接方式的主要原因是早期的数据库管理系统不提供编程的高级语言的接口,使用起来很不方便。

采用文件与关系数据库管理系统的混合管理模式,还不能说建立了真正意义上的空间数据库管理系统,因为文件管理系统的功能较弱,特别是在数据的安全性、一致性、完整性、并发控制以及数据损坏后的恢复方面缺少基本的功能。多用户操作的并发控制比起商用数据库管理系统来要逊色得多。

Arc/Info 系统采用混合管理模式,如图 5-1 所示。

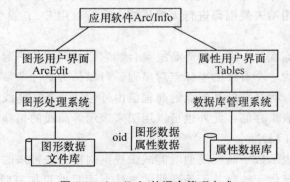

图 5-1　Arc/Info 的混合管理方式

**2. 全关系型空间数据库管理系统**

全关系型空间数据库管理系统是指图形和属性数据都用现有的关系数据库管理系统管理。关系数据库管理系统的软件厂商不作任何扩展。

用关系数据库管理系统管理图形数据有两种模式：①基于关系模型的方式，图形数据按照关系数据模型组织，这种组织方式由于涉及一系列关系连接运算，相当费时。②将图形数据的变长部分处理二进制块字段。目前大部分关系数据库管理系统都提供了二进制块的字段域，以适应管理多媒体数据或可变长文本字符。利用这种功能，通常把图形的坐标数据，当做一个二进制块，交由关系数据库管理系统进行存储和管理。这种存储方式，虽然省去了前面所述的大量关系连接操作，但是二进制块的读写效率要比定长的属性字段慢得多，特别是涉及对象的嵌套，速度更慢。

图 5-2 是用全关系数据库管理空间数据的示例：①属性数据/几何数据同时采用关系数据库进行管理。②空间数据和属性数据不必进行烦琐的连接，数据存取较快。③空间数据是间接存取，效率比属性的直接存取慢，特别是涉及空间查询、对象嵌套等复杂的空间操作。

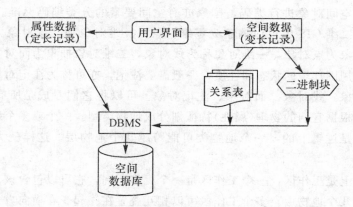

图 5-2　用全关系数据库管理空间数据

**3. 对象-关系数据库管理系统**

由于直接采用通用的关系数据库管理系统的效率不高，而非结构化的空间数据又十分重要，所以许多数据库管理系统的软件商纷纷在关系数据库管理系统中进行扩展，使之能直接存储和管理非结构化的空间数据，Oracle 等数据库系统推出了空间数据管理的专用模块，定义了操纵点、线、面、圆、长方形等空间对象的 API 函数。这些函数，将各种空间对象的数据结构进行了预先的定义，用户使用时必须满足它的数据结构要求。

这种扩展的空间对象管理模块主要解决了空间数据变长记录的管理，由于由数据库软件商进行扩展，效率要比前面所述的二进制块的管理高得多。但是它仍然没有解决对象的嵌套问题。

相关的定义有：对象是对客观世界实体的抽象描述，由数据和对数据的操作(方法)组合而成。类是对多个相似对象共同特性的描述。方法是对象接收到消息后应对数据的操作。实例是由一特定类描述的具体对象。

### 4. 面向对象空间数据库管理系统

面向对象模型最适应于空间数据的表达和管理，它不仅支持变长记录，而且支持对象的嵌套、信息的继承与聚集。面向对象的空间数据库管理系统允许用户定义对象和对象的数据结构以及它的操作。这样，我们可以将空间对象根据需要，定义出合适的数据结构和一组操作。这种空间数据结构可以是不带拓扑关系的面条数据结构，也可以是拓扑数据结构，当采用拓扑数据结构时，往往涉及对象的嵌套、对象的连接和对象与信息聚集。

### 5. 面向对象的矢栅一体化空间数据库管理系统

当前除图形矢量数据以外，还存在大量影像数据和 DEM 数据，如何将矢量数据、影像数据、DEM 数据和属性数据进行统一管理，已成为空间数据库的一个重要研究方向。

面向对象的矢栅一体化数据模型是面向对象技术与空间数据库技术相结合的产物。在面向对象数据模型中，其核心是对象（object）对象是客观世界中的实体在问题空间的抽象。空间对象是地面物体或者说地理现象的抽象。空间对象有两个明显的特征：一个是几何特征，它有大小、形态和位置；另一个是物理特征，即地物要素的属性特征。就物理特征来说，一般将空间对象进行编码，国家亦有空间要素的分类编码标准。从几何特征而言，空间对象在二维 GIS 中可以抽象为零维对象、一维对象和二维对象。实际上，我们将零维对象均抽象为点对象，一维对象称为线对象，二维对象抽象为面对象。为了直观的表达空间对象及周围环境的状态和性质，一般需要注记，亦可称为注记对象。有 4 类空间实体对象：点对象、线对象、面对象、注记对象。可以将它们看成是所有空间地物的超类。每个对象又根据它们的物理（属性）特征划分成地物类型。一个或多个地物类组成一个地物层。地物层是逻辑上的，一个地物类可能跨越几个地物层。这样就大大方便了数据处理。

在地物层之上是工作区，一个工作区是一个工作范围，它可以包含该范围内的所有地物层。也可以是几个地物层。多个工作区可以相互叠置在一起。在横向方向，由若干个工作区组成一个工程。工程是所研究区域或一项工程所涉及的范围，一个工程是一个空间数据库。

为了将影像和 DEM 与矢量化的空间对象集成在一起管理，定义影像和格网 DEM 作为两个层。这两个层的操作和管理与地物层相似。但它的存储方式不同。影像层和 DEM 层可以置于工作区中，也可以置于工程中。当置于工作区时，它们可以是单幅图的影像或 DEM。但是在二维需预先建立影像数据库和 DEM 数据库，此时做到矢量数据库、影像数据库和 DEM 数据库的集成化管理。

### 5.2.3 城市影像库建设

城市影像信息具有直观性强，信息量大的特点，而随着人们在信息交流中对图像信息的逼真性、直观性要求越来越高，遥感影像作为空间信息领域中的一种重要数据来源，其时间、空间和光谱分辨率不断提升，导致数据量正以几何级数增长。

图像的基本信息单位是像素，没有明确的语义信息。而图像的语义信息的提取必须建立在图像处理和计算机视觉技术基础上，需要具有基于知识技术和数据库技术的支持，需要具有从图像数据库中发现知识的能力，所提取的语义信息必须在影像数据库中管理、分析和应用。

1. 基本原理

城市影像数据总量很大，表示一个大范围内的数据采用一幅影像来保存入数据库显然不切实际。因此，在设计入库前，对数据源进行了分幅图像处理，每一幅数据量约几百MB。但若每次都要从数据库中读取单幅的全部数据，则读取、访问速度将会很慢。因此，为了能够对遥感影像进行快速操作以及解决计算机硬件资源的限制，必须在软件技术上进行改进。图像数据分块技术和分层技术是解决这个问题的关键。目前，分块技术和分层技术已经在影像数据库和影像漫游广泛应用了。这种方法尤其对网络版系统较好地解决了在客户端浏览显示图像时的实时需求和对网络流量的需求。

2. 影像数据库建库的基本流程

影像数据库建库的基本流程为：

(1)数据准备与检查。必备的数据包括影像数据文件、辅助定位文件、建库地区的图幅接图表、影像的图幅分幅参数、坐标基准参数和范围参数，同时要检查影像的定位信息文件、分辨率参数和影像文件所在接图表中的名称和编号是否正确。

(2)数据库建库参数输入。对数据库的各种必要信息进行填写。

(3)数据入库。对金字塔数据层的图幅数据进行自动批量入库。

(4)数据入库后检查。通过目视浏览的方法，查看入库后的影像拼接的是否完整，如果出现问题则仔细查找原因重新入库。

(5)系统测试与维护。对整个数据库系统进行测试，如有问题则采用相应的方法处理。

3. 影像数据的查询

查询是一个数据库系统必须提供的基本功能，好的查询机制将为用户提供方便的信息咨询服务，使用户快速地从众多的数据中提取自己关心的信息。影像数据的查询主要有以下几种方式：

(1)空间查询。空间数据的检索目前主要有两种途径：一种是按照地理范围，系统应能根据用户指定的地理区域，如经纬度，高斯坐标范围，图幅编号，行政区划范围等检索出数据的内容及相关信息；另一种是根据空间目标的属性，如河流名称和编码，公路名称和编码，居民地名称等，找到相应的数据和相关信息。例如本文采用建立地名数据库，根据空间目标的属(如某单位名称)，快速准确地对影像数据进行定位。

(2)元数据查询。元数据查询相当于影像数据的描述信息，通过用户指定元数据查询的关键字，找到符合条件的元数据所对应的影像数据。这是目前影像数据库主要的一种查询方式。

(3)图幅索引查询。图幅包含空间信息，因此图幅索引描述了影像数据的概略分布情况，相当于影像数据库的索引图，通过在索引图上指定任意范围和任意图幅可以查询相应的影像数据。

(4)直接浏览查询。由于目前影像解译的水平还不高，通过浏览整个影像数据库查询用户感兴趣的目标或区域。这是目前最常用的一种查询方式。

(5)基于内容的查询。即从图像库中查找含有特定物体的图像，它区别于传统的检索手段，融合了图像理解技术，从而可以提供更有效的检索手段。该方法还在不断地研究阶段。

## 5.3 空间数据库的语言结构

### 5.3.1 空间数据的表达模型与空间对象关系

空间数据的表达模型分为两类：

(1)矢量表达模型。矢量是空间数据中最重要，最基本的数据。许多地物特征都有良好定义的外形。矢量数据用一组带有关联属性的有序坐标，精确简洁地表示地物的外形特征。不规则三角网(TIN)表达模型是常用矢量表达模型，它是一种表面模型，适合勾画山脉、河流等地形的表面特征和自然起伏。

(2)栅格表达模型。摄影等成像系统是以像素值来存储地物部分谱段的光反射率，将数据记录在二维的格网或栅格中的。像素是组成栅格的基本单元，它的值能描述多种数据。

Geometry 是几何对象层次模型的根表。在二维的坐标空间中，Geometry 的可实例化的子类被限制定义为零维、一维和二维几何对象。几何图形的坐标都是定义在某种空间参照系中。如果数据源不一致，则在进行数据互操作时要进行变换。图 5-3 是主要的几何对象。

(1)零维形状。点表示太小以致无法用线或面来描述的地理特征。点是用单个有属性的 $(x, y)$ 坐标值来存储的。

(2)一维形状。线表示太狭窄以致无法用面来描述的地理特征。线是用一组带属性的有序 $(x, y)$ 坐标值来存储的；线段可以是直线、圆弧或曲线。

(3)二维形状。多边形表示宽阔的地理特征。多边形用一系列的线段来存储，这些线段构成一个封闭的区域。

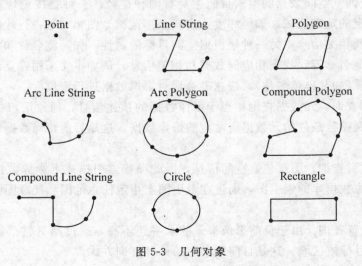

图 5-3 几何对象

描述地理要素空间性的信息包括：

（1）几何信息（理论基础是几何学 geometry）。用空间坐标的位置、方向、角度、距离、面积等信息描述物体的几何形状和数量特征。

（2）拓扑信息（理论基础是拓扑学，topology）。用几何关系的相连、相邻、包含等信息描述物体元素之间的关系。

拓扑学的基本元素：

（1）节点（NODE）：弧段的交点。独立点是特殊节点。

（2）弧段（ARC）：相邻两节点之间的坐标链。边界弧段是特殊弧段（startPoint＝endPoint）。

（3）多边形（polygon）（图斑或面）有限弧段组成的封闭区。

（4）拓扑结构：是明确定义空间结构关系的一种数学方法。

拓扑关系：拓扑关系是指图形保持连续状态下变形，但图形关系不变的性质。常用的拓扑关系有拓扑邻接、拓扑关联、拓扑包含。拓扑关系的性质有：相邻（连）、相交、相离、相重、包含等。

### 5.3.2　Oracle Spatial

Oracle Spatial 在关系数据库中进行扩展，使之能直接存储和管理空间数据，推出了空间数据管理的专用模块，定义了操纵点、线、面、圆等空间对象的 API 函数。

Oracle Spatial 的优点解决了空间数据的变长记录的管理，效率比二进制块的管理高得多。缺点是没有解决对象的嵌套问题，空间数据结构不能由用户定义，用户不能根据要求再定义，使用上受一定限制。

Oracle 用 SDO_GEOMETRY 类型来表示空间对象的几何形状。SDO_GEOMETRY 本身的定义为：

```
CREATE TYPE sdo_geometry AS OBJECT
(
    SDO_GTYPE        NUMBER,        //空间对象类型
    SDO_SRID         NUMBER,        // Spatial Reference
    SDO_POINT        SDO_POINT_TYPE,
    SDO_ELEM_INFO    MDSYS. SDO_ELEM_INFO_ARRAY,
    SDO_ORDINATES    MDSYS. SDO. ORDINATE_ARRAY
);
```

在上述结构中，SDO_GTYPE 是关于几何形状类别的说明，其细节见表 5.1。SDO_SRID 是关于坐标系的说明。SDO_POINT 是关于三维点的说明。如果 SDO_ELEM_INFO 和 SDO_ORDINATES 都为空，而 SDO_POINT 非空，则它保存的是一个点状地物的 $(x, y, h)$。SDO_ELEM_INFO 是关于要素的空间信息说明，对 SDO_ORDINATES 坐标数组的解释。

| 表 5.1 | 几何形状类别 |
| --- | --- |
| SDO_GTYPE 值 | 几何类别 |
| 0 | 未知的几何体 Unknown |
| 1 | 点 Point |
| 2 | 线串 LineString |
| 3 | 多边形 Polygon |
| 4 | 集合 Collection |
| 5 | 多点 MultiPoint |
| 6 | 线串集合 MultiLineString |
| 7 | 多边形集合 MultiPolygon |

在 Oracle 表示点、线、多边形、多点等示例如下：

POINT(0 0)

LINESTRING(0 0,1 1,1 2)

POLYGON((0 0,4 0,4 4,0 4,0 0),(1 1,2 1,2 2,1 2,1 1))

MULTIPOINT(0 0,1 2)

MULTILINESTRING((0 0,1 1,1 2),(2 3,3 2,5 4))

MULTIPOLYGON((((0 0,4 0,4 4,0 4,0 0),(1 1,2 1,2 2,1 2,1 1)),((−1 −1,−1 −2,−2 −2,−2 −1,−1 −1)))

GEOMETRYCOLLECTION(POINT(2 3),LINESTRING((2 3,3 4)))

### 5.3.3 SQL Server2008

SQL Server2008 有两种类型的空间数据类型：

(1)geometry 数据类型，支持平面或欧几里得（平面球）数据。在此模型中，将地球当做从已知点起的平面投影。平地模型不考虑地球的弯曲，因此主要用于描述较短的距离。

(2) geography 数据类型，存储纬度和经度坐标之类的椭圆体（圆球）数据。Geography 数据类型在计算时考虑了地球的曲面。如果数据是按经度和纬度存储的，则使用此模型。

geography 类型已进行预定义，可在每个数据库中使用。可创建 geography 类型的表列并对 geography 数据进行操作，就像使用其他系统提供的数据类型一样。例如创建以下的数据表：

CREATE TABLE SpatialTable

(

    id int IDENTITY (1,1),

    GeogCol1 geography,

    GeogCol2 AS GeogCol1. STAsText(),

　　Geo geometry

　　);

上述语句创建包含标识列，geography 列，GeogCol1，Geo 的表。GeogCol2 将 geography 列呈现为其 OGC 熟知文本（WKT）表示形式。

数据插入示例：

DECLARE @Location GEOGRAPHY

SET @Location = geography∷STGeomFromText

('LINESTRING(47.653 −89.358, 48.1 −89.320, 49.0 −88.28)', 4326)

INSERT INTO SpatialTable (GeogCol1)

VALUES (@Location);

INSERT INTO SpatialTable (Geo)

VALUES (geometry∷STGeomFromText

('LINESTRING(47.653 −89.358, 48.1 −89.320, 49.0 −88.28)', 4326)

);

SELECT @Location

Geometry 和 geography 支持 11 种空间数据对象或实例类型。但是，这些实例类型中只有 7 种"可实例化"，如图 5-4 所示。

（1）Point 用于描述一个位置。

（2）MultiPoint 用于描述一系列点。

（3）LineString 用于描述由直线连接的零个或多个点。

（4）MultiLineString 用于描述一组 linestring。

（5）Polygon 用于描述一组封闭 linestring 形成的相连区域。

（6）MultiPolygon 用于描述一组多边形。

（7）GeometryCollection 用于描述 geometry 类型集合。

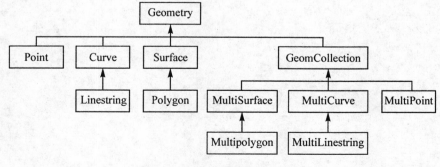

图 5-4　矢量对象类型

# 思考题

1. 简要介绍城市空间信息的管理方式。
2. 目前流行的数据库平台有哪些？并简要介绍其功能。
3. 在城市信息数据库的建设中，有哪些数字模型？
4. 空间数据管理的形式有哪些？
5. 影像数据库的功能有哪些？
6. Oracle Spatial 和 SQL Server 2008 在管理空间数据时有何异同？

# 第6章　城市规划与管理信息系统

城市规划管理信息系统是以"一证两书"，办理过程中的申报、跟踪督办、转流控制、周期控制、核发"证、书"为核心，覆盖城市规划实施管理全过程的图文一体化办公自动化系统。本章从城市规划的理念转变、城市规划对信息技术的需求以及在地理信息技术在城市规划中应用包括土地利用空间规划、土地适宜性评价、城市空间扩展及聚类等方面进行了介绍。

## 6.1　城市规划管理的信息支持

城市规划管理信息系统包括城市规划管理、城市地下管线管理、城市勘测、城市环境保护、城镇地籍管理、水环境状况、城市供水与地下水资源管理、城市土地管理、电力电信设施管理、有线电视信息管理、城市公安、城市交通、旅游规划等领域。建设"数字城市"就是积极利用现代手段，充分采集、整合和挖掘城市各种信息资源，建立面向政府、企业、社区与公众的信息服务平台、信息应用系统和政策法规保障体系，提升和改善城市的各项机能，为城市的可持续发展以及城市规划、建设、管理与服务水平的提高提供支撑和保障(高吉瑞，2009)。

### 6.1.1　城市规划理念的转变[①]

改革开放以来，我国在持续多年经济高速增长的背景下，城市化进程突飞猛进，许多城市面貌发生了翻天覆地的变化。时代已对城市规划提出了更新、更高的要求。我国城市规划领域为适用这种要求，目前正发生着四个方面的变化。

1. 静态规划向动态规划发展

长期以来，我国城市规划主要进行的是以土地利用控制为核心的物质形态设计，关注的是既定蓝图的实现，而忽视了城市规划对城市开发过程的调控作用。规划缺乏对实施的可行性论证和评估，造成规划目标过于僵硬、实施中可操作性不足，加上缺乏必要的理论指导，造成了许多规划就事论事，在事实上成了一种短期行为或局部行为。

当传统规划试图用静态的图纸来解决动态的实际问题遭到失败时，现代规划开始倡导从"方案"到"过程"的转变，强调规划是一种动态发展与整体协调发展的过程。将规划理解成是"动态的过程"，一方面是因为规划面对的城市和城市问题在不断变化，另一方面也由于参与的决策的各个方面对城市问题的态度在不断改变。同时，现代规划还强调规划中软性指标的运用，使规划在实施时更具弹性。

---

① 引自：王亚东，浅析城市规划与信息技术，科技资讯，2010.

**2. 从物质规划转向社会经济发展规划**

物质文明和精神文明是社会文明的两个组成部分,任一部分的薄弱或缺乏都会阻碍社会进步。城市规划是社会发展规划的一种形式,理应对这两方面都给予重视,但传统的规划却只注重物质部分,而忽视了人作为一个社会个体的物质与精神需求。规划的"以人为本"不仅指要考虑人的衣食住行等基本物质需求,还要考虑人的文化、艺术、游憩、政治等精神方面的需求,而且随着收入水平的提高,人们在精神方面的追求大大加强。这就要求在规划中必须全面考虑人的各种需求,要将政府中社会经济各个部门的发展融入到城市规划之中。

**3. 由专家审查到公众参与规划**

我国规划审查制度长期采取专家评审方式。由于专家们未必对规划区域很熟悉,因而很难发现规划中的隐患。城市规划涉及公众利益,故而不应只是少数"智者"做出决定该怎么办,而应由社会主要利益集团的格局所决定。当集团利益发生冲突时,专家们往往会考虑采取折中方案,此时,若有更广泛的社会各阶层的参与,问题的解决就会更合理、更公平。

**4. 规划实施由行政管理向法制化迈进**

"有规划却难以实施"是困扰我国规划工作的一个主要问题。究其原因,其中之一就是缺乏必要的规划实施保障。过去,我国基本上是将城市规划作为一项行政制度而予以实施,因而规划管理者权力很大,容易滋生各种弊端。1989年我国通过了《中华人民共和国城市规划法》(以下简称《城市规划法》),城市建设的法制化进程向前迈进了一步,但目前的规划法规与监督机制还远远不够完善。

当前,在市场经济条件下,经济发展因市场的方向和速度变化而变化,城市规划作为政府行为,必须灵敏地回应经济增长所提出的不同要求,这种回应就要反映在城市规划法律和法规中。随着世界经济进入全球化时代,城市在全球经济网络中将发挥着更为重要的节点作用。各国政府都在极力改善城市的投资环境,吸引全球资本。这些资本直接关系到城市的兴衰。而城市建设基本法制是可以为加强城市竞争实力服务的。

### 6.1.2 城市规划对信息技术的要求

随着观念的转变,城市规划领域对规划与管理信息的处理有了更高的要求,具体表现在以下四个方面。

**1. 类型数据的处理与综合**

城市规划与管理涉及地理要素和资源、环境、社会经济等多种类型的数据。这些数据在时相上是多相的、结构上是多层次的,性质上又有"空间定位"与"属性"之分,既有以图形为主的矢量数据,又有以遥感图像为源的栅格数据,还有关系型统计数据,并且随着城市社会的发展,数据之间的关系将变得更为复杂,对统计数据与现状图件的综合分析要求必然大大提高。

**2. 多层次服务对象的满足**

对于规划与管理信息的使用对象,不仅要考虑市政主管部门、专业部门和公众查询的需要,还要考虑管理、评价分析和规划预测的不同用户的需求,这对规划设计与管理信息处理在服务对象的多层次性上提出了很高的要求。

3. 时间上现势性、空间上精确性

城市规划在本质上是人类对城市发展的一种认识，城市发展对城市规划具有绝对的决定性作用，因此，城市规划是一个对城市发展的不断适用的过程。随着城市化进程的加快，城市规划也必须加快其更新速度，以适用城市的加速发展。此外，由于弹性规划、滚动规划模式的倡导，规划的定制与修编周期大大缩短。这些变化对规划与管理信息提出了"逐日更新"的要求，以确保信息良好的现势性。

在空间上，要求提高规划布局图空间定位的精确性。由于现代规划与规划管理结合的更加紧密，规划设计正逐渐摆脱"墙上挂挂"的窘境，而且从总体规划到详细规划层层深入、互相衔接，最终必须落实到地上，故各种规划图只有达到一定的定位精度才有可能实现规划目标。

4. 信息管理规范化、智能化和可视化

从规划编制到规划实施的过程中，产生了大量的数据，包括现状的和规划的，而在规划实施后又有了新的现状数据，因而，规划信息管理任务日见繁重。如何将规划数据规范化并进行科学的组织与管理是现代城市规划的重要任务之一。同时，如何与办公自动化实现一体化，并对信息产品进行可视化处理，以便用户简单、明了地进行使用，也将是未来城市规划信息技术研究的重要方向。

### 6.1.3　现代信息技术在城市规划与管理信息中的作用[①]

以数据处理、分析与管理为主要特征的城市规划信息技术主要包括四个方面的技术系统。

1. 计算机辅助设计（CAD，computer aided design）

CAD 是应用于机械工程、电子、化工和建筑等领域进行制图设计的图形处理软件。目前，在城市规划设计部门已普遍采用 CAD 进行规划设计与制图。CAD 技术的运用使规划设计效率有了很大的提高，规划图也更加规范与美观。

2. 遥感技术（RS，remote sensing）

遥感是一种通过卫星、飞机等平台携带传感器获取地球表面图像的技术，目前正广泛地应用于资源、环境、调查、管理等部门。城市规划是以城市地域现状为基础的，通过对遥感图像的处理，可以获得反映城市土地利用、交通、绿化、环境等分布状况的可靠信息。

3. 地理信息系统技术（GIS，geographic information system）

GIS 是以地理空间定位为基础，结合各种文字、数字等属性进行集成处理与统计分析的通用技术，其基本功能是数据获取、操作、集成、查询、显示，以及进行空间分析、模型分析等。GIS 为城市规划方案落实到地上提供了最有效的信息分布与管理手段。

4. 网络技术（network）

网络一般可以理解成是以共享资源为目的、通过数据通信线路将多台计算机互连而成的系统。近年来因特网（international network）几乎成了家喻户晓的名词。因特网不仅是单纯的网络名称，而且是一个由各种不同的计算机局域网和广域网连接而成的集合体。其

---

①　引自：刘亚松，试论现代信息技术在城市规划中的应用和影像，科技资讯，2010.

所提供的电子邮件(e-mail)、远程终端协议(telnet)文件传输协议(FTP)等服务为数据的共享、更新、管理、交流等创造了便捷的途径。这样,城市规划管理中多种形式的海量规划信息在管理人员中频繁交流成为可能。

随着这些技术的发展与广泛应用,将对城市规划各个方面产生深远的影响,主要表现在如下几个方面:

(1) 城市规划管理。信息技术对城市规划管理的影响主要表现在办公自动化方面,目前的办公自动化主要是提高城市规划管理部门内部的管理水平、质量和效率。随着社会的信息化,通过互联网可以建立城市规划管理部门与城市建设者之间的有效信息通信渠道,可以通过互联网实现网上报建,报建单位只要在本单位与互联网相连的计算机就可完成报建过程和提供所需的材料,规划审批可以在互联网上完成。

规划管理与规划设计更紧密的结合,实现管理与设计的一体化,审批的结果可以电子数据的形式迅速反馈给设计部门,而设计部门可尽快地将设计结果以电子数据的形式提交给管理部门,这些信息的传输可以通过互联网来完成。

通过互联网可以进行规划评审,各地的专家可以在家里对规划成果进行评审,规划成果将利用虚拟现实技术展现专家所需的各种信息(如建筑物三维动态模型),通过网络会议交流意见,专家甚至可以实时与规划师交流,提出自己意见和设想,并可以较快地通过建立数字模型加以证实。

(2) 城市规划设计。城市规划设计将更广泛应用 CAD 和 GIS 技术,而计算机图形输入技术的改进和智能化,如笔输入技术,使规划设计师进行设计更为方便,而不影响灵感产生。

设计过程中所需的数据将数字化,使其获取变得更加容易、更加方便,可以采用遥感图像直接作为背景进行设计,而各种地下管线的资料由于数据库的建立而更加方便的获得。现在比较难以得到的人口空间分布、交通流量等信息由于相应信息系统建立而能很方便地获得。

虚拟现实技术的发展与应用,使规划设计成果的三维动态建模更加方便,设计成果更加形象和直观。在规划设计和规划审批中由于规划成果的数字化,使得对各种规划成果和方案的定量分析、模拟和预测成为可能,经济可行性分析也更为方便,促进规划决策的科学化。

(3) 公众参与。公众可以通过互联网动态了解规划设计方案和参与规划审批,而且规划方案与成果的表现形式由于采用虚拟现实技术和多媒体技术更为直观和形象,使公众能更好地理解规划师的意图,公众通过互联网发表个人的意见,与规划师、管理人员和其他有关人员进行直接对话,使公众参与更加有效,促进决策过程的民主化。

(4) 城市规划研究与教育。互联网构成了一个巨大的电子图书馆,各种城市规划研究成果将以电子出版物的形式出现,城市规划研究者将通过互联网查到各种城市规划资料,并可通过电子邮件、BBS(电子公告栏)及其他一些网络通信方式进行交流。

互联网同时也将成为一个庞大的远程教育网,城市规划专业的学生可以通过互联网,利用多媒体技术学习城市规划的理论与知识。

在信息时代,电子游戏也将成为一个很好的教育手段,城市规划方面的游戏软件将出现,可以对规划设计与审批及城市建设过程进行模拟,使城市规划学习及城市规划的宣传与教育通过玩电子游戏的过程来完成。

# 6.2　城市规划与土地海量数据地学计算

### 6.2.1　城市土地利用空间优化[①]

城市土地利用类型在空间上相邻近时的协调性是不同的。一般每种用地类型和自身相邻近时最协调,其协调指数最高;法规或条例上要求某些类型之间在空间上不能相邻时,其协调指数最低,如居住用地和特殊用地之间就是如此。一般用地类型之间的空间协调性规则可根据经济、社会、环境协调发展的要求和行业标准来判定。这样,对每个土地利用单元,根据它与周围相邻单元的协调性,可以计算出该单元的协调指数。扫描图层的每个用地单元,汇总后就可以计算出整个图层的协调指数。所以对一个特定的土地利用图层,我们就可以按照空间协调性规则计算出其协调指数。对一组土地利用图层,如一个城市土地利用规划的不同方案,我们通过计算每个图层的协调指数,比较各个图层的空间协调程度。土地利用空间优化的目的就是在土地利用类型面积的约束条件下,通过调整土地利用类型在空间上的分布状态,使整个城市土地利用的空间协调性最高。

#### 1. 空间优化模型

目前已有的空间优化模型的约束条件是"硬"性的,即每一种土地利用类型的面积比例是一个常数(如居住用地占 40% 等)。但目前发展起来的空间优化算法大多具有随机机制,"硬"性的约束条件很难严格满足。为此,李新运(2004)提出如下的具有区间约束的空间优化模型。假定城市区域被划分成 $m \times n$ 的单元格网,第 $i$ 行 $j$ 列的单元格记为 $u_{ij}$,规划的土地利用类型数为 $C$,则城市土地利用空间优化配置的数学模型为:

$$\max f = \sum_{i,j} \sum_{k,l} a_{ij,kl} c_{ij,kl}$$

$$s.t. \begin{cases} \sum_{i,j} r_{ij}^{(k)} \geqslant r_{\min}^{(k)}, & \forall k \\ \sum_{i,j} r_{ij}^{(k)} \leqslant r_{\max}^{(k)}, & \forall k \\ \sum_{i,j} r_{ij}^{(k)} = 1, & \forall i,j \\ r_{ij}^{(k)} = 1, & \exists k \in \{1,2,\cdots,C\}, \forall i,j \end{cases}$$

式中,$a_{ij,kl}$ 表示单元 $u_{ij}$ 与 $u_{kl}$ 的空间邻近关系,定义为

$$a_{ij,kl} = \begin{cases} 1 & 若单元格 u_{ij} 与 u_{kl} 邻近 \\ 0 & 否则 \end{cases}$$

$c_{ij,kl}$ 表示单元 $u_{ij}$ 与 $u_{kl}$ 的协调指数,可以根据单元的类型码查协调规则表;$r_{ij}^{(k)}$ 为单元 $u_{ij}$ 对第 $k$ 类用地类型的隶属度,定义为

$$r_{ij}^{(k)} = \begin{cases} 1 & 若 u_{ij} \in 第 k 类 \\ 0 & 否则 \end{cases}$$

---

[①]　引自:李新运,城市空间数据挖掘方法与应用研究,山东科技大学博士学位论文,2004.

$r_{\min}^{(k)},r_{\max}^{(k)}$ 分别为第 $k$ 种用地类型的面积比例下限和上限。

2. 空间优化算法

空间优化计算是在单元格组成的空间上进行的，所以必须采用空间计算方法。在空间遗传算法（SGA）中，基因是指一个空间单元，个体对应一个图层（一个备选的优化方案），种群就是若干个图层组成的群组。为了提高进化速度和便于编程，李新运（2004）提出以下的空间遗传算法。3 个基本的空间操作算子如下：

（1）空间交叉操作。在图层中随机确定一个单元，当按行或按列扫描图层时，该单元格就把图层分成两个子区。空间交叉是指两个图层对的对应子区进行交换，交换后就会产生两个新的图层（图 6-1）。

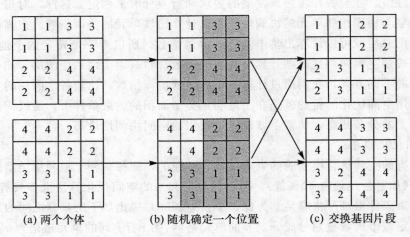

(a) 两个个体  (b) 随机确定一个位置  (c) 交换基因片段

图 6-1 空间交叉操作示意图

（2）空间变异操作。在一个图层中随机确定 2 个单元，然后交换这两个单元的类型代码。变异后，也会产生一个新的图层（图 6-2）。

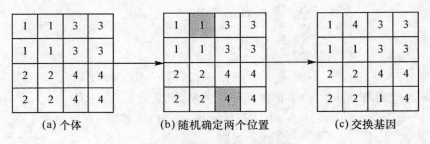

(a) 个体  (b) 随机确定两个位置  (c) 交换基因

图 6-2 空间变异操作示意图

（3）空间选择操作。对一组图层，分别计算每个图层的总的协调指数，然后按协调性指数的大小对图层排序，选取协调指数较大的前若干个优良图层作为本次进化的结果，参加下一轮进化。

基于 SGA 的空间优化计算步骤如下：

准备工作：把待优化的城市区域图层转化为 $m\times n$ 的单元格网图层，格网图层是按行或按列扫描产生的，这样每个单元格为一个实体，在属性表中为一个记录。对单元格图层增加两个字段，第一个字段为单元序号即记录号，第二个字段标识单元格是否在城市区域内部。

① 产生初始种群。设种群大小为 $p_1$（$p_1$ 一般为奇数，如 13，21 等），每个个体在属性表里面均为一个字段。每个个体的各用地类型的比例都应满足约束条件，这可以采用随机实验的方式来实现。

② 空间选择计算。分别计算 $p_1$ 个个体的协调指数，保留前 $p_2$ 个协调指数最大的个体。为计算方便，要求满足 $p_2 = (p_1 - 1)/2$，即 $p_1 = 2p_2 + 1$。如果协调指数或进化次数已满足要求，则转向⑥。

③ 空间交叉计算。把 $p_2$ 个个体分成 $p_2/2$ 个个体对，分别进行空间交叉计算，这样就产生 $p_2$ 个新个体。统计产生的 $p_2$ 个新个体的各类别面积比例，若满足约束条件的个体就接受，不满足约束条件的个体则取消。

④ 空间变异计算。从 $2p_2$ 个个体中随机选取 1 个个体进行变异操作，产生一个新个体。

⑤ 对本轮保留下来的 $p_2$ 个个体、交叉产生的 $p_2$ 个个体和变异产生的 1 个新个体进行重新组合，仍然为 $p_1$ 个个体的种群。转向步骤②。

⑥ 进化结束。

### 6.2.2　城市土地适宜性评价[①]

城市土地评价包括经济评价、适宜性评价和潜力评价等 3 个方面的内容，其中有关经济评价的研究最多，具有代表性的是城市土地分等定级和地价评估，而适宜性评价和潜力评价研究得较少。目前在土地适宜性评价研究中，农用土地适宜性评价的研究已相当成熟，而城市用地适宜性评价的研究还处于起步阶段。在城市用地适宜性评价中，居住用地适宜性评价和建设用地适宜性评价已有一些研究成果，而对一些新兴行业（如高新技术产业）用地适宜性评价的研究则较少，需要探讨新的评价方法和技术。城市土地适宜性评价与农用土地适宜性评价的主要区别至少有 3 点：①指标的社会属性不同。农用土地适宜性评价以自然因素指标为主，城市土地适宜性评价则以经济社会指标为主。②指标的空间性质不同。农用土地适宜性评价的指标值在空间上大多是分块的，城市土地适宜性评价的指标值在空间上大多是渐变的。③指标值的计算方法不同。农用土地适宜性评价的指标值计算多采用区域赋值（直接导入）方法，城市土地适宜性评价的指标值计算多采用空间扩散和距离衰减方法。因此，城市土地适宜性评价的计算方法更复杂一些。

高新技术及其产业的发展是城市经济发展、社会进步和环境改善的驱动力，而高新技术产业的空间布局和选址对高新技术产业的发展起着重要作用，因此对高新技术产业用地的适宜性进行评价具有重要的应用价值。高新技术产业用地适宜性评价是评价城市土地在一定的经营管理水平下对高新技术产业适宜程度的过程。通过评价土地单元对高新技术产业的适宜程度，可以明确城市土地对高新技术产业适宜程度的数量、质量和结构特征，揭示影响高新技术产业用地的限制性因子及其限制程度，从而为高新技术产业用地规划提供

---

① 引自：李新运，城市空间数据挖掘方法与应用研究，山东科技大学博士学位论文，2004.

科学依据。目前的土地适宜性评价一般仅采用属性指标，而对空间关系考虑得较少。

### 1. 评价指标体系及权重分配

指标体系是整个评价工作的基础，但要建立一套能够全面、准确地反映高新技术产业用地适宜性的指标体系，又是一项十分复杂和困难的工作。设计指标体系时要求做到：科学合理、定义明确、反映实际、量化可比。

(1)评价指标选取的原则。

① 突出主导因素原则。影响高新技术产业用地的因素有多种，其作用也不同。因此，评价指标应选择对高新技术产业发展影响较大的因素，舍弃一些影响较小的因素。

② 专家咨询和实际调查相结合。先根据领域知识和地区实际拟定初步的指标体系，然后征询专家意见，对指标体系进行修改，力求做到科学合理。

③ 客观指标与主观指标相结合。评价应尽量采用客观指标，保证评价结果的客观性和权威性。对那些少量重要的主观指标也应纳入到指标体系中来。

④ 可操作性原则。评价指标要简单明确，易于收集，统计口径一致，指标的独立性强，要尽量采用现有的统计数据、图件和权威部门认可的资料。

⑤ 区域差异原则。城市发展的条件千差万别，评价指标体系的设计应考虑城市实际情况，所选择的指标必须能反映城市内部的空间差异。

⑥ 综合性原则。所选择的评价指标应从多方面反映高新技术产业用地的适宜性。

(2)评价指标体系的建立。

根据上述原则，在系统分析高新产业发展需求条件的基础上，更多地考虑到指标数据的可获得性，结合实际，可以设计如下一套高新技术产业用地适宜性评价指标体系(图6-3)。

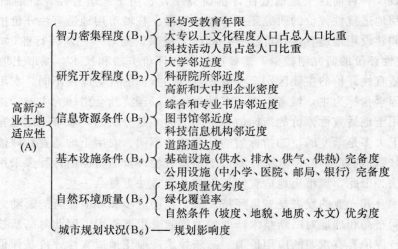

图 6-3　高新技术产业土地适宜性评价指标体系

其中：

① 智力密集程度。高新技术产业需要高素质的劳动者和良好的文化氛围，所以人口的科学文化素质是高新技术产业发展的重要社会条件。

② 研究开发条件。大学和科研院所直接从事知识的生产和传播，是高新技术孵化和成长的基地。高新技术产品以精细加工为重要特点，但是其产品同样包括了大量传统工业的成果，因而它无法脱离传统工业而独立存在，需要大工业的支持。

③ 信息资源条件。谁拥有信息，谁就在生产竞争中处于优势地位，对传统产业如此，对于高技术产业更是这样。因而，信息资源条件也是高新技术产业用地适宜性评价的重要因素。

④ 基础设施条件。良好的基础设施条件是产业发展的基本保证，高新技术产业同样无法脱离基础设施而存在。因此，道路通达度、基础设施完备度以及公用设施完备度是高新技术产业用地适宜性评价的重要因素。

⑤ 自然环境质量。高技术产业对于环境的要求非常严格，环境质量好的地段，可以降低生产费用，保证产品质量。

⑥ 城市规划状况。高新技术产业的布局最好与城市规划相一致，以提高城市的整体运行效率。

（3）评价指标权重的分配。

指标权重是对各个指标对评价目标的贡献率大小的表达。权重的分配一般采用定性—定量相结合的方法。德尔菲（Delphi）法对咨询专家要求较高，而且多轮咨询的工作量较大。普通的层次分析法（AHP）采用九标度标记比较判断结果，使专家感到操作困难，而且计算复杂，还需要进行一致性检验。为了克服 AHP 的缺陷，李新运（2004）采用一种改进的三标度层次分析法 IAHP，其数据处理步骤如下：

① 建立比较矩阵 $C = [c_{ij}]$。当指标 $i$ 比指标 $j$ 重要时取 $c_{ij} = 1$；当指标 $i$ 与指标 $j$ 同等重要时取 $c_{ij} = 0$；当指标 $i$ 不如指标 $j$ 重要时取 $c_{ij} = -1$。

② 建立感觉判断矩阵 $S = [s_{ij}]$。其中 $s_{ij} = d_i - d_j, d_i = \sum_i c_{ij}$。

③ 建立客观判断矩阵 $R = [r_{ij}]$。式中 $r_{ij} = p^{s_{ij}/S_m}, S_m = \max s_{ij}, p$ 为使用者定义的标度扩展值范围，如 $p = 5$ 或 $p = 7$。

④ 对 $R$ 的任一列元素进行归一化处理即为权重向量。

IAHP 具有操作简便、结果客观、完全一致等三大优点。采用改进的层次分析法建立的上述评价指标体系中第二层指标的比较矩阵如表 6.1 所示，权重分配结果见表 6.2。

表 6.1　　　　第二层指标的比较矩阵（上三角）

| $A$ | $B_1$ | $B_2$ | $B_3$ | $B_4$ | $B_5$ | $B_6$ |
|---|---|---|---|---|---|---|
| $B_1$ | 0 | −1 | 1 | −1 | 1 | 1 |
| $B_2$ | | 0 | 1 | 1 | 1 | 1 |
| $B_3$ | | | 0 | −1 | 1 | 1 |
| $B_4$ | | | | 0 | 1 | 1 |
| $B_5$ | | | | | 0 | 1 |
| $B_6$ | | | | | | 0 |

表 6.2　　　　　　　　　　　　　　　　　指标权重分配

| 目标 | 侧面 | 权重 | 指标 | 权重 |
|---|---|---|---|---|
| 高新产业<br>土地适应性 | 智力密集程度 | 0.1639 | 平均受教育年限 | 0.0234 |
| | | | 大专以上文化程度人口占总人口比重 | 0.0468 |
| | | | 科技活动人员占总人口比重 | 0.0937 |
| | 研究开发程度 | 0.3569 | 大学邻近度 | 0.1868 |
| | | | 科研院所邻近度 | 0.1078 |
| | | | 高新和大中型企业密度 | 0.0623 |
| | 信息资源条件 | 0.1111 | 综合和专业书店邻近度 | 0.0101 |
| | | | 图书馆邻近度 | 0.0505 |
| | | | 科技信息机构邻近度 | 0.0505 |
| | 基本设施条件 | 0.2419 | 道路通达度 | 0.1266 |
| | | | 基础设施(供水、排水、供气、供热)完备度 | 0.0731 |
| | | | 公用设施(中小学、医院、邮局、银行)完备度 | 0.0422 |
| | 自然环境质量 | 0.0752 | 环境质量优劣度 | 0.0394 |
| | | | 绿化覆盖率 | 0.0227 |
| | | | 自然条件(坡度、地貌、地质、水文)优劣度 | 0.0131 |
| | 城市规划状况 | 0.0510 | 规划影响度 | 0.0510 |

**2. 多指标综合评价**

采用加权求和法计算各评价单元的适宜性总分值。该模型强调指标的群体性和叠加性，指标之间具有相互替代性，即个别指标的落后对系统整体功能不会造成太大影响。在定量评价计算中，部分指标的数据资料无法获取是经常遇到的情况。当有指标缺省时，应把缺省指标的权重值分配到其他指标上，保证参评指标的权重值满足归一化条件。设共有 $n$ 个指标，其中第 $k_1$, $k_2$, … 个指标缺省，加权求和的计算公式为：

$$F = \frac{\sum\limits_{i=1, i \neq k_1, k_2, \cdots}^{n} w_i f_i}{\sum\limits_{i=1, i \neq k_1, k_2, \cdots}^{n} w_i}$$

式中：$F$ 为评价单元总分值；

$n$ 为评价指标个数，$k_1$, $k_2$, … 为缺省指标序号；

$w_i$ 为第 $i$ 个指标的权重；

$f_i$ 为第 $i$ 个指标的单项评价指标，可根据实际情况按统计指标或区域赋值。

根据评价单元总分值及区域的实际情况，对评价区域内高新技术产业用地适宜性进行等级划分，并给出各级别的面积及比例。

### 6.2.3　城市地域空间扩展预测①

目前的城市地域空间扩展预测和模拟研究一般是把城市内部结构变化和空间扩展结合在一起来研究，绝大多数采用元包自动机（CA）的方法。无论是城市内部结构的变化还是外部地域的扩展都是非常复杂的时空过程，这两方面结合在一起更增加了处理的难度。可以把城市内部结构变化和外部空间扩展进行"分离式"处理，即在城市空间扩展预测时，暂时不考虑内部结构的变化，期望获取更准确的预测结果。这样，城市空间扩展预测的核心工作有两个：一是城区历史边界序列的识别，二是边界扩展规律的挖掘（图 6-4）。对历年城市边界的提取，遥感手段是最常采用的，也有较为成熟的处理方法。而对根据城市边界序列历史资料挖掘扩展规律的研究则很少。以下是根据空间扩散原理，基于点源扩散的城市空间扩展预测方法。

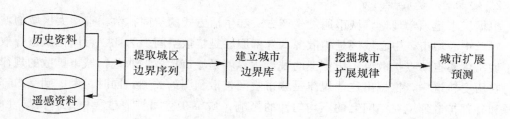

图 6-4　城市空间扩展预测流程

#### 1. 城市边界提取方法

基于遥感图像处理与分析的城市边界提取主要有以下几种方法（假定对遥感图像已进行了几何纠正、配准等预处理）：

（1）手工屏幕数字化法。首先对所选城市遥感图像进行灰度增强处理，图像灰度增强处理是通过拉伸或扩展图像的灰度数据分布，使之占满整个灰度范围，以改善和提高图像的对比度，分辨出尽可能多的灰度等级。然后根据城市的实测数据，在屏幕上勾绘出城市边界范围。一般认为屏幕数字化（相当于目视解译）的精度要高于计算机直接分类的精度。

（2）NDBI 指数法。NDBI 指数表达为：

$$NDBI = (TM5 - TM4)/(TM5 + TM4)$$

式中：TM4，TM5 分别指 TM 图像的第 4、第 5 波段，显然 NDBI 取值在 $-1$ 与 1 之间。根据 NDBI 求出比值图像后，进行二值化处理，把 $\leqslant 0$ 像元赋值为 0，$>0$ 像元则赋值为 255，从而得到二值化图像。然后对其矢量化提取城市边界。

NDBI 指数源于对 NDVI 的深入分析。NDVI 为植被指数，它的表达式为：

$$NDVI = (TM4 - TM3)/(TM4 + TM3)$$

之所以能有效提取植被，是因为 TM4 与 TM3 两波段灰度值相比，只有植被在 TM4

---

①　引自：李新运，城市空间数据挖掘方法与应用研究，山东科技大学博士学位论文，2004.

上值大于 TM3，而其他地类都相反，因此在 NDVI 图像上一般＞0 值都是植被。在 TM4 与 TM5 两波段之间，除了城镇灰度值走高外，其他地类值都变小。因此，在 NDBI 图像上大于 0 的灰度值应为城镇就显而易见了。

（3）监督分类法。监督分类包括利用训练区样本建立判别函数的学习过程和把待分像元代入判别函数进行判别的过程。可以利用标准假彩色图像，在城镇、农田、林地和水域等主要地类内选取多个训练区。但每次选取训练区时，其大小和位置都会有所变化，人为因素对分类结果的影响是明显的。

（4）非监督分类法。非监督分类的前提是假定遥感影像上同类物体在同样条件下具有相同的光谱信息特征。非监督分类方法不必对影像地物获取先验知识，仅依靠影像上不同类地物光谱信息（或纹理信息）进行特征提取，再统计特征的差别来达到分类的目的，最后对已分出的各个类别的实际属性进行确认。

2. 城市空间扩展预测方法

根据城市地理学理论，城市通过生产方式和生活方式的空间扩散，推动大区域的城市化。对单中心城市，中心城区是扩散源，外部圈层是扩散空间。为此，可以把城市等效为位于城市中心点的点扩散源，历史上的城市边界就是城市扩散的轨迹，城市扩散的规律就隐含在历史轨迹中，挖掘出这些规律是城市空间扩散预测的关键。同时，考虑到受内部扩散源和外部扩散环境在空间上的不均匀性的影响，城市在空间扩展过程中是各向异性的，所以每个方向上的扩展模型或同一扩展模型的参数是不同的，对此必须分别挖掘各个方向上的局部扩散规律，形成局部动态模型群，模型群的同步演变就可以预测整体边界的扩展趋势。

基于以上分析，（李新运，2004）提出一种城市空间扩展的放射线预测方法。基本思路是：以城市中心点为原点向四周做射线族（图 6-5），一条特定方向的射线与每个时相的城市边界会有一个交点，与 $n$ 个时相的边界会有 $n$ 个交点，就根据射线与城市边界的交点坐标建立该方向的扩展预测模型，类似地每条射线都可以建立一个预测模型，$m$ 条射线对应的 $m$ 个预测模型的同步变化就可以预测整个城市边界的扩展。

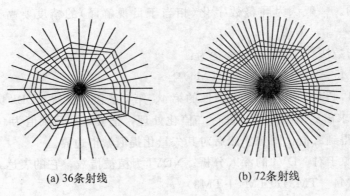

(a) 36条射线　　　　　　　　　(b) 72条射线

图 6-5　射线

实际应用中，可采用较为简便的非线性回归模型

$$p_t = a + bt^c, \qquad p_t \in \{x_t, y_t\}$$

式中，$p_t$ 为 $t$ 时刻的射线与边界的交点坐标 $x_t$ 或者 $y_t$。参数 $a, b$ 需要根据历史资料估计出来，参数 $c$ 是可调的，可以根据实际情况来，从而可以调整城市边界扩展的快慢。参数 $c$ 应事先确定，参数 $a, b$ 可按下述方法进行估计。

令 $T_t = t^c$，则前述预测模型变为：

$$\begin{cases} x_t = a_1 + b_1 T_t \\ y_t = a_2 + b_2 T_t \end{cases}$$

参数估计公式为

$$\begin{cases} b_1 = l_{Tx}/l_{TT}, a_1 = \bar{x} - b_1 \bar{T} \\ b_2 = l_{Ty}/l_{TT}, a_2 = \bar{x} - b_2 \bar{T} \end{cases}$$

式中：

$$\bar{x} = \frac{1}{n}\sum_{i=1}^{n} x_i, \quad l_{tx} = \sum_{i=1}^{n}(T_i - \bar{T})(x_i - \bar{x})$$

$$\bar{y} = \frac{1}{n}\sum_{i=1}^{n} y_i, \quad l_{ty} = \sum_{i=1}^{n}(T_i - \bar{T})(y_i - \bar{y})$$

$$\bar{T} = \frac{1}{n}\sum_{i=1}^{n} T_i = \frac{1}{n}\sum_{i=1}^{n} t_i^c, \quad l_{TT} = \sum_{i=1}^{n}(T_i - \bar{T})^2$$

在实际应用中，对于具有多个中心的城市，可以根据实际情况选取多个中心点，建立多套预测模型群，分别进行预测计算，最后对各套预测结果进行选优或整合，确定最终的预测结果。

## 6.3　城市空间聚类分析

**1. 空间聚类分析**

随着城市建设速度的加快，城市规划变得越来越重要。空间数据挖掘技术为空间数据组织、管理海量空间和非空间数据提供了新的思路。

空间聚类是要在一个较大的多维数据集中，根据距离的度量找出簇或稠密区域。由于地理空间数据库中包含了大量来自不同应用领域的与空间有关的数据，例如，地质勘测、地形分布、土地利用、居住类型的空间分布、商业区位分布等。因此，根据数据库中的数据，运用空间聚类来提取不同领域的分布特征，对灾害预测、矿产资源的发现、城市建设、环境研究、修路、架桥、开凿隧道或航线等地理决策有重要的现实意义。

通过空间聚类分析既可以发现隐含在海量数据中的聚类规则，又可以与其他数据挖掘方法结合使用，发掘更深层次的知识，提高数据挖掘的效率和质量。同时空间信息与聚类算法相结合，它能为聚类算法提供必要的空间数据管理和空间分析的技术支持，使得空间聚类更加符合实际情况。图 6-6 是空间聚合分析的示例。

目前主要的聚类算法有划分方法、层次方法、基于密度方法、基于网格方法和基于模型方法等，这些方法选择取决于不同类型的数据、聚类的目的和应用。

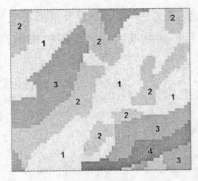 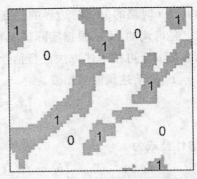

(a) 栅格数据系统样图　　　　　　(b) 提取要素"2"的聚类结果

图 6-6　栅格数据的聚合

2. 空间聚类用于城市功能区划分

传统的城市规划中功能分区的模式是先拟定，再建设。而大中城市所做城市分区规划，对现状的城市功能分区研究很少，任何规划都不能脱离现状，中国城市已形成了现在的格局，不可能全部推倒重来，如何充分利用现状，提高城市分区规划是可操作性，是摆在面前的一项艰巨任务。

实际中，考虑到城市各功能区之间并没有一个明确的界限，即各功能区之间是相互的渗透的，特别是边缘地区，有时很难划分，具有模糊性。但是各个功能区之间以及功能区内部的各个单元之间又不是孤立存在的，而是与其周围邻接的功能区和单元之间存在相互融合。

城市土地利用功能分区主要是对城市各项建设用地进行全面规划，统筹安排，为生产、生活创造良好的条件。城市功能分区的目的是为了保证城市各项活动的正常进行，使各功能区既能保持相互联系，又避免相互干扰。

城市土地利用功能分区是将城市中各种物质要素，如住宅、工厂、公共设施、道路、绿地等按不同功能进行分区布置缓存一个相互联系、布局合理的有机整体，为城市的各项活动创造良好的环境和条件。

城市土地利用功能分区处理不当，会使城市交通运输紊乱，工程先进集体和日常经营管理费用增高，并造成环境污染，以及工厂、住宅搬家的严重后果。因此，对城市土地利用功能进行功能分区必须遵循一定的原则。

3. 模糊聚类分析方法的基本思想和特征

传统的聚类分析是一种硬划分，它把每个待辨识的对象严格地划分到某个类中，具有非此即彼的性质，因此这种分类的类别界限是分明的。而实际上大多数对象并没有严格的属性，它们在性态和类属性方面存在着中介性，适合进行软划分。由于模糊聚类得到了样本属于各个类别的不确定性程度，表达了样本类属的中介性，即建立起了样本对于类别的不确定性的描述，能更客观地反映现实世界，从而成为聚类分析研究的主流。

模糊聚类分析不仅能将所考察的对象进行合理的分类，以便更好地对它们进行研究，而且还可以利用它来进行预测。模糊聚类分析是把对象归类，属于分类性质的问题，是要对一大批对象，按它们各自的特征进行合理的分类，没有任何模式可供参考，是一种无模式的分类问题，模糊聚类分析通常运用模糊等价方法来进行分类。

4. 基于自组织神经网络的城市空间聚类方法（李新运，2004）

1981 年 T. Kohonen 提出了自组织特征映射（self-organizing feature map，SOFM）网络的概念，并给出了相应的 Kohonen 神经网络模型。它是基于人的视网膜及大脑皮层对刺激的反应而引出的。神经生物学的研究结果表明：生物视网膜中，有许多特定的细胞，对特定的图形（输入模式）比较敏感，并使得大脑皮层中的特定细胞产生大的兴奋，而其相邻的神经细胞的兴奋程度被抑制。对于某一个输入模型，通过竞争在输出层中只激活一个相应的输出神经元。多个输入模式在输出层中将激活多个神经元，从而形成一个反映输入数据的"特征图形"。Kohonen 网络一般由输入层（模拟视网膜神经元）和竞争层（模拟大脑皮层神经元，也叫输出层）构成的两层网络。两层之间的各神经元实现双向全连接，而且网络中没有隐含层，见图 6-7，有时竞争层各神经元之间还存在横向连接。

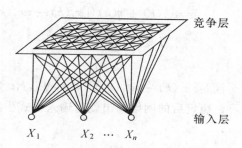

图 6-7　自组织映射神经网络拓扑结构

Kohonen 网络的工作原理是：当网络接受外界输入模式时，将会分为不同的区域，各区域对输入模式具有不同的相应特征。也就是说，特征相近的输入模式靠得比较近，差异大的分得比较开。在各神经元连接权值的调整过程中，最邻近的神经元相互刺激，而较远的神经元相互抑制，更远一些则具有较弱的刺激作用。由此可见，自组织特征映射网络是无监督分类方法，与传统的分类方法相比，它所形成的分类中心能映射到一个曲面或平面上，并且保持拓扑结构不变。因此考虑网络单元间的拓扑关系即网络的拓扑结构，成为这一模型的关键。

SOFM 算法流程见图 6-8，其中 $P$ 是输入向量，$w$ 是权值矩阵，$n$ 是表示邻域大小的量。同其他类型的自组织网络一样，SOFM 的激活函数也是二值型函数。

其算法步骤为：

① 权值初始化并选定邻域的大小；

② 提供一个新的输入模式；

③ 计算距离：$d_j = \sum_{i=1}^{N-1} [x_i(k) - w_{ij}(k)]$

其中 $x_j(k)$ 是 $k$ 时刻 $i$ 节点的输入，$w_{ij}(k)$ 是输入节点 $i$ 与输出节点 $j$ 的连接权，$N$ 为输入节点的数目；

④ 选择节点 $j^*$，使其满足 $\min_i d_j$；

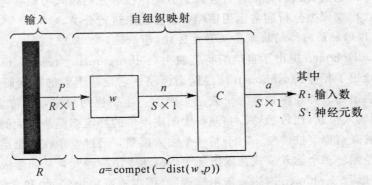

图 6-8　自组织映射神经网络算法流程图

⑤ 按下式改变 $j^*$ 和其邻域节点的连接权值：

$$w_{ij}(k+1) = w_{ij}(k) + \eta(k)\{[x_i(k) - w_{ij}(k)]\}$$

$$j \in j^*, 0 \leqslant i \leqslant N-1$$

其中 $\eta(k)$ 称为衰减因子；

⑥ 返回到步骤 ②，直至满足 $[x_i(k) - w_{ij}(k)]^2 < \varepsilon, \forall i, j, \varepsilon$ 为给定的误差限。

通过这种无监督的学习，稳定后的网络输出就对输入模式生成自然的特征映射，从而达到自动聚类的目的。

# 思考题

1. 地理信息技术对城市规划和管理可以提供哪些方面的支持？
2. 土地适宜性评价的指标体系及评价模型有哪些？
3. 各空间聚类方法的优缺点是什么？

# 第7章  城市交通地理信息系统

随着城市化进程的加剧，我国很多城市的交通系统都面临着巨大的压力。交通地理信息系统是收集、存储、管理、综合分析和处理空间信息和交通信息的计算机软硬件系统。它是 GIS 技术在交通领域的延伸，是 GIS 与多种交通信息分析和处理技术的集成，可作为交通调度和规划分析等工作的基础。本章将从交通地理信息的基本概念、交通数据采集的类型、内容和方法等方面进行介绍。同时详细讲述交通地理信息数据的组织及交通地理信息的应用主要包括最优路径和网络流等方面。

## 7.1  城市交通地理信息系统概述

### 7.1.1  基本概念

1. 交通与交通信息

（1）交通。交通是指用火车、汽车、轮船、飞机、管道等运输工具进行的人流、客流和货流的交流运输活动。从系统科学的观点看，交通是人类为满足人们出行和货物运输的需要，由人、运输工具、交通线路(公路、铁路、航空线路、航道、管道)、环境等交通要素构成的复杂的动态系统。

交通具有系统性、动态性和复杂性的特点(刘学军，2007)。

系统性：当人、运输工具、交通线路、交通环境等互不相同的要素构成交通这样一个具有特定功能的有机整体时，这些因素之间就产生了相互依赖、相互作用的特定的不可分割的联系，因而交通具有系统性。交通系统中的各个因素的行为或性质的变化都不再具有独立性，一个因素的变化，将会对整个交通系统产生影响。

动态性：在交通系统中，随着时间的推移，交通环境的改变(如天气、道路施工等)，行人和驾驶员随时产生的心理和生理状态的变化，交通流的流量、车辆的运行速度、车辆密度等也随之发生变化，人、车、路、环境之间的协调、配合关系也随时处于变化和调整之中。这种交通状态随时间变化的特征，说明交通不仅仅是一个系统，而且是一个动态的系统。

复杂性：在交通系统中，由于行人、运输工具、交通线路、交通环境、驾驶员等之间的相互作用和相互影响，使得他们之间的关系错综复杂，同时也包含许多不可预见的因素，因此交通系统不仅仅是一个动态系统，而且是复杂的系统。

（2）交通信息。交通信息是重点反映与交通有关现象的性质、特征和运动状态的知识，它揭示的是交通实体(人、车辆、交通路线、交通环境)的本质及其相互关系(公路交通、铁路交通、航空交通、水运交通、管道交通等)，也是对各种交通数据的解释和理解。

交通信息属于空间信息，因此它具有空间、属性和时间三大空间数据的基本要素。

① 位置数据描述交通现象发生和存在的位置，这种位置既可以用常规的二维坐标系定义，如大地经纬度坐标、直角坐标系坐标等，而交通几何网络特征使其可采用独特的定位方式如线性参照系中的里程进行表达，同时也可通过现象间的相对位置关系进行表达。

② 数据描述交通现象的性质和质量特征，如公路的名称、等级、起终点等。

③ 特征是指交通数据采集或交通现象发生的时刻或时段，如某一时刻的交通堵塞情况。

交通信息的特征：

①空间分布特征，即交通现象所具有的天然地域特征。

②多维结构特征，如一段公路上，既有交通流量属性，也有路面介质信息，还有路基结构等。

③动态变化特征，由交通系统的特点所决定。

④海量数据特征，交通系统是一个复杂的系统，涉及人、车、线路、环境等信息，其数据量一般比较大。

⑤多样性特征，交通数据来源比较复杂，有实地调查统计数据，也有图形图像数据，还有各种感应检测数据，数据来源多样。

⑥独立性特征，这是交通信息与一般空间信息之间的最大区别，即在交通信息中，属性数据可独立于空间数据而存在，可单独进行属性数据的建模与分析。

2. 交通地理信息与交通地理信息系统

(1)交通地理信息。交通地理信息是指与交通运输相关的各种地理信息。它表述了各种交通网络的空间分布、运动在其上的人或物质的空间移动以及交通运输网络的管理，所以也属于人类交往的地域组织及其发展规律的地理信息范畴。

交通地理信息不但要描述交通网络及设施的地理位置和属性，还要反映与之相关的交通运输信息和状态，因此交通地理信息包括两类基本信息：一是交通基础地理信息；一是交通运输和管理信息。交通基础地理信息是指交通网络、附属设施等的位置和空间分布以及相关的属性，如一条公路的几何位置、名称、等级、路面结构等。交通运输管理信息是指运动于交通网络上的人或物质的空间移动、调度、运输网络管理等信息，是定位于交通网络基础信息上交通网络属性信息的扩展。

交通地理信息的特点：

① 线性分布特征：交通路线一般呈线性空间分布，这是交通地理信息区别于其他地理信息如点状信息、面状信息的显著特点。正是由于这一特点，对交通地理信息的定位，除可用一般的二维、三维坐标系外，还可采用一维线性参照系，即通过里程来定位。

② 网络分布特征：连接大、中、小城市和乡镇的公路、铁路、航空路线、水运路线等形成分布在不同层面上的交通运输网络，并且具备网络连通性。这是交通地理信息的又一显著特征，直接影响着交通地理现象的数学建模和数据库组织。由于交通路线的网络分布特征，传统的数据模型如弧-节点结构，已不再适合于管理交通网络数据，目前针对这一特殊的地理现象，人们提出了多种数据模型，如交通网络的平面数据模型、交通网络的非平面数据模型等。

③ 分段分布特征：分段分布特征是指在某一交通路线上，交通路线的特性并不是完

全一致，而是根据属性分成许多路段，每一路段具有相同的属性。如一段 30km 的公路上，前 10km 的路面结构为沥青路面，10～15km 为混凝土路面，15～30km 为砂石路面。分段特性具有多维特征，在水平方向和垂直方向的分段节点并不相同，从而形成交通网络独有的动态分段技术。交通网络的分段特性也对交通信息的数据采集具有一定的指导意义。

④ 时间变化特征：交通运输的实现是通过交通工具在交通路线上的位置移动来完成的，而这种运动是处于高度的变化之中的，同时每时每刻交通路线上每个节点如车站、机场、码头、交叉路口等的信息也处于变化之中，这就使得地理信息的动态特征在交通地理信息系统的体现也特别明显，时空交通数据模型是目前的研究热点之一。

(2)交通地理信息系统(GIS-T)。交通地理信息系统(Geographic Information Systems for Transportation，GIS-T)指的是应用地理信息技术及交通相关知识来解决交通方面的问题(Miller，H. J. and Shaw，S. L. ，2001)。相对于 GIS 而言，GIS-T 的独特之处在于：① 其特殊的数据表达和数据模型，比如网络表达，线性参照数据的动态分段模型等；② 基于 GIS 的交通分析和建模，比如最短路径分析和寻址、网络流与设施定位、网络分割以及交通需求建模等。

GIS-T 的发展经历了三个阶段。最初主要用于交通数据的调查、管理和查询等问题，主要用于解决是什么、在哪里等简单的问题。随着 GIS 的发展以及研究的深入，GIS-T 发展进入第二阶段，即：GIS-T 用于交通分析、建模和规划，主要解决应该是什么，应该在哪里等问题。第三阶段为高级阶段，即将 GIS-T 应用与决策支持和政策的制定，主要为不同情境的评估提供交互功能。目前，GIS-T 主要用于如下几个方面：

①基础设施规划、设计和管理。

②公共运输设计与运营。

③交通流分析与控制。

④交通安全分析。

⑤环境影响评估。

⑥危险物品运输与紧急疏散。

⑦智能交通系统(Intelligent transportation systems，ITS)。

⑧构建和管理复杂的物流系统。

国际上比较成功的 GIS-T 主要有：

①美国交通部：联邦公路管理 GIS-T(Federal Highway Administration (FHWA) GIS-T)，详细可登录：http://www.gis.fhwa.dot.gov/default.asp。

②美国空间一站式服务：美国地图和数据(U. S. Maps and Data)，详细可登录 http://gos2.geodata.gov/wps/portal/gos。

③美国交通统计局：TranStats，详细可登录：http://www.transtats.bts.gov。

④欧盟：ROMANSE，详细可登录：http://www.romanse.org.uk。

## 7.2　城市交通地理信息系统的数据采集

### 7.2.1　GIS-T 数据的类型

一般而言，GIS-T 的数据类型包括基础地理信息、交通专题信息和社会经济信息三类基本信息。如图 7-1 所示。

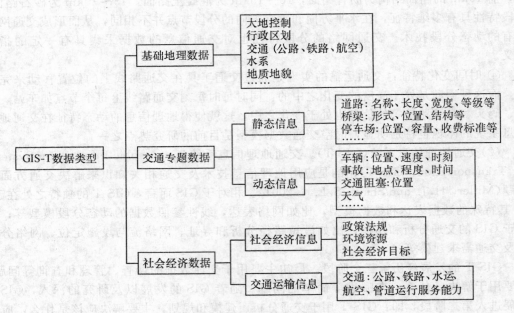

图 7-1　GIS-T 的数据类型（刘学军）

1. 基础地理信息

基础地理信息是指在科学的参照系（如地理坐标系格网）之下，按标准化的规则，运用测定、采集和表述等测绘方法，获取自然地理要素（如地貌、水系、植被等）和地表人工设施（如道路、房屋、居民地、地名、境界等）的形状、大小、空间位置及其属性等数据，整合成的反映地表基本形态的地理信息数据集。

基础地理信息的承载形式是多样化的，可以是各种类型的数据、卫星影像、航空影像、各种比例尺地图，甚至声像资料等。

基础地理信息具有如下特点：

(1) 空间定位功能。空间定位功能是国家基本比例尺地形图所具有的独特功能，地形图的制作遵循严密的数学法则，是空间定位的参照系。地图上的地貌、地物的几何位置、地理相关位置与形态特征、定点、定线的地理背景，都是通过实地调查而得，是交通设施工程设计和施工的基础。数字地图具有良好的拓扑关系，提供了方便的空间定位、量算和空间分析能力。

(2) 专题信息负载功能。基础地理信息可以是以某种图案或颜色填充来表明地图对象（点、线、区域）的某些信息（如人口、交通量等），这类基础地理信息表现为一定意义的专题信息，进行直观的可视化分析。用户可以通过使用专题地图的方式将数据图形化，使数据以更直观的形式在地图上体现出来，可以清楚地看出在数据记录中难以发现的模式和趋势，为用户的决策支持提供依据。

(3) 综合认识空间目标特征。数字地图是地球自然表面和各种人文、社会和环境信息的综合写照，能为国民经济建设各部门提供大量的自然和社会的直接的、间接的信息。随着计算机技术的发展，多种信息的集成与分解成为可能。用户能随时提取其关注的相关信息进行显示、分析和组合，这是常规模拟产品不可比拟的。

（4）可靠的数据精度和质量。作为从事测绘基础地理信息数据加工生产的专业部门，负责向各行业提供精确、一致、稳定的地球空间信息的定位基础。基础地理信息数据的精度、一致性和可靠性至关重要，是具有法律效力的依据。

基础地理信息数据尚不能完全适合 GIS-T 的应用和服务要求，主要体现在：

① 交通专用性。交通信息是 GIS-T 的主要内容，而服务于交通的各种专题信息如红绿灯、步行街、单行道、路况、车道数、限速区等信息一般在基础地理信息上得不到反映。

② 多尺度特征。GIS-T 服务于交通的各个环节，从全球尺度的物流管理到局部的施工组织与设计。GIS-T 数据库的建设需要从宏观到微观的不同分辨率和精度的多尺度基础地理信息的支持。

③ 信息实时性。GIS-T 需要实时反映交通路线的状况和调度信息，此类信息在现实交通中比比皆是。例如，由于交通管制而设置的单行道、转弯信息，高速公路由于维修、天气状况等原因的关闭等。

④ 系统开放性。交通服务具有公众性，GIS-T 也应该是一个开放的系统。

2. 交通专题信息

交通专题信息是附着在交通网络和设施上的各种交通属性信息，全面刻画交通路线的各种质量特征。

交通专题信息数据的获取主要通过资料的收集分析、抽样调查获得。

由于交通信息种类繁多，内容复杂，在建立 GIS-T 前，要进行详细的用户调查和需求分析，以确定要收集和存储哪些属性信息以及这些属性信息分布在什么单位和部门。

交通专题属性信息可分为静态信息和动态信息两类。

静态信息主要刻画交通路线与附属设施的基本性质，如一条道路的名称、起终点、长度、宽度、路面结构、管养单位等；

动态信息常常反映交通运营情况，是车辆导航和交通管理的基本数据，如交通堵塞位置、原因、预计堵塞时间等。

（1）静态信息的获取。可通过土地管理部门、测绘部门、建设部门、市政单位、公安交警管理部门等获取。

现阶段，我国这些部门相对独立，尚没有统一的组织来协调，要想全面系统地取得所需要的数据，往往存在较大困难。

因此应该建立一个专门的组织机构进行协调和统一规划，以降低数据资源的采集和管理成本，实现数据共享，达到迅速、详细、精确地获取所需数据的目的。

（2）动态信息的获取。比较复杂，一般不同的数据有不同的数据获取方法。

当今数据采集的技术有 GPS 定位、视频检测技术、数码摄影技术、卫星图像、高清晰度扫描技术、红外线或微波等。其中，GPS 常常用来获取车辆单元的实时位置信息，车辆检测器可获取车流量、车道占有率、车速、车型等信息。其他如紧急电话、巡逻车等也是动态交通信息获取的必要补充。

3. 社会经济数据

社会经济数据是关于区域内的社会、经济、环境、交通运输状况等数据,综合反映区域内社会经济状况。这些数据是交通规划设计的基础数据。一般包括社会经济数据和区域交通运输能力两大类。主要通过调查访问的形式获得。

### 7.2.2 GIS-T 数据的采集方法

GIS-T 数据是由空间数据和属性数据组成的。空间数据反映公路的地理位置。属性数据依附于空间位置表现公路的性质。因此,GIS-T 的数据采集,一般也是分成空间数据采集和属性数据采集两部分进行。

1. GIS-T 空间数据采集

GIS-T 空间数据采集的方法与常规 GIS 空间数据采集并无二致,可通过地形图图件的手工数字化、扫描数字化、野外实测、航空航天影像解译等实现,也可通过已有的数字化数据导入。值得一提的是,在勘测设计阶段,已经存在大量的纸质或数字化图件,以及道路与构筑物的几何描述数据和部分属性数据,这些数据具有信息量大、精度高、比例尺大等特点,能够反映公路建设时期的基本特征,是道路几何数据的最直接的信息源,在各种资料齐全的情况下,应尽可能采用这类数据。

2. GIS-T 属性数据采集

交通专题数据是 GIS-T 数据采集的重点内容,它全面衡量和反映道路几何实体的质量特征。交通专题数据类型复杂,形式多样,既有数字数据,也有文本数据,还有图形图像、声音等数据。GIS-T 数据具有明确的应用目的,例如,公路养护侧重路面、构筑物等类型数据,而交通管理则是交通标志、车辆、驾驶员、违章违规、道路转弯等属性数据,交通规划主要考虑各类社会经济数据。不同应用上交通专题数据具有一定的重叠。

GIS-T 属性数据采集主要采用调查方法。以往调查是人工的,不仅速度慢,精度差,而且安全程度也不高。

近年来随着通信技术、计算机技术和空间信息技术的发展,GIS-T 属性数据采集技术得到快速发展,出现各种适合于交通数据采集的方法和技术。

这类技术和方法一般涉及 3 个方面的因素,即交通设备、空间定位技术和地理描述技术。

(1)交通设备是交通专题数据采集设备的搭载平台。按其状态有固定式和移动式两种。

固定式如安装在交叉路口的视频装置、埋设在路面上的传感设备。移动式常用的有人工、汽车、飞机以及卫星四种搭载平台。人工数据采集虽然直观但效率低下,汽车、飞机需要对搭载的传感器(采集设备)进行定位,随着卫星遥感影像分辨率的提高,卫星遥感影像成为大范围交通数据获取的主要技术之一。

(2)空间定位技术实现对数据采集位置的快速定位。目前主要采用里程计、惯性导航系统、测距仪以及全球定位系统(GPS)等技术。里程计是通过安装在车轮上的机械装置,以车轮转动的数量来测定距离,这种方法简单易行,但只能提供无方向的相对定位结果;惯性导航设备通过陀螺仪和加速计可提供空间对象相对于某一点的距离和方位,虽然定位精度高但比较昂贵；测距仪通过雷达或激光的多普勒效应实现仪器和空间对象的距离测定。GPS 以其定位精度高、全天候作业、快速定位等技术特点而备受关注。

（3）地理描述技术用来测量和记录交通专题信息，包括现场键盘输入、语音识别系统、数码摄像设备、交通流采样、路面性能（如弯沉、抗滑、几何数据等）检测设备等。

目前用来进行交通专题数据采集的方法有：

① 航空航天遥感影像解译；

②路况数据采集仪；

③GPS、多传感器集成路况数据采集系统；

④车辆自动识别技术；

⑤交通监视系统；

⑥视频检测技术；

⑦交通微波检测技术；

⑧感应式检测系统。

## 7.3 城市交通地理信息系统的数据组织和管理

通过上述不同的 GIS-T 数据采集方法，得到的 GIS-T 数据类型如下：

（1）矢量数据，包括点数据如公交站点、火车站等；线数据如街道、交通线路以及自行车道等；面数据如交通分析区、街区等。

（2）栅格数据，如航片、卫片等；

（3）商业数据，如交通量、交通信号、路面铺设材料管理等。

（4）其他线画数据，如 CAD、BMP、TIFF 等格式的图形数据。

（5）时相数据如年交通量、年机动车保有量等。

数据模型就是对这些数据进行有效的组织和管理。

### 7.3.1 平面数据模型和非平面数据模型

GIS-T 的数据模型有若干种，具体的交通实体或交通事件具有各自的特征，通常根据实体或事件的特征选取不同的数据模型来对其进行描述。根据不同的分类原则，GIS-T 数据模型有不同的分类体系。

按照数据模型描述对象的维数，可以分为平面数据模型和非平面数据模型。

1. 平面数据模型

平面数据模型在 GIS-T 领域得到广泛应用，是道路交通系统表达模型的主流，如图 7-2 所示。模型要求在所有路段的相交处必须产生节点，即使在立交、高架或跨越情况也不例外。节点和连线是模型的基本元素，所有路段上的属性直接作为连线的字段存储，由连线的连通性可自动建立路网的拓扑关系，在几何拓扑和网络拓扑关系上保持一致。

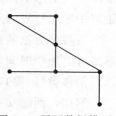

图 7-2 平面数据模型

由于此模型简单通用，很多被广泛接受和应用的最优路径算法都是基于平面模型的，如美国人口调查局的 TIGER 及其前身 DIME 文件、地质调查局的数字线画图、ARC/INFO 等。

2. 非平面数据模型

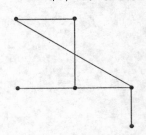

城市交通的发展使得两条道路立体交叉而互不相通的情况越来越普遍，为减少数据冗余，发展了非平面数据模型。要求物理上不相交的道路之间（立交桥或天桥）不产生节点，这就避免了非拓扑节点的产生及立体交通网络中不可能的转向。如图 7-3 所示。

然而，在城市交通网络中，大部分路段交叉处的节点确实存在，这样非平面数据模型的优势不大，而平面数据模型在弧段-节点拓扑关系中的一致性、拓扑自动化及网络分析中的优势被完全放弃。

图 7-3  非平面数据模型

### 7.3.2  线性参照系和动态分段

1. 线性参照系

在多数 GIS 系统中，地图特征都是二维坐标$(x，y)$进行建模的。然而，很多部门是沿着线状特征比如街道、铁路、管线及河流等进行数据采集的，因此，GIS 需要能够处理具有一维线性特征的线性参照数据。

线性参照系统支持发生在交通网络中的事件信息的存储和管理，这其中包括道路质量、事故、功能类、维修区等。

线性参照系统的概念最早由 Baker 和 Blessing 于 1974 年提出，是一系列内业和外业的程序和方法的集合，包括线性参照方法及不同线性参照方法之间的转换方法。

类似于二维或三维参照系统，它是对象在一维空间中的位置度量形式和方法。在三维空间参照系统中，物体的位置可以用三维空间直角坐标$(X，Y，Z)$来表示，也可以用大地坐标经纬度及高程来表示，两种形式之间可以转换。在二维参照系统中，可以平面直角坐标或经纬度坐标来表示空间位置。同样，在一维空间参照系统也可以有不同的参照方法，并且它们之间可以相互转换。

主要的线性参照方法有：里程参照、路线参考点偏移参照、分段参照、链-节点线性参照。

(1)里程参照。里程参照是依据道路名与里程的线性参照方法，它包括道路命名规则和沿交通设施的里程参考，即以一定距离单位如米或千米。该参照方法指定一个起点作为基准，一般选取路线的中点或与某级行政区划线的交点，然后从起点开始沿交通路线量算距离指定里程点，所以对于事件的参照定位要求从起点开始精确量测。

该参照方法的缺点在于当道路改建或因其他原因导致路线几何形态发生变化时，参照系统可能随着时间的推移变得不再精确。换句话说，参考里程点可能不再对应于实际的到原点偏移量（距离），这在管理历史事件记录的时候可能会出现问题。

例如，两起交通事故在不同时间发生在同一地点，而恰恰又在这期间线路发生了变化，则这两起事故发生地点可能会在不同的里程位置。这时可以某种转换函数或标志符来确保这样的事件在现实世界中处在相同的位置。

(2)路线参考点偏移参照。该参照方法是与里程参照紧密相关的，其不同之处在于在多个已知位置上设置原点，每个事件可以任何一个原点进行参照定位，而不仅仅是整个路线的起点。偏移量可以是正值也可以是负值。

与里程参照相比要灵活得多，不需要按固定单位长度(如每千米)设置参照点。其不足之处在于必须花费较大的精力来维护参照标志，尤其是它们的位置。如果某参照标志丢失或遭到破坏，则须将其精确地置回原来的位置。

(3)分段参照。分段参照方法将交通设施划分为段以便感兴趣的数据均匀分布在每一个分段。它常用于交通设施运营监控和资金管理。

例如，对分段路况的监控可以为公路养护资金的分配提供参考。分段参照一般以里程点作为其参照系统，每一分段有一起始里程点和一终止里程点。

(4)链-节点线性参照。该方法直接表达交通系统中的拓扑关系，网络中的边组成链表示系统的链接关系而节点表示道路交叉点或截止点。由具有某种地理坐标的参考点提供交通系统中链的拓扑信息和几何信息。

这种参照方法的优点是在线性设施改建后不需要完全重新测量和设置标记。由于具有拓扑关系，两节点间距离的变化不影响参照系统的其余部分。

这种方法的缺点在于对事件发生地点的判定和通达。个人必须通过一张"节点地图"才能在区域内找到事件地点，这就意味着除非公众可以广泛地拥有和使用"节点地图"，否则无法找到事件地点。

2. 动态分段技术

动态分段技术是为解决交通网络建模中的交通要素重叠问题发展起来的。它通过一定的映射关系将交通要素与平面图数据模型联系起来。

动态分段是在传统 GIS 数据模型的基础上利用线性参照系统和相应算法，在需要分析、显示、查询及输出时，在不改变要素位置(坐标)的前提下，建立线性要素上任意路段与多重属性信息之间关联的技术。

动态分段实质上是建立在弧段-节点数据结构上的一种抽象方法，通过一定映射关系，将动态段对应回原有的 GIS 数据库中。

交通特征属性表与动态段属性表可以采用关系表方法来存储。但这种方法所得到的目标只是一种虚拟目标，必须通过动态段的中介映射到实体目标上，才能得到其空间信息。这种虚拟目标并不支持拓扑关系的建立，特征之间的拓扑只能通过实体分割目标的弧段-节点拓扑才能反映出来。

(1)动态分段的特点：

①无需重复数字化就可进行多个属性集的动态显示和分析，减少了数据冗余；

②不需要按属性集对线性要素进行真正的分段，只是在需要分析、查询时，动态地完成各种属性数据集的分段显示；

③ 所有属性数据集都建立在同一线性要素位置描述的基础上，即属性数据组织独立于线状要素位置描述，因此易于数据更新和维护；

④可进行多个属性数据集的综合查询和分析。

（2）动态分段的优势：

①任何一个要素的变化不会影响其他要素；

②容易添加和删除要素；

③ 应用时，只需处理具有特殊意义的要素，减少处理和存储的数据量；

④ 一些实体可以被表述成节点或弧段。

（3）基于线性参照系的动态分段数据模型。

在动态分段数据模型中实际上主要包含两种实体类型：点状实体如交通事故点、信号标志等；而具有相同属性如路面宽度、路面条件和路面形式的某一公路中段等是典型的线性要素。包含空间要素标识和里程值的公路数据库由公路属性或里程属性表组成。位置属性用公路名称或里程表示，采用多属性结构化查询可以确认新的线性实体在空间的位置。

### 7.3.3　网络结构

由链和节点组成的网络结构对于交通网络分析至关重要。通常有两种方法来表达网络：图和矩阵。

图：将网络表达为由组节点和连接节点的组链组成的，如图7-4所示。图分为有向图和无向图。有向图两个节点间是单向的，而无向图中两个节点间则是双向的。

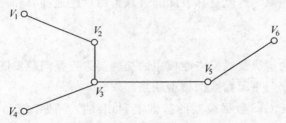

图 7-4　网络结构图

矩阵：将网络表达为由一组起点（O）和终点（D）组成的 O-D 矩阵，矩阵的行数和列数与图结构的节点数相同，矩阵值表示连个节点间有无连接，有用 1 表示，没有则用 0 表示。用这种方法表示的矩阵为邻接矩阵，如图7-5所示。

|       | $V_1$ | $V_2$ | $V_3$ | $V_4$ | $V_5$ | $V_6$ |
|-------|-------|-------|-------|-------|-------|-------|
| $V_1$ | 0     | 1     | 0     | 0     | 0     | 0     |
| $V_2$ | 1     | 0     | 1     | 0     | 0     | 0     |
| $V_3$ | 0     | 1     | 0     | 1     | 1     | 0     |
| $V_4$ | 0     | 0     | 1     | 0     | 0     | 0     |
| $V_5$ | 0     | 0     | 1     | 0     | 0     | 1     |
| $V_6$ | 0     | 0     | 0     | 0     | 1     | 0     |

图 7-5　网络结构矩阵

除了邻接矩阵，还有一种表示矩阵的方法为节点弧关联矩阵，如图 7-6 所示。矩阵的行与节点相对应，而矩阵的列则与弧段相对应。如果节点 $i$ 为弧 $j$ 的起点，则 $(i, j)$ 处的矩阵值为 1；如果节点 $i$ 为弧 $j$ 的终点，则 $(i, j)$ 处的矩阵值为 $-1$，否则为 0。

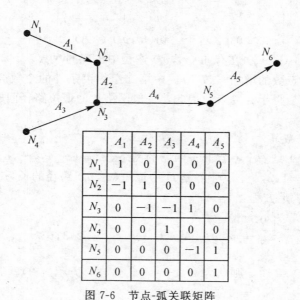

| | $A_1$ | $A_2$ | $A_3$ | $A_4$ | $A_5$ |
|---|---|---|---|---|---|
| $N_1$ | 1 | 0 | 0 | 0 | 0 |
| $N_2$ | $-1$ | 1 | 0 | 0 | 0 |
| $N_3$ | 0 | $-1$ | $-1$ | 1 | 0 |
| $N_4$ | 0 | 0 | 1 | 0 | 0 |
| $N_5$ | 0 | 0 | 0 | $-1$ | 1 |
| $N_6$ | 0 | 0 | 0 | 0 | 1 |

图 7-6　节点-弧关联矩阵

# 7.4　城市交通地理信息系统的应用

### 7.4.1　最优路径分析[①]

1. 基本概念

所谓最优化，就是对于给定的目标函数和约束条件使目标函数在约束条件下达到最大值或最小值。

最优路径的基础是距离最短的路径问题。最短路径问题是网络最优化中的一个很重要、很基础的问题，不仅许多最优路径的问题可以转化为最短路径问题，而且网络最优化的其他许多问题也都可以转化为最短路径问题或者用最短路径的算法作为其求解的子过程。

设 $D = (V, A)$ 是一个非空的简单有向图，$V = (v_1, v_2, \cdots, v_n)$。在网络 $D = (V, A, w)$ 中，对于一切 $a = (v_i, v_j) \in A$，记 $w(a) = w_{ij}$。设 $P$ 是 $D$ 中一条有向途径，定义 $P$ 的权

$$w(P) = \sum_{a \in A(P)} w(a)$$

$D$ 中权最小的有向 $(v_i, v_j)$ 途径称为 $D$ 的最短有向 $(v_i, v_j)$ 途径。

容易知道，$D$ 上的最短有向 $(v_i, v_j)$ 途径的数学模型为

---

① 引自：王家耀著，空间信息系统原理，北京：科学出版社，2004.

$$\begin{cases} \min \sum_{(v_i, v_j) \in A} w_{ij} x_{ij} \\ \sum_{(v_i, v_j) \in A} x_{ij} - \sum_{(v_j, v_i) \in A} x_{ji} = \begin{cases} 0, i = 1 \\ 0, 2 \leqslant i \leqslant n-1 \\ -1, i = n \end{cases} \\ x_{ij} \geqslant 0 \quad (\text{对于一切} (v_i, v_j) \in A) \end{cases} \qquad (7\text{-}1)$$

其中，$x_{ij}$ 表示弧 $(v_i, v_j)$ 在有向 $(v_i, v_j)$ 途径中出现的次数。

很明显，随着顶点数的增加，(7-1)式中第二组约束条件的个数会急骤增加，因而这个线性规划的求解会变得十分复杂。因此，一般网络上的最短路径问题不一定有解，必须加以限制。

2. 最短路径的一般算法

设 $D = (V, A, w)$ 是一个不含非正回路的网络，$V = (v_1, v_2, \cdots, v_n)$。若 $u_i$ 是 $D$ 中最短 $(v_i, v_j)$ 路径的长，$i = 1, 2, \cdots, n$，则 $u_i$ 是 $D$ 中最短 $(v_i, v_j)$ 路径的长，$j = 1, 2, \cdots, n$，当且仅当 $(u_1, u_2, \cdots, u_n)$，满足方程：

$$\begin{cases} u_1 = 0 \\ u_j = \min_{(v_i, v_j)} \in A \{u_i + w_{ij}\}, j = 2, 3, \cdots, n \end{cases} \qquad (7\text{-}2)$$

如果某个 $(v_i, v_j) \notin A$，则认为 $w_{ij} = +\infty$。这样，方程(7-2)就等价于：

$$\begin{cases} u_1 = 0 \\ u_j = \min_{(k \neq j)} \in A \{u_k + w_{kj}\}, j = 2, 3, \cdots, n \end{cases} \qquad (7\text{-}3)$$

方程(7-3)称为最短路径方程，它是一个非线性方程。求解 $u_j$ 时必须知道所有其他的 $u_k$，因此，直接求解方程(7-3)是相当困难的。

如果网络 $D$ 中每条弧的权均为非负数，则称 $D$ 为非负权网络。GIS 中涉及的地理网络多为这一类网络。对于非负权网络中最短路径的求解，已经有很多研究。其中狄克斯特拉(Dijkstra)于 1959 年给出的求解非负权网络最短路径的一个算法是目前公认的最好的算法。

设 $D = (V, A, w)$ 是一个非负权网络，$V = (v_1, v_2, \cdots, v_n)$。则 $D$ 中最短 $(v_i, v_j)$ 路径的长满足方程(7-3)。

如果 $D$ 中从顶点 $v_1$ 到其余各顶点最短路径的长按大小排列为

$$u_{i_1} \leqslant u_{i_2} \leqslant \cdots \leqslant u_{i_n}$$

这里，$i_1 = 1, u_{i_1} = 0$，则由(7-3)式有

$$u_{i_j} = \min\{u_{i_k} + w_{i_k i_j}\}$$
$$= \min\{\min_{k < j}\{u_{i_k} + w_{i_k i_j}\}, \min_{k > j}\{u_{i_k} + w_{i_k i_j}\}\}, j = 2, 3, \cdots, n$$

注意到当 $k > j$ 时，$u_{i_k} > u_{i_j}$，且 $w_{i_k i_j} \geqslant 0$，从而有

$$u_{i_j} \leqslant u_{i_k} + w_{i_k i_j}$$

即

$$u_{i_j} \leqslant \min_{k > j}\{u_{i_k} + w_{i_k i_j}\}$$

于是

$$u_{i_j} \leqslant \min_{k < j}\{u_{i_k} + w_{i_k i_j}\}$$

不难证明

$$\begin{cases} u_{i_1} = 0 \\ u_{i_j} = \min_{k<j}\{u_{i_k} + w_{i_k i_j}\} \end{cases} \tag{7-4}$$

的解$(u_{i_1}, u_{i_2}, \cdots, u_{i_n})$中的 $u_{i_j}$ 是 $D$ 中最短$(u_1, u_{i_j})$路径的长，$j = 1, 2, \cdots, n$。这就是 Dijkstra 算法的基本思想。

Dijkstra 算法的计算量是容易估计的，其总的复杂性为 $O(n^2)$，其中 $n$ 为网络中的节点数。

3. Dijkstra 算法的实现

荷兰数学家 E. W. Dijkstra (1959)提出的标号设定法(label seting algorithms)是理论上最完善、迄今为止应用最广的非负权值网络最短路径算法。标号设定法是一种基于贪心策略的最短路径算法，它要求在路径选择中的每一步所选择的路径都是到目前为止最好的，在"局部最优而导致总体最优"的假设下，寻求最佳路径。

Dijkstra 算法的基本思路是：假设每个点都有一对标号$(d_j, p_j)$，其中 $d_j$ 是从起源点 $s$ 到点 $j$ 的最短路径的长度(从顶点到其本身的最短路径是零路(没有弧的路)，其长度等于零)；$p_j$ 则是从 $s$ 到 $j$ 的最短路径中 $j$ 点的前一点。求解从起源点 $s$ 到点 $j$ 的最短路径算法的基本过程如下：

(1)初始化：起源点设置为：

① $d_s = 0$，$p_s$ 为空；

②所有其他点 $d_i = \infty$，$p_i = ?$；

③标记起源点 $s$，记 $k = s$，其他所有点设为未标记的。

(2) 检验从所有已标记的点 $k$ 到其直接连接的未标记的点 $j$ 的距离，并设置

$$d_j = \min[d_j, d_k + l_{kj}]$$

式中，$l_{kj}$ 是从点 $k$ 到 $j$ 的直接连接距离。

(3) 选取下一个点。从所有未标记的节点中，选取 $d_j$ 中最小的一个 $i$：$d_i = \min[d_j,$ 所有未标记的点 $j]$。点 $i$ 就被选为最短路径中的一点，并设为已标记的。

(4) 找到点 $i$ 的前一点。从已标记的点中找到直接连接到点 $i$ 的点 $j^*$，作为前一点，设置：$i = j^*$。

(5)标记点 $i$。如果所有点已标记，则算法完全推出，否则，记 $k = i$，转到步骤(2)再继续。

在按标记法实现 Dijkstra 算法的过程中，核心步骤就是从未标记的点中选择一个权值最小的弧段，即上面所述算法的(2)～(5)步。这是一个循环比较的过程，如果不采用任何技巧，未标记点将以无序的形式存放在一个链表或数组中。那么要选择一个权值最小的弧段就必须把所有的点都扫描一遍，在大数据量的情况下，这无疑是一个制约计算速度的瓶颈。要解决这个问题，最有效的做法就是将这些要扫描的点按其所在边的权值进行顺序排列，这样每循环一次即可取到符合条件的点，可大大提高算法的执行效率。

4. 网络中的次短路

在有些情况下，除了求出两个给定点间的最短路径外，还要求出这两个给定点间的第二最短路径、第三最短路径、…第 $k$ 最短路径。

给定一个地理网络 $D = (V, E, w)$，$V = (v_1, v_2, \cdots, v_n)$。设 $P_1$ 是 $D$ 中最短$(v_1, v_n)$路径，称 $P_1$ 为 $D$ 中第一最短$(v_1, v_n)$路径。设 $P_1$ 为 $D$ 中第一最短$(v_1, v_n)$路径，如果 $D$ 中有一条

$(v_1,v_n)$ 路径满足以下条件：

(1) $P_2 \neq P_1$；

(2) $D$ 中不存在不同于 $P_1$ 的 $(v_1,v_n)$ 路径 $P$，使 $w(P_1) \leqslant w(P) \leqslant w(P_2)$。

则称 $P_2$ 为 $D$ 中第二 $(v_1,v_n)$ 最短路径。

由上述定义可知，如果 $P_2$ 有一条弧 $(v_i,v_j)$ 不在 $P_1$ 上，且 $v_j$ 是 $P_1$ 和 $P_2$ 的公共顶点，则在顶点 $v_j$ 以后，$P_1$ 和 $P_2$ 是重合的。因此，在求出第一最短 $(v_1,v_n)$ 路径 $P_1$ 后，可以用枚举法求出与第一最短 $(v_1,v_n)$ 路径 $P_1$ 有尽可能多公共弧的第二最短 $(v_1,v_n)$ 路径 $P_2$。该算法的基本思路是：假定第一最短路径包含了 $N$ 条有向弧，每次删去地理网络中一条有向弧，就得到 $N$ 个与原网络只有一条弧差别的新的网络。对这 $N$ 个网络分布求出一条 $(v_1,v_n)$ 最短路径，再从中选择最短的一条，作为第二最短 $(v_1,v_n)$ 路径的解。算法的具体步骤如下：

(1) 首先求出地理网络 $D$ 的第一最短 $(v_1,v_n)$ 路径，设为

$$P_1 = v_{i_1}, v_{i_2}, \cdots, v_{i_k}$$

令 $i_1 = 1, i_k = n, D_1 = D - (v_{i_{k-1}}, v_{i_k}), R \neq \Phi, j = 1$。

(2) 求出网络 $D_j$ 中最短 $(v_{i_1}, v_{i_{k-1+j}})$ 路径，记为 $P$：

$$P^{(j)} = P, P'^{(j)} + R_j$$

若 $j < k-1$，令 $D_{j+1} = D_j - (v_{i_{k-j-1}}, v_{i_{k-j}}), R_{j+1} = R_j U\{(v_{i_{k-j}}, v_{i_{k-j+1}})\}$ 置 $j = j+1$，重复第 (2) 步；若 $j = k-1$，转第 (3) 步。

(3) 设

$$w(P^{(r)}) = \min\{w(P^{(j)}/1 \leqslant j \leqslant k-1\}$$

则 $P^{(r)}$ 就是 $D$ 中第二最短 $(v_1,v_n)$ 路径。

同样可以定义一个网络的第 $k$ 条最短路径。

给定一个地理网络 $D = (V, E, w), V = (v_1, v_2, \cdots, v_n)$。设 $P_1$ 是 $D$ 中最 $i$ 短 $(v_1,v_n)$ 路径，$i = 1, 2, \cdots, K$。如果 $D$ 中有一条 $(v_1,v_n)$ 路 $P_{i+1}$ 满足以下条件：

(1) 对一切 $1 \leqslant i \leqslant k, P_{k+1} \neq P_i$；

(2) $D$ 中不存在不同于 $P_1, P_2, \cdots, P_k$ 的 $(v_1,v_n)$ 路径 $P$，使得

$$w(P_k) \leqslant w(P) \leqslant w(P_{k+1})$$

则称 $P_{k+1}$ 为 $D$ 中第 $k+1$ 最短 $(v_1,v_n)$ 路径。

求第 $k$ 条最短路径的算法是求第二条最短路径算法的推广。

5. 常见的最优路径

地理网络的最短路径除了距离最短外，还有通行时间最短、运输费用最低、行驶最安全、容量最大等。这些最优路径可以看成最短路径的变异，它们都可以在最短路径基础上作适当调整而得到。

(1) 最大可靠路：给定一个网络 $D, V = (v_1, v_2, \cdots, v_n)$。$D$ 中每条弧 $(v_i, v_j)$ 上有一个完好概率 $P_{ij}$。设 $p$ 为 $D$ 中的任意一条路，定义 $P$ 的完好概率为

$$p(P) = \prod_{(v_i, v_j) \in E(p)} p_{ij}$$

则 $D$ 的所有 $(v_1, v_2)$ 路中完好概率最大的路称为最大可靠 $(v_1, \cdots, v_i)$ 路径。

利用最短路径算法可以求出最大可靠 $(v_1, v_i)$ 路径，$i = 1, 2, \cdots, n$。具体做法是：

定义 $D$ 的每条弧 $(v_i, v_j)$ 的权为

$$w_{i_j} = -\ln p_{i_j}$$

因为 $0 \leqslant p_{i_j} \leqslant 1$，所以 $w_{ij} \geqslant 0$。从而可以用 Dijkstra 算法求出关于权 $w_{ij}$ 的最短路径。

注意到 $\sum w_{ij} = -\ln(\prod p_{ij})$，因此，关于权 $w_{ij}$ 的最短路径就是最大可靠 $(v_1, v_i)$ 路径，它的完好概率为 $\exp(-\sum w_{ij})$。

（2）最大容量路：给定一个地理网络 $D = (V, E, w)$，$V = (v_1, v_2, \cdots, v_n)$。$D$ 中任意一条路 $P$ 的容量定义为 $P$ 的所有弧的容量中的最小者，即

$$c(P) = \min_{(v_i, v_j) \in E(P)} c_{ij}$$

则 $D$ 中所有 $(v_1, v_i)$ 路中容量最大的路称为最大容量 $(v_1, v_i)$ 路。

同样，将网络中每条弧的权值定义为通过该弧的时间，就可以求出通行时间最短的路径；定义通过该弧的费用，就可以求出费用最低的路径。

### 7.4.2　网络流 [1]

**1. 网络流的概念**

地理网络中不断地进行着资源的流动，形成各种各样的流。地理网络流就是将目标经由输送系统由一个地点运送至另一个地点，输送系统中的地理网络元素性质决定了流的规则。

根据地理网络的特点，可以定义地理网络的流。

给定一个地理网络 $D(V, E)$，$c_{ij}$ 是一个非负数，表示网络边 $\{v_i, v_j\}$ 的容量，$c_j$ 表示网络节点 $v_j$ 的节点容量，$v_s$ 和 $v_t$ 是网络的发点和收点。

设 $f$ 是该地理网络上的一个非负函数，对一切网络边 $e = (v_i, v_j) \in E$，$f(e) = f_{ij}$，对任一网络节点 $v_j \in V$，$f(j) = f_j$，如果函数 $f$ 满足下列条件：

（1）$f_{ij} = -f_{ji}$，对一切 $v_i \in V \setminus \{v_s, v_t\}$

（2）$0 \leqslant f_{ij} \leqslant c_{ij}$，$0 \leqslant f_j \leqslant c_j$

则称 $f$ 是地理网络 $D$ 上的一个可行流，$f_{ij}$，$f_j$ 分别为 $f$ 通过网络边 $(v_i, v_j)$ 和网络节点 $v_j$ 上的流量；称 $v(f) = \sum_{(v_s, v_j) \in E} f_{sj} - \sum_{(v_j, v_s) \in E} f_{js}$ 为 $f$ 的一个流值。

类似于一般网络，地理网络也总有可行流。设

$$f \equiv 0, (v_i, v_j) \in E, f_{ij} = 0; v_j \in V, f_j = 0$$

则 $f$ 是一个可行流，这个流称为地理网络的零流。

在对各种地理网络进行分析时，地理网络流的最优化问题一直是研究地理网络的一个重要问题，主要涉及两方面内容：地理网络的最大流问题和最小费用流问题。

**2. 最大流问题**

给定一个地理网络 $D = (V, E)$，$v_s$ 和 $v_t$ 是网络的发点和收点，$v(f)$ 是该网络的一个可行流。该地理网络的最大流是指所有可行流中流值最大的一个可行流，即 $\max\{v(f)\}$

在实际的地理网络中，寻找网络中从固定的出发点到终点的最大流量及流向对于交通运输方案的制定、物资紧急调运以及管网路线的布设都是十分有用的。

最大流问题也是一个线性规划问题，一般来说可以用线性规划的方法求解，然而，地理网络问题的线性规划方程大都相当复杂，因而，常用的求解方法是根据地理网络的实际情况用更简洁的图的方法解决。

---

① 引自：王家耀著，空间信息系统原理，北京：科学出版社，2004.

设 $P$ 是网络中一条 $(v_p, v_q)$ 链,规定 $P$ 的正方向是从 $v_p$ 到 $v_q$,在这个规定下,$P$ 上的弧分成两类:一类弧的方向与 $P$ 的正方向相同,称为前向弧;一类弧的方向与 $P$ 的正方向相反,称为后向弧。

设 $f$ 是地理网络 $D$ 的一个可行流,$(v_i, v_j)$ 是 $D$ 的一条弧,如果 $f$ 在弧 $(v_i, v_j)$ 上的流量 $f_{ij} = 0$,称 $(v_i, v_j)$ 为 $f$ 零流,否则称 $(v_i, v_j)$ 为 $f$ 正弧;如果 $f$ 在弧 $(v_i, v_j)$ 上的流量 $f_{ij} = c_{ij}$,称 $(v_i, v_j)$ 为 $f$ 饱和弧,否则称 $(v_i, v_j)$ 为 $f$ 非饱和弧。设 $P$ 是 $D$ 中一条 $(v_s, v_t)$ 链,如果 $P$ 的前向弧为 $f$ 非饱和弧,后向弧为 $f$ 正弧,则称 $P$ 为 $D$ 中关于 $f$ 的 $(v_s, v_t)$ 增广链。通常,把 $D$ 中关于 $f$ 的 $(v_s, v_t)$ 增广链称为 $f$ 增广链。

求解最大流算法的基本思想是:从带发点 $v_s$ 和收点 $v_t$ 的容量网络 $D$ 中的任何一个可行流 $f_1$(通常取 $f_1$ 为零流)开始,用流的增广算法寻找流的增广链。如果 $D$ 中存在一条从 $v_s$ 到 $v_t$ 的 $f_1$ 增广链,则对 $f_1$ 进行增广得到一个流值增大的可行流 $f_2$,然后在 $D$ 中寻找 $f_2$ 的增广链,对 $f_2$ 进行增广,直到找不到流的增广链为止,此时的可行流就是 $D$ 的最大流。

Ford-Fulkerson 在 1957 年根据上述算法思想提出了一个算法。这一算法分两个过程:一是标记过程,二是增广过程。前一过程通过对节点的标记寻找一条可增广的路,后一过程则使沿可增广的路的流增加。该方法称为标记法。在标记过程中,每个节点给予三个标号,第一个标号表示该点前一节点 $l_i$,第二个标号为"+"或"−"表示前一点与当前节点连接的边在增广路中是前向边还是反向边,第三个标号表示这条边上能增加(或减少)的流值 $\delta_i$。

标记法有一个明显不足,那就是如果每一次找到的增广链只能增加一个单位的流量时,那么从零流开始计算需要进行增广过程的迭代次数将等于网络边的容量而与网络的大小无关,网络边的容量大小可以是任意的数字。另外,当网络边的容量不是整数时则不能保证该算法在有限步结束。增广链选取的任意性造成了这些缺陷,必须修改增广链的选取方法。

Edmonds 和 Karp 提出:在求增广链时,每次都找最短增广链,在 $O(nm)$ 次增广后就一定能得到最大流,这里 $n$ 和 $m$ 分别为容量网络 $D$ 的顶点数和边数。与标记法不同,这里是根据最短路径来选择增广路。王劲峰(1993)曾用最短路径算法求解在网络节点亦受限制的情况下最大流的路径优化问题,并取得了较好的效果。王家耀(2004)综合了上述几种算法的优点,对这个问题作了进一步探索,提出了一种改进算法。

该算法的主要步骤如下:

(1)(求第一个可行流)用任意方法求出 $D$ 的一个整可行流 $f_0$(可以取 $f_0$ 为零流)。

(2)(寻找增广链)在 $D$ 中,根据点-边拓扑关系算法,寻找当前可行流 $f_k$ 的一条 $(v_s, v_t)$ 的最短路户。如果没有这样的路,则当前流 $f_k$ 就是最大流,结束;否则,将 $P$ 作为当前可行流 $f_k$ 的一条增广路。可增加的流量 $\delta_p$ 为

$$\delta_p = \min\{c_{ij}, \ c_j \mid (v_i, \ v_j) \in P, \ c_j \notin \{v_s, \ v_t\}\}$$

其中,$c_{ij}$, $c_i$, $c_j$ 分别为 $(v_i, v_j)$ 边、节点 $v_i$ 和 $v_j$ 的容量。

(3)(沿增广链增加流量)在 $D$ 中,沿 $P$ 将流 $f_k$ 增广为 $f_{k+1}$:

$$\text{对于 } (v_i, v_j) \in P, f_{ij} = f_{ij} + \delta_P, f_j = f_j + \delta_P ;$$

(4)当 $c_{ij} = f_{ij}$ 或 $c_j = f_j$ 时,令 $d_{ij} = \infty$。

(5)令 $k = k+1$,转第(2)步,重复上述步骤。

当网络中有一个以上的发点或收点时,只需对单发点和单收点的算法略作修改。具体

方法是：建立一个新的发点 $S$ 和收点 $T$，称为超发点和超收点。用无穷大容量的弧 $(S, s_1)$，$(S, s_2)$，…将超发点与原有发点 $s_1$，$s_2$，…连接起来。用无穷大容量的弧 $(t_1, T)$，$(t_2, 丁)$，…将原有收点 $t_1$，$t_2$，…与超收点连接起来，新增加的弧的距离为 $l$。在新扩大的网络上，从 $S$ 到 $T$ 的任一个流对应于在原有网络上从原有各发点至原有各收点的一个流。而且，在新扩大的网络上的最大流对应于在原有网络上的最大流。因此，最大流算法可以应用于扩大的网络上，并且由算法产生的最大流将生成原有网络上的最大流。

### 3. 最小费用流问题

最大流问题讨论的是在一个地理网络中怎样安排网上的流使从发点输送到收点的流量达到最大。在实际情况中，不仅要使网络上的流量到达最大，或达到要求的预定值，而且还要使运送流的费用是最小的，这就是最小费用流问题。显然，这一问题具有实际意义。

设 $D = (V, E, c)$ 是一个带发点 $v_s$ 和收点 $v_t$ 的地理网络。$w$ 是定义在 $D$ 上的非负实函数，对一切的 $(v_i, v_j) \in E$，$w_{ij}$ 表示该弧上通过单位流量的费用，$w_i$ 和 $w_j$ 分别表示节点 $v_i$ 和 $v_j$ 通过单位流量的费用。

设 $f$ 是该地理网络上的一个可行流，定义 $f$ 的费用为

$$w(f) = \sum_{(v_i, v_j) \in E} w_{ij} f_{ij} + \sum_{v_i \in V \setminus \{v_s, v_t\}} w_i f_i$$

设 $v_0$ 是给定的一个非负数，最小费用问题可以描述为在上述地理网络 $D$ 中求一个流值为 $\infty$ 的费用最小的可行流，这样的可行流称为最小费用流。

根据最小费用流的定义可知，地理网络 $D$ 中，沿着最短路增广得到的可行流 $f$ 的费用最小。因而，可以通过修改地理网络最大流的算法来求最小费用流。主要步骤如下：

（1）取零流 $f$ 作为初始可行流。

（2）如果 $v(f) = v_0$，则 $f$ 为 $D$ 中流值为 $v_0$ 的最小费用流，否则转第（3）步。

（3）（寻找增广链）在 $D$ 中，根据点 - 边拓扑关系算法，寻找当前可行流 $f_k$ 的一条 $(v_s, v_t)$ 的最短路径 $P$。如果没有这样的路，则 $D$ 中没有流值为 $v_0$ 的可行流，结束；否则，将 $P$ 作为当前可行流 $f_k$ 的一条增广路，$\delta_P$ 表示 $P$ 的容量，$v(f)$ 表示当前可行流 $f_k$ 的流值：

$$\delta_P = \min\{c_{ij}, c_j \mid (v_i, v_j) \in P, c_j \notin \{v_s, v_t\}\}$$

其中，$c_{ij}, c_i, c_j$ 分别为 $(v_i, v_j)$ 边、节点 $v_i$ 和 $v_j$ 的容量。

$$\theta = \min\{\delta_P, v_0 - v(f)\}$$

（4）在 $D$ 中，沿 $P$ 将流 $f_k$ 增广为 $f_{k+1}$，增加的流值为 $\theta$，即对于 $(v_i, v_j) \in P, f_{ij} = f_{ij} + \theta, f_i = f_i + \theta(v_i, v_j)$。

（5）当 $c_{ij} = f_{ij}$ 或 $c_j = f_j$ 时，令 $d_{ij} = \infty$，$k = k + 1$，转第（2）步，重复上述步骤。对这一算法作适当修改，就可以得到其他约束条件的最大流问题的算法。

## 思考题

1. 交通和地理信息系统的结合点有哪些？
2. 交通数据采集的内容和方法是什么？
3. 线性参照模型和平面模型的转换方法有哪些？
4. 最优路径的算法有哪些？

# 第8章 网格化城市管理系统

城市管理的好坏是衡量经济社会发展水平的重要标志之一。近年来随着我国城市化进程的逐步加快，城市规模不断扩大，城市管理内容同步增多，城市管理问题日益突出。依托数字城市技术，许多城市都在探索适合本地区实际情况的城市管理方法和管理模式，其中比较有效且适用性较强的就是"网格化城市管理方法"。借助于该方法的网格化城市管理系统实现了在统一的地理参考框架中整合各种社会经济、资源环境、城市管理各类公用设施信息，实现各个部门基础数据交换和共享，提高了城市的管理效率和水平。

## 8.1 网格化城市管理概述

网格是近年来国际上兴起的一种重要信息技术，其目标是实现网络虚拟环境中的高性能资源共享和协同工作，消除信息孤岛和资源孤岛。网格化城市管理突破了传统城市管理模式，借助于网格的基本思想，并以空间网格划分为基础，使两者有机结合应用到城市管理领域，从而形成全新的城市管理理念。

### 8.1.1 网格及其特征

#### 1. 网格的概念

网格来源于高性能计算，其概念最早是借鉴电力网格（power grid）提出来的，也就是通过网络实现包括信息资源、计算资源、设备资源、储存资源等各种资源分布有序地共享，最终使用户在互联网上利用各种资源像用电一样地方便自如。1998 年 Ian Foster 和 Carl Kesselman 编写的 *The Grid：Blueprint for a New Computing Infrastructure* 成为网格理论的奠基之作。Foster 给网格下了一个明确定义：网格是构筑在互联网上的一组新兴技术，它将高速互联网、高性能计算机、大型数据库、传感器、远程设备等融为一体，为科技人员和普通老百姓提供更多的资源、功能和交互性，让人们透明地使用计算、存储等资源。

总的来说，网格就是利用互联网将分散在不同地理位置的计算机及相关资源组合成一个整体，形成一台虚拟的超级计算机——使得计算资源、数据资源、存储资源、知识资源等在各台原本独立的计算机之间实现实时共享。

当前的 Internet 技术实现了计算机硬件的互联，Web 技术实现了网页的互联，而网格技术则是要把整个 Internet 上的各种资源整合成一台巨大的计算机，实现所有资源共享与协同工作。网格的根本特征是实现资源共享，消除资源孤岛。

随着网格理论研究的深入，网格技术在越来越多的领域中得以应用，如分布式超级计算机、分布式仪器系统、数据密集型计算、远程沉浸、信息集成等领域；同时，在能源、交通、气象、生物医药、教育、管理等领域也发挥了其巨大的资源共享和协同运算的优势。

2. 网格的特征

网格作为一种新兴的信息技术,具有如下特征:

(1)资源汇集且充分共享。网格上的各种资源虽然是分布的,但通过网格技术可以实现对网格上任意用户(使用者)的有效提供。

(2)动态的可扩充性。网格系统具有充分的可扩充性,网格节点数量的变化对于系统结构没有影响。也就是网格节点可以动态的增加或减少,并且这种动态变化是随机且不受限制的。

(3)多层次的异构性。构成网格的各种资源和网络连接常常是高度异构的,这种异构特性表现在不同的层次上,从硬件设备、系统软件到调度策略、安全策略、使用策略等都具有异构性。

(4)合理协商性。网格支持各种资源,包括智能资源、知识资源的协商使用。资源所有者(提供者)与资源请求者(使用者)均可以通过协商获得不同品质、不同数量、不同时间、不同精度的需求服务和需求满足。

(5)多重管理和互相协同。网格上的资源归其直接拥有者(其本身也是资源使用者)所有,同时也受到其他资源使用者利用,所以网格资源必须协同管理,实现资源集成和互操作,否则,各类资源无法连通。

### 8.1.2 网格化城市管理

1. 网格化城市管理的概念

城市的瞬息万变与日趋庞杂是现代城市管理必须面对的难题,传统的粗放、低效城市管理方式很难适应城市快速发展的要求。而城市信息化水平的提高,为城市管理模式的改革奠定了技术基础,使得网格化城市管理的出现成为可能。

"网格化城市管理"是指借鉴网格管理的思想,以空间网格划分为基础,依托信息化技术和协同工作模式,将城市管理职能资源体系和管理对象按照一定的原则划分成单元网格,通过建立这些网格之间的协调机制实现网格格点间资源协调调度和共享,从而形成一套完整的网格化城市管理组织结构和精细化城市监管体系,最终达到整合管理资源,提高管理效率的一种现代化城市管理方式。

应用了网格理念的网格化城市管理可以说是城市管理方式的一次巨大飞跃,但作为一种新生事物,目前也处于一种逐渐探索,不断递进的过程。在当前阶段中,其主要管理方式是依托于统一的城市管理数字化平台,将城市管理辖区按照一定的标准进行网格划分,划分后的每个网格被称为单元网格。在每个单元网格中配备有城管监督员(或称巡查员),负责单元网格内的日常巡查和问题上报。而发生在这些单元网格内的各类问题,诸如公共设施受损、违章建筑、占道经营、小广告、油烟扰民、社会救助、低保投诉、卫生投诉、劳动纠纷、污水漫溢、无证行医、突发事件等,只需城管监督员用手机(也有部分地区城管部门配备了专业信息采集设备"城管通")报告或拍摄现场图片,发送给监督中心"立案",并转指挥中心派遣相关职能部门进行处理。从而保证这些城市管理问题可以在较短的时间内迅速得到协调和处理。具体如图 8-1 所示。

网格化城市管理使得城市管理者能够主动发现，及时处理城市问题，加强政府对城市的管理能力和处理速度，将问题解决在居民投诉之前。

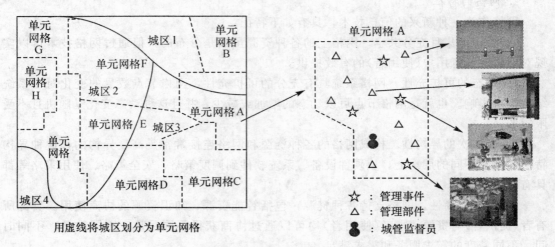

图 8-1　当前的网格化城市管理方法示意图

2. 网格化城市管理的管理对象

从上面的网格化城市管理示意图中可以看出，当前的网格化城市管理方法涉及两个基本概念：管理部件与管理事件，它们也是网格化城市管理的管理对象。

管理部件是指城市市政管理公共区域内的各项设施，包括公用设施类、道路交通类、市容环境类、园林绿化类、房屋土地类等市政工程设施和市政公用设施，可简称部件。如图 8-1 所示，网格单元 A 中三角符号图示的交通标志和垃圾箱都属于管理部件。

管理事件是指人为或自然因素导致城市市容环境和社会秩序受到影响和破坏，需要城市管理专业部门处理并使之恢复正常的现象和行为，可简称事件。如图 8-1 所示网格单元 A 中五角星符号图示的道路塌陷和垃圾当街堆放都属于管理事件。

城管监督员的主要工作就是通过在其负责的单元网格中定期的巡查，发现并报告管理部件是否损坏以及管理事件是否发生。

3. 网格化城市管理的特点

网格化城市管理具有以下几个特点：

(1)从城市管理的角度划分单元网格：采用空间网格技术创建单元网格，开辟了一个新的地理编码管理体系。通过空间网格的划分，将城市管理部件、道路、社区、门址、建筑物、企事业单位、地名等要素通过单元网格直接建立地理位置关系，使单元网格逐步成为城市各类要素与地理信息发生关系的重要编码基础。

(2)通过城市监督员制度，明确管理责任同时也便于及时发现管理中的问题，将过去被动应对问题的管理模式转变为主动发现问题和解决问题，解决城市管理中的被动、盲目等问题。

(3)采用地理编码技术对管理部件和管理事件进行分类、分项处理，将城市管理内容全面细化，科学地确定相应的责任单位，实现城市管理由粗放向精确的转变，彻底改变城市管理对象不清、无序的现状。

（4）实现了管理手段信息化与数字化。主要体现在管理对象、过程和评价的数字化上，保证城市管理执行过程中的敏捷、精确和高效。例如通过无线网络技术与移动通信业务的有机结合，实现信息源的全方位采集，保证了全区域、全时段的监控与管理。

（5）建立了科学化封闭的管理机制，不仅具有一整套规范统一的管理标准和流程，而且发现、立案、派遣、结案等步骤形成一个科学化管理的闭环，从而提升管理的能力和水平。

（6）按照监控、管理、评价分开的原则，组建城市管理监督中心和指挥中心，全面整合政府职能，解决了城市管理工作中多头管理、职能交叉、职责不到位的现象。

正是因为这些特点，网格化城市管理可以将过去传统、被动、定性和分散的城市管理，转变为今天现代、主动、定量和系统的城市管理。

## 8.2　网格化城市管理的业务流程

网格化城市管理的核心就是运用新的管理思想再造城市管理业务流程，以实现城市管理的精确、敏捷、高效和全时段、全方位覆盖。相对传统的城市管理业务流程，网格化城市管理业务流程的总体环节大大简化，减少了因部门条块分割、职能重叠、管理滞后而造成的部分政府效能损失，大大提高了城市管理效率。

### 8.2.1　传统城市管理业务流程概述

在介绍网格化城市管理的业务流程前我们先看一下原有的传统城市管理业务流程。如图 8-2 所示，城市管理作为一项复杂的系统工程，涉及城管、工商、供水、供电、供暖、绿化、环卫等诸多方面。传统的城市管理工作中采用的是平行且垂直的城市管理组织结构——虽然存在一个独立的城管机构，但这个机构人员数量相对城市纷杂的管理内容来讲还是远远不足；而其他专业职能部门，如工商、供水、供电等机构，也都有一套本部门独立的管理流程，而且这些部门与城管部门尽管存在少量沟通，但本身没有制度化的协调机制。所以整个城市管理系统就形成一个各职能部门之间明确分工，部门内部下级唯一向上级负责的格局。这种按职能分工的方式虽然有利于各部门专业能力的充分发挥，但却由于各部门之间信息的内闭，形成相互隔阂、割裂、断层的现象，阻碍了信息在各部门之间的顺畅流通。遇到需要各部门相互合作协同解决的城市管理问题和市民服务请求时，部门之间的信息沟通就落到了提出请求的用户身上，极大地降低了问题处理的效率。并且各部门处理问题中，很容易造成无人问津互相扯皮的现象，不能很好地做到资源的有效调度和问题的协同解决。

而且，在这种业务流程中，许多相同的功能部门都在重复建设（如维修热线，服务系统等），另外，管理所需数据也会相对冗余，这种冗余并不是数据量的绝对过多，而是由于各职能部门之间没有数据的共享，各自根据自身的需求进行数据收集和存储，相对于数据共享情形下数据的重复收集和存储。各部门孤立地考虑自身需要，在数据分析、存储、管理等方面投入了大量的人力、物力资源，造成浪费。并且随着用户反映需求的增多就需要建立新的反映渠道予以满足，管理机构也就随之逐渐庞大，人员相应增多，最终运营成本越来越高。

更为重要的是，传统流程中一个重要的局限是管理模式对城市管理效果缺乏科学的监督和评价，没有控制和反馈。造成自己说了算，所有对各职能部门的制约和监督流于形式。而有效的监督、控制、反馈和评价是现代城市管理新机制的重要特征。只有有效的监督和评价才能够保证职能部门提供的服务符合市民用户的要求，在城市管理问题处理和市民服务请求应答方面真正做到"管理为民"（图 8-2）。

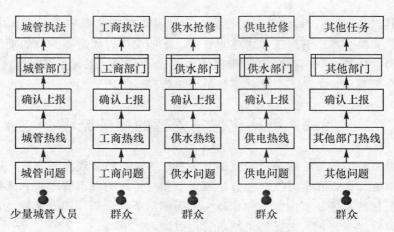

图 8-2　传统的城市管理业务流程示意图

### 8.2.2　网格化城市管理业务流程概述

网格化城市管理依据"各司其职、优势互补、规范运作、快速反应"的原则，按照政府流程再造的要求，将城市中各单元网格内的城管、治安、环卫、工商人员之间的联系、协作、支持等内容以制度的形式固定下来，形成新的城市管理体系。其基本业务流程见图8-3。

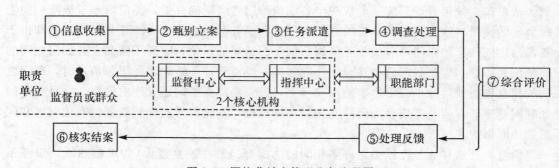

图 8-3　网格化城市管理业务流程图

从流程图中可以看出，网格化城市管理业务流程跟传统的流程相比，总体环节大大简化，效率普遍提高。其具体业务如下：

（1）信息收集：信息的来源主要有三个渠道，即城管监督员、社会公众、新闻媒体。

信息收集最常规和最主要的途径是来自城管监督员。城管监督员在各自负责的单元网格内现场巡视，查找城市管理的隐患，对发现的问题通过"城管通"这个移动信息采集工具及时上报监督中心。上报内容包括：部件或事件发生的地点、发生问题的部件代码、问题描述以及现场照片，必要时可现场录制有声录像。社会公众和新闻媒体可以通过各种方式向监督中心举报。

（2）案卷建立：监督中心受理平台（为监督中心的一部分）接线员收到城管监督员、市民及相关部门反映的问题后，做出相应处理：对于监督员上报信息，监督中心分析人员对其资料进行检查和甄别，包括监督员上报的内容是否完整、明确、照片是否能反映现状等详细情况，判断是否达到立案标准，最后根据整理后的完整信息建立相关案卷；对于公众举报或媒体发布的信息，监督中心责成城管监督员到现场对事件进行核实，核实后仍由监督员上报，并按照上述程序建立案卷。

（3）任务派遣：立案后的信息会传送到指挥中心，由指挥中心的指令调度员对事件进行详细分析，并根据其发生时间、地理位置、管理部件的权属、损害严重程度以及其他参考信息做出处理方案，填写处理意见和要求，通过政务专网将任务指派给相应的专业职能部门进行处理。

（4）任务处理：各职能部门接到指挥中心的任务派遣单后，对发生的问题填写处理意见，并立即派遣专业人员到现场进行处理。如涉及多部门协同作业才能完成的任务，则由指挥中心负责协调和督办。

（5）处理反馈：各职能部门处理完毕后，及时将处理结果反馈给指挥中心。指挥中心再通知监督中心。对于由于各种原因，职能部门暂时无法完成处理任务的，也要告知原因，由指挥中心挂账，直至最终处理完毕。

（6）核实结案：监督中心收到指挥中心的处理反馈结果后，通知监督员对处理结果进行现场确认，监督员将现场已解决的情况，以图片或有声录像的方式记录下来，并反馈给监督中心。在确认职能部门的处理结果达到要求以后，监督中心对其案件进行销账处理；对于未达到要求的，再交由指挥中心重新派遣处理。同时，监督中心和指挥中心要对整个案件处理结果进行存档，作为评价的基础资料和依据。另外，对市民和有关部门反映的情况处理完毕后，监督中心受理平台的接线员将联系上报人，将结果予以通知。

（7）综合评价：管理中对案件处理的每一环节都规定了办理时限，系统会对及时地提示其办理的进度时间；城管和各职能部门负责人也可以通过政务专网查阅相关处理情况，对各个环节进行督查督办。另外，综合评价系统会根据立案和处理结果的各项存档数据，结合有关部门的检查情况和社会公众的意见，定期对城市管理有关部门和相关职能部门工作进行综合评价，综合评价结果也可作为对各部门及其领导干部年终考核的依据之一。

### 8.2.3　网格化城市管理业务流程的核心机构

从图 8-2 中可以看出，网格化城市管理业务流程中的 2 个核心部门为监督中心和指挥中心。这是城市管理的一大创新，从而建立起一种监督（监督中心）和处置（指挥中心）互相分离的形式。

监督中心是联系城管监督员中枢和社会公众的窗口，其主要工作是受理来自城管监督员和社会公众的关于城市管理问题的报告或举报，对他们所反映的问题或所举报情况进行核实，并对事件发生地点进行地图定位、登记和立案，立案后传递给指挥中心派遣办理并监督案件处理的结果。

指挥中心负责分配任务以及协调与城管相关的各职能部门及街道办事处之间的关系。指挥中心接到监督中心发送案件，填写登记表后立案，根据案件性质派遣给相应的职能部门，并结合难易程度确定职能部门的处理时限。同时指挥中心对职能部门发送的案件处理结果反馈到监督中心，以便监督中心对处理结果进行核查。

## 8.3　网格划分与管理部件(事件)信息采集

网格化城市管理的关键问题之一是城市单元网格划分方法，因为网格结构的形式以及网格资源的合理调配对网格化管理能否有效实施至关重要。而网格化城市管理的信息基础条件则是依据网格划分的城市管理部件(事件)信息采集。只有标准化和规范化的信息采集才能实现管理信息的动态更新，为网格化城市管理提供可靠的信息保障。

### 8.3.1　单元网格的划分

#### 1. 单元网格的划分原则

在网格化城市管理中，城市网格的划分和管理系统设计是网格化管理实施中的两个中心环节。我们首先来看一下单元网格的划分原则。

从上面讲到的网格化城市管理的定义中，我们知道网格化管理首先要将管理区域划分为单元网格。单元网格是网格化城市管理的基本管理单元，是基于城市大比例地形数据，以现有的行政区、街道、社区的界线为基础，根据城市市政监管工作的需要，按照一定原则划分的、边界清晰的多边形实地区域。一般面积以万平方米作为数量级，所以也称为万米网格。

单元网格划分中应遵循的一般原则包括：

①法定基础原则。应基于法定的地形测量数据进行，地形测量数据比例尺一般以 1∶500 或 1∶1000 为宜，但不应小于 1∶2000。

②属地管理原则。单元网格最大边界为社区边界，一般不跨社区分割划分。

③地理布局原则。应沿着城市中街巷、院落、公共绿地、广场、桥梁、河流等自然地理布局进行划分。

④现状管理原则。为强化和实施有效管理，以单位自主管理独立院落(即使超过 10000 平方米)单元进行划分，一般不拆分自然院落。

⑤方便管理原则。要遵循院落出行习惯，尽可能使城管监督员的管理路径便捷。

⑥负载均衡原则。兼顾建筑物、管理部件完整性，单元网格的边界不应拆分建筑物和管理部件，并且应使得各单元网格内的管路部件数量大致均衡。

⑦无缝拼接原则。单元网格之间的边界应无缝拼接，不应有漏洞，也不应重叠。

⑧相对稳定原则。单元网格的划分一旦确定下来，则应长期相对稳定。

另外，万米网格中的万平方米只是一个相对的划分级别，在实际中应根据管理需要有针对性地进行网格单元的划分。单元网格的大小并没有以多少万平方米作为唯一的标尺。

### 2. 单元网格的划分方法

单元网格在时间和空间定义上应有一个唯一的编码，编码可以对单元网格的具体归属、所在位置进行唯一确定。依据上面的划分原则，可以对实际的管理区域网格划分后进行编码。具体单元网格的编码方法为：所有单元网格由 14 位数字组成，依次为 6 位行政区划代码、3 位街道代码、3 位社区代码和 2 位单元网格顺序码，具体如图 8-4 所示。

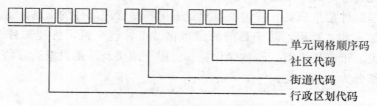

图 8-4　城市单元网格的编码

北京市东城区根据以上原则和编码方法将全区共划分为 1652 个单元网格，例如：北京市东城区交道口街道圆恩寺社区第一个单元网格的编码为：11010100300501，如表 8.1 所示。

表 8.1　　　　　　　　　　　城市单元网格的编码示例表

| 序号 | 级别 | 名称 | 编码 |
| --- | --- | --- | --- |
| 1 | 行政区划 | 北京市东城区 | 110101 |
| 2 | 街道 | 交道口街道 | 110101 003 |
| 3 | 社区 | 圆恩寺社区 | 110101 003 005 |
| 4 | 单元网格 | 第一个单元网格 | 110101 003 005 01 |

图 8-5 所示为北京市东城区交道口街道圆恩寺社区部分单元网格划分后结果（粗线是划分线）。

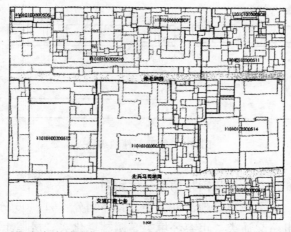

图 8-5　北京市东城区交道口街道圆恩寺社区部分单元网格划分图

### 8.3.2 管理部件的信息采集

#### 1. 管理部件的分类

管理部件是网格化城市管理的两大管理对象之一，而城市部件数据建库是网格化管理系统运行的前提与基础。所以其信息的采集工作的好坏不仅影响到部件数据的质量，还直接关系到网格化管理的效率以及执行的效果。

要进行管理部件信息采集，首先就要确定采集哪些管理部件的信息，这里就涉及管理部件的分类。如表 8.2 所示，对于目前的网格化城市管理来说，管理部件分为公共设施类、道路交通类、市容环境类、园林绿化类、房屋土地类及其他设施类，共 6 大类。每一大类下面又可细分为一些小类。

表 8.2 管理部件分类表

| 序号 | 大类 | 小类 |
|---|---|---|
| 1 | 公共设施 | 包括自来水、污水、热力、燃气、电力等各种检查井盖，以及电话亭、报刊亭、自动售货亭、信息亭、邮筒、健身设施、变压器、电闸箱等 |
| 2 | 道路交通 | 包括公交站亭、出租车站牌、过街天桥、地下通道、交通信号灯、交通电子告示牌、人行斑马线、交通护栏、路名牌等 |
| 3 | 市容环境 | 包括垃圾箱、公共卫生间、公厕指示牌、广告牌匾、气象监测站、环保监测站等 |
| 4 | 园林绿化 | 包括古树名木、绿地、行道树、花钵、城市雕塑、街头座椅、喷泉、浇灌设施等 |
| 5 | 房屋土地 | 包括宣传栏、人防工事、公房地下室等 |
| 6 | 其他设施 | 包括重大危险源、工地、河湖堤坝等 |

#### 2. 管理部件的编码

分类后就要对每类部件以及每个部件进行编码，以确定该部件的唯一性。管理部件的编码，按国标规定共有 16 位数字，分为四部分：辖区代码、大类编码、小类编码、流水号。具体格式如图 8-6 所示。

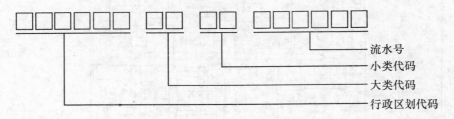

图 8-6 管理部件的编码

行政区划代码为 6 位，与单元网格的编码中相同。

大类编码为 2 位，表示城市管理部件大类。具体划分：01～06 分别表示表 8-2 中的 6 大类：公用设施类、道路交通类、市容环境类、园林绿化类、房屋土地及其他设施类。

小类编码为 2 位，表示城市管理部件小类，具体编码方法：依照城市管理部件小类从

01-99 由小到大顺序编写，如果电力井盖在公共设施中的顺序为5，则小类代码为"05"。

流水号为6位，表示城市管理部件流水号，具体编码方法：依照城市管理部件信息采集时候的测绘序号顺序从000001～999999由小到大编写。

如北京市东城区安定门东大街南侧，小街桥路口西50m处步行道上一个电力井盖，按上述编码方法，东城区行政区划代码为110101，部件大类代码为01，如果小类代码为06，其信息采集时候的测绘序号为001525，则该电力井盖的编码为：1101010106001525。

当然，除了编码外，部件还其他一些基本的属性信息。而因为管理部件都处于某个单元网格中，所以其所属单元网格编号是管理部件的一个重要基本属性。除此之外，如管理部件的主管单位，权属单位，养护单位等信息也是其基本属性。

3. 管理部件基本信息采集与更新流程

管理部件的动态信息由城管监督员日常巡查获取。而这些动态信息的基础则为管理部件的基本信息，其采集与更新通过普查的方式完成。具体流程如图8-7所示。

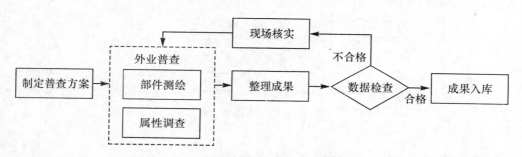

图 8-7　城市部件的基本信息采集和更新流程图

首先制定详细的部件普查方案，具体包括确定各类部件的调查内容、测绘时需要保证的精度、形成数据的坐标系统和比例尺等，并利用1∶500或1∶1000大比例尺地形图制作调查底图。在此基础上，普查人员根据调查底图进行外业普查。本阶段主要包括2部分内容：一是对每一个管理部件的位置进行实地测绘；二是对各类现场可填写的属性信息进行采集、记录，并在工作底图上对每一管理部件编好唯一的流水号，填好《管理部件普查野外调查表》。接下需要对外业普查的成果进行整理，如进行普查成果电子化，为管理部件添加上其他非现场可识别的属性信息等工作。以上工作完成后，进行数据检查，主要包括：数据格式检查、唯一性检查、数据相容性检查和数据完整性检查等工作。检查合格的普查成果可以导入到数据库中，成为"管理部件数据库"的一部分。数据检查中不合格的数据则要现场核实，重新进行外业普查。

### 8.3.3　管理事件的信息采集

1. 管理事件的分类

如表8.3所示，对于目前的网格化管理来说，城市事件分为市容环境类、宣传广告类、施工管理类、突发事件类及街面秩序类，共5大类。每一大类下面又可细分为一些小类。

表 8.3                                 管理事件分类表

| 序号 | 大类 | 小类 |
|------|------|------|
| 1 | 市容环境 | 包括私搭乱建、暴露垃圾、积存垃圾渣土、道路不洁、绿地脏乱、非装饰性树挂等 |
| 2 | 宣传广告 | 包括非法小广告、违章悬挂广告牌匾、占道广告牌、街头散发小广告等 |
| 3 | 施工管理 | 包括施工扰民、工地扬尘、无证掘路、违规占道、施工废弃物乱堆乱放等 |
| 4 | 突然事件 | 包括路面塌陷、自来水管破裂、下水道堵塞、道路积水、道路积雪结冰等 |
| 5 | 街面秩序 | 包括无照经营游商、流浪乞讨、占道废品收购、店外经营、机动车乱停、黑车拉客等 |

**2. 管理事件的编码**

管理事件分类编码采用数字型代码，共有 10 位数字，分为三部分：行政区划代码、大类代码、小类代码。具体格式如图 8-8 所示。

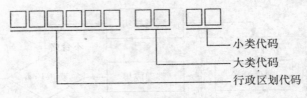

图 8-8  管理事件的编码

行政区划代码为 6 位，与单元网格的编码中相同。

大类代码为 2 位，表示城市管理事件大类。具体划分：01-05 分别表示表 8-3 中 5 大类事件。

小类代码为 2 位，表示城市管理事件小类，具体编码方法：依照城市管理事件中小类从 01～99 由小到大顺序编写。

如北京市东城区某个位置有出现施工废弃物乱堆放的事件，则按上述编码方法，东城区行政区划代码为 110101，事件大类代码为 03，如果小类代码为 05，则该事件编码为：1101010305。

从上面的管理事件编码方式可以看出来，这种编码方式只能区分不同类型的事件，并不能确定唯一的单个事件。那么如何确定某个事件的唯一性呢？其实，除了编码外，管理事件还有些基本的属性信息，如发生时间，发生位置，所在网格单元编号等等。如果在两个不同单元网格发生同类问题，则事件代码相同，需要通过单元网格编号来加以区别；如果在同一单元网格中发生同类问题可以根据发生时间和位置予以去区别。

**3. 管理事件的信息采集方法**

在网格化城市管理中，为了明确责任，及时处理解决问题，每个单元网格配备有城管监督员对所管区域进行巡查。监督中心一般根据城管监督员所管区域的管理部件分布和管理事件经常发生区域的特点，制定固定的日常巡查线路。城管监督员在巡查中如果发现出现管理事件，则用"城管通"等手持管理终端的照相工具拍摄现场图片(有需要则录音)，并利用其管理功能编辑事件类型、发生位置等信息后，发送给监督中心"立案"。这样就完成了事件信息的采集。具体如图 8-9 所示。

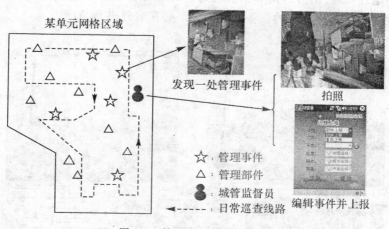

图 8-9　管理事件的信息采集

### 8.3.4　移动测图技术在管理部件坐标采集中的应用

移动测图系统（Mobile Mapping Systems，MMS），是当今测绘界最为前沿的科技之一，代表着未来道路地理信息数据采集和公路普查领域的发展方向。MMS 是综合了全球定位系统（GPS）、惯性导航系统（INS）和 CCD 影像测量以及自动控制等尖端科技发展起来的一种新型测绘及数据采集装置。MMS 有多种移动平台，目前以车载为主。车载 MMS 以车载近景摄影测量的方式，实现对道路及道路两旁地物的空间数据、属性数据以及实景图片的快速采集，如：道路中心线或边线位置坐标、目标地物的位置坐标、路（车道）宽、桥（隧道）高、交通标志、道路附属设施等。这些数据通过软件加工，可生成能满足不同需要的专题数据库及电子地图。移动测图系统的采集方法和硬件设备见图 8-10。

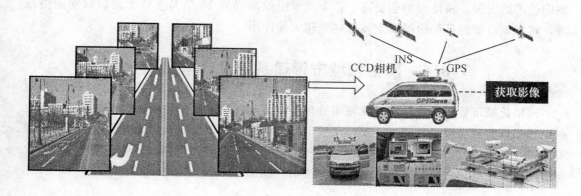

图 8-10　移动测图系统硬件设备及采集

管理部件坐标信息提取方法具体如图 8-11 所示。移动测图系统采集到的图像是连续的且具有左右影像的立体像对（即从不同位置拍摄的具有重叠影像的左右 2 幅影像）。通过移动测图系统提供的相应软件，就可以通过在左右影像上找到管理部件的匹配点（即2幅影像上的同一地理位置）的方式解算出管理部件的地理坐标，并生成相关的矢量图。这样，就可以在室内提取出管理部件的位置坐标，而不必在野外进行量测。

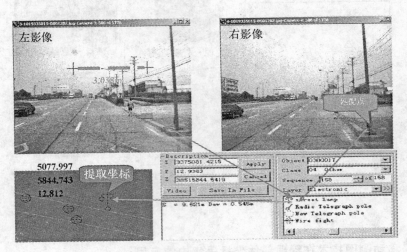

图 8-11  移动测图系统提取管理部件坐标并成图

使用移动测图系统进行城市管理部件的提取的主要优点有：

①高效率：能以 30～60 公里/小时的速度完成影像采集工作。

②低成本：只需 2～3 人即可完成测成图工作，大大降低了人工成本和作业成本。

③安全舒适：相比传统的野外测量，车载方式下的作业既安全又舒适。

目前，移动测图技术在管理部件提取中应用的主要局限在测量精度方面。相对传统人工测量的厘米级精度，现在的移动测图技术精度一般在分米级。不过，随着城市管理的深入，对于现势性数据要求逐渐提高，传统人工测量方法已渐渐不能满足需要。而随着移动测图技术的发展，精度必然会提高；作为测成图效率提高 10 倍乃至数十倍以移动测图系统，将在城市管理部件的提取上发挥越来越大的作用。

## 8.4  网格化城市管理系统设计与实现

网格化城市管理系统是网格化城市管理赖以实现的信息服务共享平台；是在对管理业务流程进行有效梳理的基础上，整合政府信息资源和政府数据库，将现有信息资源和管理资源进行同步优化的信息收集、管理与服务的协同工作平台，为各城市管理职能部门和政府之间的资源共享、协同工作和协同督办提供可靠保障。

### 8.4.1  系统的体系结构

在当前的网格化城市管理中，其管理系统主要是基于城市电子政务专网和城市基础地理信息系统，运用"3S"（RS、GIS、GPS）技术、地理编码技术、网格技术、分布数据库、构件技术和移动通信技术，以数字城市技术为依托，将信息化技术、协同工作模式应用到城市管理中，建设网格化城市管理平台，实现监督中心、指挥中心、各职能部门和网格监督员四级联动的管理模式和信息资源共享系统。

系统涉及软件、硬件、数据、信息安全、管理制度、政策规范等诸多内容，其体系结构一般分为接入层、应用层、服务层、数据层和硬件层五个层次，如图 8-12 所示。

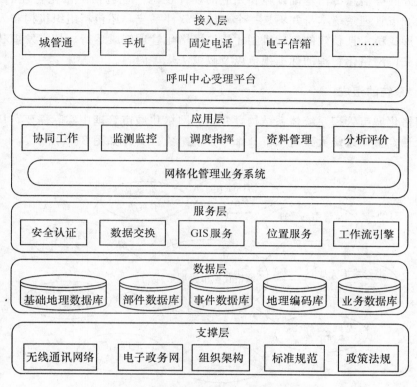

图 8-12　网格化城市管理系统体系结构

接入层主要提供城管通、手机、固定电话、网络、传真、智能终端等多种接入方式，是系统数据采集、信息发布的重要途径，也是未来系统业务扩展的基础。在接入层中的核心是呼叫中心受理平台，负责所有接入业务。

应用层主要是系统的业务应用，即系统为网格化管理工作提供各种业务处理和交互服务工作，主要包括各种业务系统，如协同工作业务系统、监测监控业务系统，调度指挥业务系统，资料管理业务系统，分析评价业务系统等。在设计应用层的业务系统中，还应考虑其扩展性，如今后为政府其他职能部门提供城市网格化管理信息、地理信息服务以及辅助政府在城市管理等方面的分析与决策等内容。应用层是整个系统的业务逻辑集中点，直接为网格化管理各种业务提供服务，在整体系统体系结构中，处于非常重要的地位。

服务层主要是系统业务应用的支持平台，由各种中间件、服务组件和接口组成，主要包括安全认证中间件、数据交换组件、GIS 服务组件、位置服务组件、工作流引擎中间件等。

数据层主要是依托成熟的数据库管理系统和 GIS 数据引擎，为城市网格化管理的相关应用提供数据支持，包括系统数据资源及其管理功能。虽然因为其各地实际情况不同，数据库组成也不尽相同，但至少应该包含如下几个必要的子数据库：基础地理数据库、部件数据库、事件数据库、地理编码数据库以及业务数据库。

支撑层是系统运行的保障层，囊括支撑系统运行的全要素。这里不仅包括无线通讯网络、电子政务网等信息传输基础设施和相应的硬件设施；也包括网格化管理的组织架构，因为网格化城市管理系统本身并不是一个单纯的软件系统，还包括组织机构和人员队伍的建设，只有形成稳定且长效的管理机制才能使网格化管理健康运行、切实发挥其作用；同时，还包括支持网格化管理的标准规范以及政策法规等内容。

### 8.4.2 系统的组成

基于网格化城市管理系统体系结构，并结合网格化城市管理中实际需要，从系统功能角度进行设计，整体系统大致有如下 9 个子系统组成，具体如图 8-13 所示。

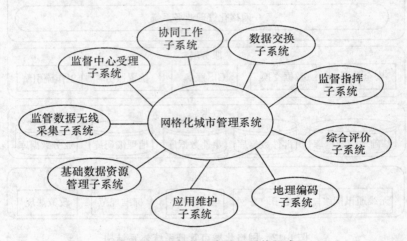

图 8-13 网格化城市管理系统组成

1. 监管数据无线采集子系统

该系统供城管监督员使用，也叫"城管通"。城管监督员在自己的管理单元网格内巡查过程中，通过其向监督中心上报管理部件损坏以及管理事件，也用来接收监督中心分配的核实、核查任务。其实，所谓"城管通"一般本身都是智能手机，不过除了手机基本功能打电话、发短信、拍照外，通过安装监管数据无线采集子系统的客户端，增加了部件定位、填写表单，问题上报等网格化城管所需功能。基于城市部件和事件分类编码体系、地理编码体系，"城管通"与监督中心之间以无线通信的方式实现了对城市管理问题文本、图像、声音和位置信息的实时传递。普通的"城管通"设备界面如图 8-14 所示。

2. 监督中心受理子系统

该系统专门为监督中心设计，使用人员一般为监督中心接线员，主要负责接收城管监督员上报和公众举报的问题。监督中心接线员通过系统对城管问题消息接收、处理和反馈，完成信息收集、处理和立案操作；同时，系统也可为"协同工作子系统"提供管理问题的采集和立案服务，保证问题信息能及时准确地受理并传递到指挥中心。

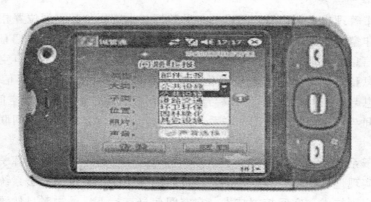

图 8-14　城管通设备界面图

### 3. 协同工作子系统

协同工作子系统是网格化城市管理系统的核心子系统，是提供给监督中心、指挥中心、各个专业职能部门以及各级领导使用的主要子系统。该系统提供了基于工作流的面向GIS 的协同管理、工作处理、督察督办等方面的应用，为各类用户提供了城市管理各类信息资源共享查询工具，可以根据不同权限编辑和查询基础地理信息、地理编码信息、城市管理部件(事件)信息、监督信息等，实现协同办公、信息同步、信息交换。通过协同工作子系统，各级领导、监督中心、指挥中心可以方便查阅问题处理过程和处理结果，可以随时了解各个专业职能部门的工作状况，并对审批流程进行检查、监督、催办。系统将任务派遣、任务处理反馈、任务核查、任务结案归档等环节关联起来，实现监督中心、指挥中心、各专业职能部门之间的资源共享、协同工作和协同督办。

### 4. 数据交换子系统

网格化城市管理系统建设应实现与其他市政监管信息系统的信息交换。通过数据交换子系统，可以使不同级别的市政监管系统之间实现市政监管问题和综合评价等信息的数据同步。例如，在区一级的监督管理部门无法协调解决的问题，应该上报给市一级的监管系统，由市级统一协调解决。

### 5. 监督指挥子系统

监督指挥子系统是信息实时监控和直观展示的平台，为监督中心和指挥中心服务。该系统不仅能够直观显示城市管理相关地图信息、城管问题上报案卷统计信息等全局情况，实现对城市管理全局情况的总体把握；也可通过分客户端直观查询并显示每个社区、监督员、部件等个体的情况，服务于具体指挥和业务派发。

### 6. 综合评价子系统

为绩效量化考核和综合评价服务，综合评价子系统是在各种评价数学模型的基础，参照工作过程、责任主体、工作绩效、规范标准等建立评价指标体系，并应用数据挖掘技术，对管理区域、职能部门和岗位等信息进行综合分析、计算评估，生成以相应的评价结果。通过该系统可以实现对网格化城市管理工作中所涉及的监管区域、政府部门、工作岗位动态、实时的量化管理；也可以通过比较发现管理中的薄弱环节，为领导决策提供现实可靠的依据。

### 7. 地理编码子系统

网格化城市管理中，城市管理涉及的各种数据基本都要与其空间位置相对应，这就要求空间数据与非空间数据的共享与整合。据专家分析，政府各职能部门拥有的大量业务信息中，80%的信息都与地理空间位置密切相关，但是这些信息几乎都没有空间坐标，因此无法与其他信息整合，也无法实现可视化的空间分析。为了将这些空间信息与非空间信息、非空间信息与非空间信息进行集成与融合，提供直观、生动的基于空间位置的服务，就需要建立空间与非空间信息之间的联系，地理编码正是建立这二者之间联系的最重要最实用的手段。

地理编码子系统为无线数据采集子系统、协同工作子系统、监督指挥子系统等提供地理编码服务，实现地址描述、地址查询、地址匹配等功能。地理编码子系统采用了地理编码技术、模糊识别技术、空间挖掘技术，在空间信息支持下，通过对自然语言地址信息的语义分析、词法分析，使城市中的各种数据资源通过地址信息反映到空间位置上来，实现资源信息与地理位置坐标的关联，并建立地理位置坐标和给定地址名称的一致性。

如图 8-15 所示，其编码过程是利用已有地址编码数据库，通过地理编码搜索引擎，通过制定相应的匹配与转换规则，实现地址信息与地理坐标的相互匹配与转换。该系统是网格化城市管理最重要的支撑系统之一。

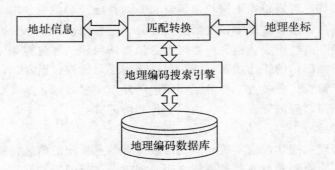

图 8-15　地理编码子系统的编码过程

### 8. 应用维护子系统

由于网格化城市管理模式还在发展变化中，其运行模式、机构人员、管理范畴、管理方式业务流程在系统运行过程中随着应用的逐步深入可能随时调整变化，因此，迫切要求系统具有充分的适应能力，在各类要素变化时及时调整，以满足管理模式发展的需要。应用维护子系统负责整个系统的配置、维护和管理工作，主要是根据实际需求通过配置形成相应的管理资源，业务规则，从而实现网格化管理相关功能的灵活配置。

### 9. 基础数据资源管理子系统

网格化城市管理中涉及大量空间数据与各方面市政管理所需数据，一方面这些数据的类型和结构各不相同，另一方面这些数据在应用过程中需要不断更新和扩展。基础数据资源管理子系统在适应数据管理和数据变化要求基础上实现数据整合，保证数据资源的完整性、可行性和一致性，并及时提供数据支持（如：实现对各类数据的显示、查询、编辑和统计等）。同时，以业务连续性为建设目标，实现基础数据管理和服务功能，保证数据资源安全、可靠。

### 8.4.3 系统的关键技术

网格化城市管理系统的构建本身是一个系统工程，在建设中涉及诸多关键技术的应用。这里，简单地介绍几项比较重要的关键技术。

1. "3S"及其集成技术

"3S"(GIS、RS、GPS)技术是现代空间信息科学的重要组成部分。GIS 是对多种来源的空间数据进行综合处理、集成管理、动态存取，作为新的集成系统的基础平台，并为智能化数据采集提供技术支撑；GPS 主要用于实时、快速地提供目标的空间位置；RS 用于实时地或准时地提供目标及其环境的各种信息，及时对 GIS 数据进行更新。"3S"技术集成是指将 GIS 技术、GPS 技术、RS 技术这三种相关技术有机地集成在一起，实现空间数据的实时采集、管理和更新。"3S"技术及其集成是网格化城市管理实现的关键。

2. 分布式数据库及分布式计算技术

分布式数据库是由相互关联的数据库组成的系统，它是物理上分散在若干台互相连接着的计算机上，而逻辑上完整统一的数据库。它的物理数据库在地理位置上分布在多个数据库管理系统的计算机网络中，对于每一用户来说，他所看到的是一个统一的概念模式。分布式数据库的设计需要用到分布式计算技术。从概念上讲，分布式计算是一种计算方法，在这种算法中，组成应用程序的不同组件和对象位于已连接到网络上的不同计算机上。因为用于城市管理的数据一般位于不同地区、不同部门的系统或者数据库中，因此网格化城市管理系统需要用分布式计算技术来构建异构的分布式数据库。

3. 网格及网格计算技术

互联网把各地的计算机连接起来，网格则把各种信息资源连接起来。而网格计算则是把计算机和信息资源都连接起来。在网格计算中，资源是分布的，资源及其提供者也是分布的。在城市的网格化管理中，各种计算资源和信息资源异构的分布在不同地区和不同的部门，网格和网格计算技术对信息处理一体化、信息资源共享与协同工作将起到重要作用。

4. 构件与构件库技术

构件(component)是被用来构造软件可复用的软件组成成分，可被用来构造其他软件，它可以是被封装的对象类、类树、功能模块、软件构架、分析件、设计模式等。应用构件技术可以有效地提高软件开发的质量和效率。构件库是把一组功能和结构有联系的一组构件组织在一起形成的有机的系统，可以对组件进行查询、管理、编辑等，类似于数据库管理系统。网格化城市管理系统有许多结构和功能差异很大的子系统，需要用到不同的数据库和软件系统，因此在系统开发过程中构件和构件库技术的使用将大大提高系统的开发效率。

5. 中间件技术

所谓中间件就是位于平台与应用系统之间的具有标准的协议与接口的通用服务，它是一个通用的软件层，利用该软件层提供的 API，可以开发出具有良好通信能力和可扩展性的分布式软件管理框架，用于在客户机和服务器之间传送数据、协调客户和服务器之间的作业调度、实现客户机和服务器之间的无障碍通信。通信是网格化城市管理系统中最重要最基本的功能，需要大量的通信来协调和完成各种事务处理，为此要借助中间件技术来统一管理、调度异构软件协同运行，减少关键任务切换，提高运行效率。

6. 地理编码技术

地理编码（Geo-coding）是基于空间定位技术的一种编码方法，它提供了一种把描述成地址的地理位置信息转换成可以被用于 GIS 系统的地理坐标的方式。在网格化城市管理系统中用到许多不同部门和类型的数据，其中大量的数据必须通过地理编码才能具备空间属性，才能与空间网格融合。所以，网格地理编码技术对于这些信息资源的集成和融合具有重要的作用。

另外，网格化城市管理系统中还涉及 Agent 技术、互操作技术、移动通信技术、安全机制等方面的其他技术，这里就不再一一赘述。

## 8.5　网格化城市管理的应用

网格化城市管理新模式的实施与应用，不仅实现了在管理空间的划分上精细化；而且也为管理的信息化平台提供了共享的基础，避免了重复建设、信息分割的局面，同时，整合了各级城市管理问题的发现、处置队伍，在提高城市管理的效率基础上降低了日常管理成本，应用前景广阔，实施效果显著。

### 8.5.1　各地的网格化应用与拓展

网格化城市管理的方法与模式本身只是一个框架——建设部于 2005 年 6 月批准了《城市市政综合监管信息系统》的四个行业标准，规范了全国数字化城管新模式的建设，为网格化城市管理在全国推广奠定了重要的技术基础。在这个框架下，从北京东城区兴起的网格化城市管理在全国范围内迅速推开——上海市长宁区、卢湾区，南京市鼓楼区，深圳市，成都市，杭州市，武汉市，扬州市，烟台市，北京市朝阳区等作为全国推广网格化管理模式的首批 10 个试点城市（区）。2006 年年初，建设部又公布了天津、重庆、郑州、昆明、南宁等第二批 17 个试点城市（区）名单。

各个试点城市（区）在建设部的标准之上，结合各地的实际情况，在管理方式、管理流程和软、硬件配置上，发挥了各自的创造性思维，又开发出了很多的特色应用，极大丰富了网格化城市管理模式的内涵，对于国内有计划开展此项工作的城市有很好的借鉴作用。

下面是 6 个比较特色的网格化应用地区。

1. 北京市朝阳区：社会化管理、推向农村

对北京朝阳区来说，既有成熟的建成区，又有大量的建设区。可谓是有 CBD，有使馆区，有亚奥商圈，同时也有广阔的农村地区。各地方的经济社会发展情况很不一样，所以朝阳区的办法是，广泛发动社会力量，提倡社会化管理。具体举措包括以下几点：

首先，试点先行，分步推广。一期网格化管理在三环路内 12 个街道范围内实施。二期网格化管理范围包括三环路以外的城区和农村地区。城区面积 54.8 平方公里，划分为 2524 个网格，普查了 42 万 6 千多个城市部件。朝阳区在城区推行网格化城市管理的同时，还向农村地区延伸，在 20 个地区办事处 369.8 平方公里范围内，全面实行网格化管理，共划分网格 3658 个。城区主要监督道路及其可视周边部件、事件问题以及"门前三

包"单位履行责任制情况，农村地区主要监督违法建设、暴露垃圾、卫生死角、积存渣土等重点问题。

其次，以事件管理为重点，管理内容从城市环境管理拓展到社会管理，纳入对人、对单位的管理。

再次，推进城市管理社会化，调动门前三包单位、保洁队、绿化队、物业公司等社会力量参与网格化城市管理。

最后，以 96105 作为统一呼叫平台，实现网格化城市管理系统与居民互动系统进行对接。

**2. 北京市海淀区：三心合一集中共享**

朝阳区面临的问题同样适用于海淀区。而且，由于海淀区的信息化建设已经有不错的底子，因此，不重复建设，而是利用集成已有信息系统的愿望也就更加强烈。在这个基础上，海淀区"三中心"工程将视频指挥调度中心、城市管理监督指挥中心、行政事务呼叫中心从空间位置上进行合并，从应用功能上进行整合，形成统一的综合网格化城市管理体系。

再有，由于海淀面积大、人口多，尤其是流动人口多，海淀并不全部通过城管监督员来发现问题。经过论证，海淀区决定采用视讯技术，视讯和城管监督员相结合的方式进行；两年来的实践证明，这是一种实用且有效的做法。

**3. 上海：市/区两级平台联动**

上海市网格化城市管理模式采用了以市级平台建设为主线，以区级系统平台建设为重点，市、区两级平台协同工作的技术体系，实现了市、区两级平台联动的网格化城市管理模式。

2005 年 4 月，上海市"12319"城建服务热线正式开通。热线整合了全市建设交通系统17 条热线，受理范围涵盖建设、水务、交通、房地产、市政、绿化、市容环境、城管综合执法等政府管理部门。10 月，市级平台和卢湾、长宁两区的区级管理平台投入运行。上海市积极将"12319"城建服务热线与数字化管理工作相结合，建立市、区两级联动的网格化的管理系统。自网格化城管平台上线以来，自卢湾、长宁两区的投诉，呈现出明显下降态势，进展情况良好：2005 年 10 月至今，两区的城管问题结案率均达到 90% 左右。

上海网格化城市管理中对市级平台的数据库进行了深层次的数据挖掘，包括静态的数据和动态的数据的加工、整合、挖掘等，并预留编码给区级平台。同时，通过市级平台，还可以向政府、社会企事业单位以及公众提供预报人气、重大突发事件的提示等信息服务，拓展了网格化管理的服务内容。

**4. 杭州：GPS 定位和手机 GIS 系统以及地下管线管理**

杭州将 190.95 平方公里主城区划分为 10074 个万米单元网格，专业部门还把有形的市政公共设施、道路交通设施、市容环卫、园林绿化、房屋土地等建立成总数为 196 万件的部件数据库，这样每个部件都有独一无二的代码。如有公共设施损坏，第一时间里，负责该区域的工作人员会用集定位、录音和拍照等多种功能于一体的智能手机拍下被损坏城市部件，传递到市城管信息中心受理平台，再由协同平台安排处理，大大缩短了时间。城市管理者能对城市运转中的各种问题做到"第一时间发现，第一时间处置，第一时间解决"。

目前杭州市已有 170 多家市级部门纳入网格化城管系统共享平台。按照发展规划,杭州市的网格化城市管理将进一步拓展,由市区向城乡结合部拓展,从主要街道向背街小巷拓展,由静态管理向动态管理拓展,由地面管理向地下的煤气管道等拓展,经常性管理向突发性事件处置拓展,定时管理向全天候管理拓展。

5. 深圳:一个平台三项评价

一个平台就是建立统一的网格化城市管理信息系统平台。首先,深圳市将全市管理区域划分为 8726 个单元网格,并对全市的六大类 92 小类城市部件进行全面普查。在此基础上,按建设部数字化城市管理有关规范的要求,结合深圳实际,开了包含 12 个软件系统组成的网格化城市管理信息平台。该平台运行在统一的城市管理中心数据库和软件支撑平台上,覆盖市、区、街道、社区和各个专业管理部门的多级多类城市管理应用需求,实现统一平台、集中管理、信息共享、分布应用。目前,通过该平台已共享了市规划、国土部门的基础电子地图信息、市工商部门的法人信息、市公安部门的视频监控信息、市气象部门的气温信息等公用信息。

三项评价是对城市管理的监督人员、指挥协调人员、操作人员、事件部件处理人员实行岗位绩效评价;对城市管理的有关单位和部门实行部门绩效评价;对各级政府的管理辖区实行区域质量和管理效果评价。这三类评价都是刚性评价。系统对每个管理对象都设计了一级指标、二级指标和三级指标,采用加权综合评分法计算总分,自动生成评价结果,并通过不同的颜色显示在相应的网格图中,予以在网上公布,使其一目了然,接受市民监督。评价结果作为考核业绩的重要内容之一,通过考核各专业部门、街道办事处的立案数、办结率、及时办结率、重复发案率,督促各责任单位和责任人依法履行管理职责,主动发现问题,主动解决问题。

6. 扬州:一级监督、二级指挥、三级管理、四级网络

扬州市市区面积 141 平方公里,而网格化管理范围则以 65 平方公里的主城区为主,划分 5510 个单元网格。运用地理编码技术,将管理部件按照城市坐标准确定位,继而进行分类管理。目前已采集 6 大类 127 小类共计 53 万个管理部件的基本信息。具体地说,城市里每一个窨井盖、路灯、邮筒、果皮箱、停车场、电话亭等都有自己的"数字身份"。

扬州市在全国第一个采用"一级监督、二级指挥、三级管理、四级网络"的管理模式。这种模式比较适用于中小城市,重点强化市一级的管理,并可以充分地调动市区两级的积极性,责任清晰、权利明确,便于指挥调度、协调管理和人员配置。该模式下,数字化城市管理总平台设在市一级,成立"两个中心"——监督中心和市指挥中心。监督中心只建在市级,行使监督权、评价考核权、奖惩权,实行高位监督;市、区两级分别设立指挥中心,将市管和区管单位统一整合到同一系统中,强化市、区两级指挥职能;明确市、区、街道三级的管理责任;建设跨市、区、街道、社区四级信息网络。市里统一给各级部门及监督员配备电脑、城管通等网络通信设备。

扬州着力强化市级监督中心和市区两级指挥中心这"两个轴心"的建设,两个中心闭合式运行,又紧密联系,协同联动,形成合力。通过强化"两个轴心"的建设,形成"城管有没有问题,监督中心说了算;问题由谁解决,如何解决,指挥中心说了算"的大城管格局。

### 8.5.2 应用后总体效果

到目前为止,全国有 50 多个大、中、小型城市(区)已经开展或正在开展网格化城市

管理新模式建设。其中，北京市、上海市、杭州市、扬州市、深圳市等都建设了全市的网格化城市管理信息系统，取得了明显效果。

**1. 明显提高了城市管理效率**

网格化城市管理模式极大地提高了城市管理效率。北京市东城区自 2004 年 10 月 24 日系统投入运行以来，政府系统本身对城市管理问题的发现率达到 90% 以上，而过去只有 30% 左右；任务派遣准确率达到 98%；问题处理率为 90.09%，问题平均处理时间为 12.1 小时，而过去要 1 周左右；结案率为 89.78%，平均每周处理问题 360 件左右，而过去每年只能处理五六百件左右，城市管理水平明显提高。上海市长宁区网格化城市管理系统自 2006 年 1 月正式投入运行以来二个月内有效立案 16391 件，按时处置结案 16249 件，处置完成率为 99.1%。上海市城建热线平台针对卢湾区的公众投诉量明显下降，2005 年 11 月重复投诉率为零，卢湾区内各条城建热线的投诉量也同比下降 50% 左右。武汉市网格化城市管理系统 2005 年 10 月 18 日建成投入试运行，截至 2006 年 4 月 13 日，立案 13210 件，结案率达 80% 以上，日均处理事件 100 余件。

**2. 有效降低了城市管理成本**

网格化城市管理模式建立在数字技术基础之上，一方面，数字化的城管信息使得管理成本有效降低：信息传递的快速准确使得各类损害、危险能够在第一时间被发现、解决，从而降低各类城市部件的维护成本；另一方面，数字技术使得组织人员的集约化分工配置成为可能：传统管理模式下某一区域内不同类别的设施、事件，需要不同专业部门分别派人监督，而在新模式下这些工作可以完全交给一名监督员来完成。专业部门不再承担发现问题、捕获信息的责任，彻底从监督工作中解放了出来，降低了人员消耗。北京市东城区的经验充分证明了这一点：由于城市管理监督员对万米单元进行不间断巡视，各专业部门的巡查人员相应减少 10% 左右，各类费用明显降低；由于问题定位精确，人员分工明确，各专业部门的部件、事件处理成本大大降低。由于管理部件破坏、损伤发现及时，管理部件维修、重置费用等也大大降低。测算结果表明，今后 5 年内，新模式的运行可以使东城区每年节约城市管理资金 4400 万元左右，而该区为实施新模式投入的建设资金不到 2000 万元。

**3. 有助于建立城市管理长效机制**

网格化城市管理模式在很大程度上克服了传统城市管理模式的制度缺陷和技术障碍。信息收集传递的及时准确使城市管理工作做到了有的放矢、有条不紊，走出了过去"群众运动式管理"，"突击式管理"的尴尬境地；与网格化城市管理模式相适应的新型组织结构和人员分工方式解决了职责交叉、推诿扯皮、多头管理等问题，提高了管理主体的活力和效率；网格化城市管理模式推动下的管理工作流程再造，使得城市管理由过去的粗放、被动、分散向高效、敏捷、系统转变，进一步强化了政府的社会管理和公共服务职能，为建立城市管理长效机制做出了有益探索。

**4. 提高了城市管理的民主化水平**

现代行政管理理论认为，民主是实现政府"善治"的重要基础。传统城市管理模式的一大缺陷是公众意见表达渠道不通畅，造成管理者的行为失准，降低了管理效率，甚至损害了公众利益。网格化城市管理模式的一大特点是沟通渠道的双向性，通过"监督中心"的纽带作用，实现了市民与政府的良性互动，加速了信息传递，密切了政群关系。市民的问题能够及时传达给管理者，方便了管理者及时采取措施对症下药；同时，市民评价被列为管理者绩效考核的重要指标，提高了管理者的主动性和市民参与管理、协助管理的积极性，形成了一套完整的反馈控制系统，增强了管理的有效性。

5. 进一步规范了城市管理行为

城市管理的根本目的是创造、维持城市和谐优美的生活工作环境。因此，城市管理应秉持以人为本、和谐关怀的理念，重"疏导"，轻"压制"，重"沟通"，轻"命令"。然而近年来，城市管理工作中"以罚代管"、"以压代管"、"暴力执法"等不和谐现象常常见诸报端。究其原因，一方面是管理者的价值取向问题；另一方面则是传统的城市管理模式在绩效考核环节过于重视组织内部评价和机械的指标评价，忽视了外部评价和主观评价。网格化城市管理模式下衍生的新型绩效考核制度，将市民和相关方面的主观评价列为一项主要指标，内外兼顾，起到了端正管理理念、规范管理行为的功效，彰显了城市管理的人性化精神。

## 思考题

1. 网格管理和网格化城市管理之间有什么关系？
2. 传统的城市管理的主要问题在什么地方？网格化城市管理的优势是什么？
3. 单元网格的划分原则中主要考虑了什么？
4. 移动测图系统能够代替传统的部件采集方法么？
5. 网格化管理系统相当复杂，你觉得哪些组成部分是最重要的？哪些次之？
6. 上网查一下，网格化管理在你所在城市有所应用么？

# 第9章 城市管网信息系统[①]

城市地下管线是城市的生命线。随着城市建设步伐的加快，作为城市基础设施重要组成部分的地下管线设施发展十分迅速。应用现代信息技术建立城市综合管网管理系统来动态管理和维护城市地下管线资料，已成为众多城市规划和建设管理部门的共识。于是，城市综合管网管理系统成为数字城市的核心应用系统之一。本章主要介绍城市管网系统建设的意义、目的及服务功能，城市管网数据的来源、编辑和处理以及城市管网系统设计和开发等相关知识。

## 9.1 城市管网系统建设概述

在我国广大城市，地下管线状况十分复杂。许多城市已经或正在组织实施大规模的城市地下管线普查和探测工程。由于管线种类多、涉及的年代久远，获取的地下管线资料错综复杂，数据量也很庞大，要管理并利用好这些来之不易的数据资料，传统的管理方式显然无能为力。

城市管网信息系统可以实现综合管网信息的动态管理，从而为城市规划和建设提供服务。它不仅能够更好地管理各种主干管线信息，及时对各专业管线数据进行更新、维护，保证管线数据的准确性，而且能够为管理部门的宏观决策提供准确、实时的管线信息，为城市的防灾、抢险等工作提供决策服务，为城市的规划建设提供完善的管线资料，为保证城市地下生命线的安全运转提供强大的技术保障。

城市管网信息系统所涉及的主干管线主要有：给水管线、排水管线、煤气管线、供电管线、热力管线、电信管线、人防管道和工业管线以及管沟等。一些城市可能还包括电车、交通、路灯、有线电视等管线(郝力等，2002)。

### 9.1.1 基本概念

1. 地下空间信息概念

城市地下设施类型繁多，包括地下商场、地下娱乐场所、地下停车场、地下仓库、地铁、隧道、地下人防工程、高层建筑的地基、地下管网等。此外，城市地下空间设施还具有数量多、分布广、形态错综复杂等特点。地下管网是地下空间中最主要的设施，例如，上海的地下管线总长达4万多公里，勘探孔约20万个。城市地下空间信息化是城市信息化的重要内容，是城市地表信息化向地下的延伸。地下管网信息是城市地下空间信息中最

---

[①] 本章综合了张正禄，司少先，李学军，张昆等编著的《地下管线探测和管网信息系统》(测绘出版社，2007)，根据不同章节编写而成，有修改。

重要的信息。

2. 城市地下管网传统管理模式

城市地下管网资料以图纸、图表等纸介质分类保存和管理。这种模式存在各种弊端，如资料不全、查询不便、更新速度慢，造成信息与现状不符，很难以直观的形式表达管网的综合状况，不能满足规划、管理和施工的需求，严重影响城市建设规划、管理、施工和服务的质量和水平，在建设施工中，经常发生挖断或损坏地下管线的事故，经济损失严重。该模式无法对现有的信息进行深层次的综合统计和分析，不能给城市建设的决策部门提供全面的决策信息。

3. 地下管网信息系统

地下管网信息系统是地理信息系统在市政管理方面的应用，是一个为城市规划、建设、管理、决策服务的，以计算机网络为载体，以 GIS 软件为平台的应用型技术系统。它以数字地图为基础空间数据、以空间信息数据和属性信息数据为资源，利用 GIS 的数据库管理、查询、统计和分析功能，为城市规划、管理提供技术决策支持。

地下管网信息系统的优点主要有：及时、准确的地下管线信息的查询和信息服务；方便、实用的辅助管理、分析与决策手段；简单直观的操作界面和可视化管理；分布的、可维护的、可扩展的开放性体系结构。

国外在地下管网信息系统方面的研究与应用起步较早。洛杉矶的一项污水管道检修项目通过闭路电视探测主干排污管道，然后利用 ArcGIS 软件和管道数据库来确定哪些管道最有可能损坏，在此基础上制定了三年的管道检修计划。新加坡利用 GIS 技术建立了地下管网管理系统，以提供电力设施部门所需的电线追踪和其他分析功能。美国、加拿大等发达国家的石油公司也都建立了石油管道信息系统。

我国自 20 世纪 80 年代末开始研究建立城市地下管网信息系统，但管线数据的来源问题使相关工作的进展比较缓慢。随着各地经济实力的逐渐增强、相关技术的进步，国内逐渐形成了管线普查、建立信息系统的潮流。国内许多城市都已开展了综合管线信息系统的建设，并在城市管线管理水平方面取得了很大进步，形成了城市管线管理体系的基础框架。

2000 年以来，国内有不少城市如北京、海口、广州、青岛、昆明等建立了一定规模的地下管网信息系统。城市的管线专业单位，如上海市自来水公司、电路输配电公司、煤气公司和沪西供电所等，正在筹建相应的地下管网信息系统。一些大型厂矿，如石油化工部门的炼油厂、化工厂也在建立地下管网信息系统。可以预见，城市和大型厂区地下管网信息系统的建立管理和应用将会得到更加迅速的发展。

### 9.1.2　系统的建设目标与组成

1. 城市地下管网信息系统的建设目标

(1)实用性。要求能完整地管理一个城市的大比例基础地理信息及各种管线、管件的空间和属性信息；系统必须涵盖使用单位需要的各种功能，并可体现其特殊的解决方案；不仅能很好地服务于管线的管理，而且能促进城市管线管理水平的提高。

(2)稳定性和安全性。随时满足管理的需要，解决各种管线工程的需要，运行稳定可靠，保证数据的安全(城市地下管线信息具有很高的保密性)。

(3)规范化和标准化。城市地下管线隶属于城市各专业权职部门，是城市信息系统的组成部分，信息必须标准，管理必须规范，才能满足信息共享、信息浏览的要求。

(4)完备性和可扩充性。数据完备，功能完备，可升级，可扩展。

城市地下管线信息的建设是一个工程项目，在建设过程中具有鲜明的工程特性，建成后主要是为城市管理服务。工程特性表现为：投入大、工程阶段多、工序多、流程复杂、投入人员多、质量要求高、信息标准严等。在系统建设过程中，系统使用人员是地下管网信息系统的主体，他们必须在系统建设的各个阶段发挥主导作用。系统使用人员必须按工程规律办事；必须按地下管网信息系统建立所要求的标准、技术规程和技术指南执行；必须严格按各种质量标准进行全过程质量监控；必须按项目管理的要求推动整个系统的建立。

地下管网信息系统又是一个有生命活力的系统。它的生命活力靠不断地及时修改、更新它的基础地理信息及各种管线信息，使信息始终保持现势状态，才能维系它的活力。另一方面需在应用之中不断深入、不断扩充它的管理功能，系统才能具有旺盛的生命力，才能真正体现它的价值。

地下管网信息系统将管理信息系统(MIS)与地理信息系统(GIS)融为一体，使管网空间图形数据库与属性数据库有机相连，同时兼具 GIS、CAD 与实时监测功能，为地下管网行业的经营管理提供了强有力的技术支持，为政府决策提供服务，方便有关部门查询。

2. 地下管网信息系统的组成

地下管网信息系统由五大部分组成：①计算机硬件和网络系统；②系统软件和管线信息系统软件；③各种基础地理信息和各种管线信息；④系统使用人员、系统操作人员、维护人员以及系统的开发人员；⑤各种运行管理的规章制度。

地下管网信息系统按用途可分为城市综合管线信息管理系统和各专业管网信息管理系统，如燃气管网信息管理系统、城市供水管网管理系统、电信管网管理系统等。燃气管网信息管理系统是为燃(煤)气公司的管网设计、维护和管理提供专业化服务的管网管理系统，同时提供图文办公自动化系统的设计与开发服务。城市供水管网管理系统采用遥控遥测、计算机网络、数据库和地理信息系统等技术，依据自来水公司的管理和供水业务的实际需要，为城市供水企业提供办公自动化、供水管网管理和远程数据采集等技术服务。电信管网管理系统利用计算机网络、数据库、地理信息系统等技术，以及电信网络分析模型，为电信企业的线路和设备资源提供可视化管理，并结合电信专业分析技术，为规划设计、网络优化和运营维护提供先进的系统管理。

3. 系统的信息构成

系统的信息构成包括以下几个部分：

(1)基础地理数据库的道路中心线、道路边线、其他相关的地形、地物和标准图框等。

(2)管线的点要素、线要素以及相应的属性表。如管线特征点类别、管线材料、建设状态(新建、改建、已建)。

(3)给水、排水、电力、电信、煤气以及特种管线的平面位置、埋深、走向、性质、规格、材质等属性信息，敷设时间和单位以及管理部门等。例如：排水管道类别(雨水、合流污水)，压力类型(重力管、压力管)，施工方式(开槽埋管、顶管)以及形状(圆形、椭圆形)等。具体还包括：起点和终点的物探点号，连接方向，起点和终点埋深(雨污排水管注管底埋深)，材质，埋设类型(直埋、矩形管沟、圆形管沟、拱形管沟、人防等)，管径(直径或宽×高)，建设年代，权属单位代码，线型(非空管、空管、井内连线)，电缆条数，电压值，压力类型（高压、中压、低压），孔数，保护材料起点和终点埋深（外顶埋深），保护材料断面尺寸（直径或宽×高），保护材料材质等。

### 9.1.3　系统的服务功能

一个完整的城市地下综合管网信息系统应具有 GIS 通用的图形分层显示、编辑、属性浏览、统计功能，图形属性信息交互查询、联合查询功能，基本的空间分析等功能，还应具有一些满足行业要求的特殊功能，主要包括：

**1. 数据管理**

数据逻辑错误检查；地下管线数据和地形数据的入库、地下管线更新入库；数据格式转换；自动生成管线图库和属性数据库，并建立图属关联关系。管线测量成果与探查成果的合并，进行误差分析与冲突处理、管线的截断处理、管线的删除处理、管线的追加处理（点号唯一性处理、新1日管线的连接点处理等）。属性数据更新，定义管线类型并附加属性，属性数据存入图形的扩展对象数据中；地下管线探查进度、入库进度管理。管线点、管线、文本标注等对象的新增、删除、移动、修改、重做、撤销等操作以及对管线属性、管线点属性的编辑。

**2. 查询**

按图号、道路名、单位名、区域查询任意范围（可多幅）管线；以路网等为参照的各种查询；以管线规划管理图文办公内容为依据的查询；按行政区划、道路、图幅号和属性等多种方式查询管线的空间和属性信息；图形与属性的交互式查询；图形属性的各种条件组合查询；实地照片的查询；任意区域查询；地形图、规划图和红线图的叠加查询等，以便于对照分析现状管线与规划管线之间的关系及其空间位置关系。

**3. 统计**

长度统计、点类型统计、生成相应统计报表等。

**4. 空间分析**

任意横断面（任意地点、任意角度）的生成与分析；连续管线纵断面的生成与分析；交叉口分析；给水及煤气管道发生爆管事故的影响区域分析；管线数据与其他数据（如基础地形图、正射影像图、规划成果图）的叠加分析。

**5. 管线工程综合**

地下管线与建（构）筑物之间水平间距判断与分析；地下管线与建（构）筑物和绿化树种间的水平净距判断及分析；各类地下管线之间水平净距判断与分析；各类地下管线垂直净距判断与分析；各类地下管线覆土深度分析；全市规划区内各种干管的总体布置现状等。

**6. 管线工程辅助设计**

根据国家规范和其他标准以及现状管线之间的关系，限定规划管线的布设界限，并提供方便的管线图形建立、编辑工具。

**7. 对外服务**

报建管线图的生成（包括综合管线图和大比例尺横断面图），图面修饰（包括图形裁剪、图框建立、风玫瑰添加，以及图形旋转及其他图形编辑功能）。

**8. 三维模拟**

运用三维和虚拟现实等技术进行地下管网局部三维显示。

9. 打印输出

图件裁剪和修饰、图幅边框自动生成和打印出图。

10. 数据安全与系统维护

数据备份，软件运行所要求的路径设置，其他参数设置。

此外，系统的特殊功能包括供水管网水力计算、电力网计算、爆管分析、地震破坏分析和漏水分析等。

## 9.2　城市管网数据管理

### 9.2.1　管线数据来源及特点

城市管网信息系统所涉及的数据主要有两大类：一类是各种管线的图形数据和属性数据；另一类则是反映地面景观状况的地形数据。此外，还有为系统运行服务的数据以及其他数据（如管线规划图、城市规划红线数据以及有关管理法规资料等）。

(1) 管线的图形数据与属性数据。由于管线资料的不完整、不可靠，在许多城市，一方面经常发生因施工挖断管线的现象；另一方面，一旦发生爆管事故，难以及时采取有效的应对措施。因此，近些年来，不少城市都进行了大规模的城市地下管线普查和测绘工作，采集各种管线的图形数据与属性数据。此外，城建档案资料、管线规划设计资料以及工程竣工测量资料也是重要的管线数据源。这些数据总的特点是结构比较复杂，属性项较多。

(2) 地形数据。管网系统必须使用必要的反映城市地物地貌特征的地形数据。建立管网系统所用的基本地形数据一般来自城市基础测绘成果。少数情况下，在进行管线探测的同时也采集地形数据。这里对地形数据的最基本要求是能够满足日常管线管理和维护分析的需要。由于管网管理系统通常涉及的是主干管线，所以经常使用带状线划地形图，地形图的比例尺一般为 1∶500。

(3) 其他数据资料。综合管网管理系统中的其他数据资料一般通过收集的方式获得。

如果上述资料尚不是以数字形式存在，则需要对它们进行数字化处理。管网系统中的数据流程如图 9-1 所示（郝力，2002）。

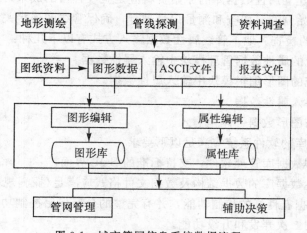

图 9-1　城市管网信息系统数据流程

### 9.2.2 管线数据处理与建库

管线数据处理是指对用不同仪器设备和方法采集的管线原始数据进行转换、分类、计算和编辑等操作，为图形处理提供绘图信息，为管网信息系统提供与管线有关的各种信息。广义上说，数据处理包括控制测量平差，地下管线点和碎部点坐标生成，地下管线属性数据库和空间数据库的建立，元数据、管线图形文件和其他空间数据文件的生成等。数据处理成果应具有准确性、一致性和通用性。

数据库是以一定的组织方式存储在一起的相互有关的数据的集合，实现数据共享是数据库最本质的特点。数据库也可以看成是有关文件的集合，但并不是个别文件之和，而是对文件的重新组织，以便最大限度地减少各文件中的冗余数据，增强文件之间以及文件记录之间的相互联系，实现对数据的合理组织与共享。

管线数据库是某一区域地下管线数据的集合，地下管线数据包括地下管线各要素的空间数据和属性数据。管线数据库的结构和文件格式应满足地下管网信息系统的要求，便于查询、检索和应用。

建立管线数据库一般分两步进行：管线点测量工作完成前，先由数据处理人员将《地下管线探查记录表》中的信息录入到计算机，完成数据库中的属性数据部分录入；管线点测量工作完成后，将管线点坐标追加(合并)到数据库中，形成完整的管线数据库。

1. 管线属性数据库的建立

(1) 管线属性数据。

地下管线的类别、性质、规格、材质、权属单位和埋设时间等是地下管线的主要属性数据。属性数据库包含的数据字段主要为：管线点编号、管线类别(性质)、材质、规格(直径或断面尺寸)、埋深、载体特征、电缆条数、孔数(总数和已占用)、附属设施、管线的连向(连接关系)、给排水流向、建设年代(埋设时间)等，根据用途和要求不同，不同城市对属性数据的要求也不同。

(2)管线属性数据库。

在查明地下管线各类属性信息的基础上，按照城市地下管网信息系统的要求建立地下管线属性数据库。建立属性数据库的原始资料应是验收合格的成果，地下管线属性数据输入时应严格对照原始调查、探查和测量记录进行，确保管线的连接关系正确无误，数据输入后应进行 100% 的检查。地下管线属性数据输入方式有以下几种：

① 在信息系统的属性数据管理模块中输入属性数据。

② 在信息系统的图形编辑模块中输入属性数据。

③ 从外系统导入属性数据。

④ 属性数据与图形数据一体化输入。

建立属性数据库的软件系统应满足以下要求：

① 采用关系型数据库管理软件，支持标准的 SQL 界面。

② 建立的属性数据库的数据结构及数据文件格式应满足《探测规程》的有关规定。

③对语义型数据有良好的控制功能，并有完整的分层保密控制功能。

④ 具有良好的二次开发和升级功能。

⑤具有良好的数据交换标准格式，且通用性能好。

（3）建立管线属性数据库的基本程序。

① 资料准备。全面收集管线探查手簿、外业物探草图、明显点调查表以及管线点数据成果文件。

②管线连接信息文件的编辑。按外业物探草图与软件要求编辑连接信息文件。

③ 数据输入与查错。根据所选择的管线属性数据输入方式，按照程序要求批量或手工输入各类管线点数据，程序自动检查管线点成果数据点码与连接信息文件点码是否一致，点之间的间距是否满足设计要求等，并打印错误信息表。

④ 数据修改。根据查错信息修改属性数据。

⑤属性数据合并。在工作区内，管线探查与测量一般要分组实施，各小组负责各自分工范围内的管线探查、测量与属性数据库的建立。需要将各小组建立的属性数据库通过合并整理，建立整个工作区的属性数据库。

**2. 空间数据库的建立**

空间数据也叫图形数据，用来表示地理物体的位置、形态、大小和分布特征等方面的信息。根据空间数据的几何特点，地下管线空间数据可分为点、线、面和混合性等四种类型。管线的空间数据库主要由管线点的坐标数据库构成，此外还包括其他空间数据文件。

关于空间数据文件的生成，不同的地下管线数据处理软件有不同的方法，下面以某软件为例进行说明。该软件的特点是以图幅为单位进行处理。每幅图含有 3 个文件，即管线点成果表文件、基础图形文件和汉字注记文件。每幅图中的每类专业管线点有独立的管线注记文件和管线数据文件。

汉字注记文件由基础地形标注项组成。每一标注项数据结构形式如下：

$$\boxed{X} \quad \boxed{Y} \quad \boxed{Sp} \quad \boxed{S} \quad \boxed{\alpha} \quad \boxed{\beta} \quad \boxed{字符串}$$

数据结构说明：

$X,Y$:注记定位点的 $X,Y$ 坐标值；

$Sp$:字间距；

$S$:注记汉字大小；

$\alpha$:注记旋转角度,单位为弧度；

$\beta$: 注记字符倾斜角度,单位为弧度；

字符串：注记汉字。

管线注记文件按管线类分类，记录综合管线图中各类管线点的点号，排水流向，沟边线等，它采用 DXF 文件格式，地下管线探测成果数据文件分类如表 9.1 所示。

表 9.1　　　　　　　　　地下管线探测成果数据文件分类表

| 内　容 | 性　　质 | 文　件　名 |
|---|---|---|
| 管线点成果表 | 管线属性数据库，含三维坐标 | ×××××××. DBF |
| 基础地形 | 点、线类非汉字注记 | TP×××××. DXF |
| 汉字注记 | 基础地形图上的汉字注记 | ×××××××: CHN |
| 给　水 | 管线、管线点、窨井及其他点状符号注记 | JL×××××. DAT<br>PT×××××. DXF |

续表

| 内　容 | 性　质 | 文　件　名 |
|---|---|---|
| 排水（雨污水及合流） | 管线、管线点、窨井及其他点状符号注记，包括流水方向、宽沟边线 | PL×××××. DAT<br>PT×××××. DXF |
| 煤　气 | 管线、管线点、窨井及其他点状符号注记 | ML×××××. DAT<br>MT×××××. DXF |
| 电　力 | 管线、管线点、窨井及其他点状符号注记 | LL×××××. DAT<br>LT×××××. DXF |
| 电　信 | 管线、管线点、窨井及其他点状符号注记 | DL×××××. DAT<br>DT×××××. DXF |
| 工　业 | 管线、管线点、窨井及其他点状符号注记 | GL×××××. DAT<br>GT×××××. DXF |
| 有线电视 | 管线、管线点、窨井及其他点状符号注记 | SL×××××. DAT<br>ST×××××. DXF |

注：×××××为城市基础地形图分幅图名号

管线数据文件提供各条管线的连接关系，这种连接关系用一定的数据结构表达，每类管线都有相应的符号编码。

属性数据库和管线点坐标数据库的公共部分是管线点号（物探外业编号）。利用这一特点，采用专业软件提供的数据合并功能，将测量坐标自动追加（合并）到属性数据库中，把物探属性数据库与测量空间数据库按照管线点——对应的原则合并成一个完整的管线数据库（＊．mdb格式）。

在利用数据库成图之前，对数据进行一致性检查，并对发现的问题查找原因，进行改正。利用专业软件的查错功能，对数据库进行全面检查，检查数据库内部是否有连接关系错误、管径矛盾、代码错误、格式错误、管线点距是否超长、有无空项、坐标缺失等，并进行改正，排除数据错误。

查错程序可自动生成错误信息表，作业员根据信息表及时地对数据进行核查，修正错误，为生成管线图做准备。

3. 管线图形文件的生成

管线成图软件应具有生成管线数据文件、管线图形文件、管线成果表文件和管线统计表文件，并绘制地下管线带状地形图和分幅图，输出管线成果表与统计表等功能。当管线碎部记录文件在计算机上显示的管线图形和实地工作草图对照符合后，即可按图幅生成图形文件。

对于图形文件的形式，不同的成图软件有不同的设计。图形文件与数据文件应解决好链接问题，保持对应关系，为建立图形数据库奠定基础。同时，图形文件兼容性要好，便于今后使用和信息共享。

4. 管线元数据的生成

元数据是关于数据的数据。在地理空间数据中，元数据是说明数据内容、质量、状况和其他特征的背景信息。它可以帮助生产单位有效地管理和维护空间数据，方便用户查询和检索。通过提供有关信息，便于用户接收、处理和转换外部数据。元数据质量是数据质量的组成部分和基础，其质量主要从完整性、准确性和结构性要求方面综合考虑。

地下管线元数据的内容和形式应符合国家行业标准《城市基础地理信息系统技术规范》的有关要求。

地下管线元数据大部分需要人工生成，部分元数据能从图形文件和数据库自动获取。系统具有对元数据进行编辑、查询和统计等功能。地下管线元数据应随着城市基础地理数据库的更新而实时更新。要定期进行元数据备份，建立历史元数据库。

### 9.2.3　地下管线图的绘制

地下管线图分为综合管线图、专业管线图、管线纵横断面图和局部放大示意图。地下管线图的编绘应在地下管线数据处理工作完成并经检查合格的基础上，采用机助成图或手工编绘成图。机助成图编绘工作应包括下列内容：比例尺的选定、数字化基础地理图和管线图的获取、注记编辑、成果输出等。手工编绘工作应包括下列内容：比例尺的选定、基础地理图复制、管线展绘、文字数字的注记、成果表编绘、图廓整饰和原图上墨等。

#### 1. 地下管线图的种类和规格

地下管线图的编绘是在地下管线数据处理工作完成并经检查合格的基础上，采用计算机编绘或手工编绘成图。随着计算机技术和信息技术的发展，计算机编绘已成为主流方式。地下管线图应以彩色绘制，断面图可以单色绘制。地下管线按管线点的投影中心及相应图例连线表示，附属设施按实际中心位置用相应符号表示。

(1)管线图的种类。

地下管线图主要分为综合管线图、专业管线图、断面图和局部放大示意图。综合管线图表示的要素齐全，包括全部专业管线和沿管线两侧的地形、地物；专业管线图只表示一种专业管线和沿管线两侧的地形、地物；断面图仅指横断面图，表示地下管线在同一截面上的分布、竖向关系和管线与地面建(构)筑物间的相互关系的辅助用图；局部放大图是当区域内管线分布复杂、图载量过重、受综合管线图的图面限制，无法全部表示和注记图面要素，需作局部放大表示局部相对关系的辅助用图。

(2)管线图的规格。

各类管线图的比例尺、图幅规格及分幅应与城市及基本地形图一致主要城区的比例尺采用 1：500；在城市建筑物和管线稀少的近郊采用 1：500 或 1：1000；在城市外围地区采用 1：1 000 或 1：2 000。

局部放大图及管线断面图的比例尺视情况而定，一般以在图面上清楚表示地下管线间及与地上、地下建(构)筑物间的相互关系为原则进行选择。

当地形图比例尺不能满足地下管线成图需要时，需对现有地形图进行缩放和编绘。如果地形图是全野外数字采集获得的，在放大一倍时，地物点精度不丢失，但文字注记、高程注记、个别独立地物等需要重新编辑；比例尺缩小时也是如此。如果是原图数字化的地形图，放大后的精度可能较低，不能满足地下管线成图的要求，应慎用。

地下管线图各种文字、数字注记不得压盖管线及附属设施的符号。地下管线图注记按表 9.2 执行。管线上的文字、数字注记平行于管线走向，字头朝图的上方；跨图幅的文字、数字注记分别注记在两幅图内。

表 9.2　　　　　　　　　　　　　地下管线图注记标准

| 类　　型 | 方　式 | 字　　体 | 字大/mm | 说　　　明 |
|---|---|---|---|---|
| 管线点号 | 字符、数字混合 | 正等线 | 2 | |
| 线注记 | 字符、数字混合 | 正等线 | 2 | |
| 扯旗说明 | 汉字、数字混合 | 细等线 | 3 | |
| 主要道路名 | 汉字 | 细等线 | 4 | 路面材料注记 2.5mm |
| 街巷、单位名 | 汉字 | 细等线 | 3 | |
| 层数、结构 | 字符、数字混合 | 正等线 | 2.5 | 分间线长 10mm |
| 门牌号 | 数字 | 正等线 | 1.5 | |
| 进房、变径等说明 | 汉字 | 正等线 | 2 | |
| 高程点 | 数字 | 正等线 | 2 | |
| 断面号 | 罗马数字 | 正等线 | 3 | 由断面起、讫点号构成断面号，如 I-I' |

图例符号应符合下列规定：

(1)地物、地貌符号应符合现行国家标准《1：500；1：1000；1：2000 地形图式》规定。

(2)管线及附属设施的符号应按《探测规程》附录 E 规定的图例执行。

(3)管线代码及颜色应按《探测规程》附录 D 规定执行。

(4)地下管线图图廓整饰应按《探测规程》附录 F 规定执行。

2. 管线图的编绘

(1)综合管线图编绘。

综合地下管线图应表示各类地下管线、附属设施、有关地面建(构)筑物和地形特征，是市政建设规划、设计、管理等方面的重要图件。综合地下管线图编绘应以外业探测成果资料为依据，以保证图件编绘的完整性和准确性。编绘前应取得下列资料作为编绘参考：

① 工作区内的大比例尺数字化地形图。

② 经检查合格的地下管线探测及竣工测量的管线图。

③ 探测成果、外业数据软盘、注记文件和管线点成果表。

④ 附属设施草图和管沟剖面图。

综合管线图上的管线应以 0.2mm 线粗进行绘制，当管线上下重叠且不能按比例绘制时，应在图内以扯旗的方式说明。扯旗线应垂直管线走向，扯旗内容应放在图内空白处或图面负载较小处。

综合地下管线图的编绘应包括以下内容：

① 各专业地下管线一般只绘出干线，干线的确定可以根据具体工程情况及用途要求而定。各专业管线在综合图上应按照《探测规程》规定的代号和色别及图例，用不同符号和着色符号表示。

② 与干线有关的管线上的地面建(构)筑物和附属设施都应绘出。其建(构)筑物和附属设施如表 9.3 所示。

表 9.3　　　　　　　　　　　　地下管线上的建(构)筑物和附属设施

| 专业 | 建(构)筑物 | 附属设施 |
|---|---|---|
| 给水 | 水源井、给水泵站、水塔、清水池、净化池 | 水表、排气阀、阀门、消火栓、排泥阀、预留管头、阀门井 |
| 排水 | 排水泵站、沉淀池、化粪池、净化构筑物 | 检查井、水封井、跌水井、冲洗井、沉淀井、进出水口 |
| 燃气、热力及工业管道 | 抽水井、调压房、煤气站、锅炉房、动力站、储气罐 | 排水(排气、排污)装置、阀门井、凝水井 |
| 电力 | 变电所(站)、配电室、电缆检修井、各种塔(杆)、增音站 | 露天地面变压器、杆上变压器 |
| 电信 | 控制室、变换站、电缆检修井、各种塔(杆)、增音站 | 分线箱、交接箱 |

　　③地面建(构)筑物。其作为地下管线图的背景图,地形层中应对能够反映地形现状的地面建(构)筑物进行表示,作为管线相对位置的参照。

　　④ 铁路、道路、河流、桥梁。

　　⑤ 其他主要地形特征。

　　综合管线图的注记应符合下列要求:

　　① 图上应注记管线点的编号。管线图上的各种注记、说明不能重叠或压盖管线。地下管线点图上编号在本图幅内应进行排序,不允许有重复点号,不足 2 位的,数字前加。补足 2 位。

　　② 各种管道应注明管线的类别代号、管线的材质、规格、管径等。

　　③ 电力电缆应注明管线的代号、电压。沟埋或管埋时,应加注管线规格。

　　④电信电缆应注明管线的代号、管块规格和孔数。直埋电缆注明管线代号和根数。目前电信管线又细分为移动、联通、铁通、网通、交警信号等几类,在标注时,应将其分别标注。

　　(2)专业管线图的编绘。

　　专业管线图只表示一种管线及与管线有关的地面建(构)筑物、地物、地形和附属设施。专业管线图的编绘可按一种专业一张图,也可按相近专业组合一张图。编绘原则与综合管线图一致。

　　采用计算机编绘成图时,专业管线图应根据专业管线图形数据文件与城市基本地形图的图形数据文件叠加、编辑成图。不同专业管线图的编绘内容也不尽相同,如:

　　①给水管道专业图。主要是进行市政公用管道探测区给水管道专业图的编绘。城市给水管道系统可分为水源池、干管道、支干管道和支管道。在市政公用管道探测区,主要编绘干管道及建(构)筑物和附属设施,支干管道至入户(工厂、小区、企事业单位用水区);在工厂、居住小区等管道探测区,主要编绘从城市接水点开始至工厂、小区内的给水管道系统;施工区和专业管道探测区,编绘内容要根据工程规划、设计和施工的具体要求确定。

　　②排水管道专业图。一是排水管道,主要为主干道、支干道和支管道;二是排水管道

上有关的建(构)筑物,主要为排水泵站、沉淀池、化粪池和净化构筑物等;三是管道的附属设施,主要为检查井、水封井、跌水井、冲洗井、沉淀井和进出水口等。

③电力电缆专业图。主要为地下电力电缆、附属设施及有关的建(构)筑物,地面上的架空线路应尽量采用。

④电信电缆专业图。主要为地下电缆,包括测区内的所有各种电信电缆和与线路有关的建(构)筑物,如变换站、控制室、电缆检修井、各种塔(杆)、增音站等,以及电缆上的附属设施,如交接箱、分线箱等,地面上的架空通信线也应尽量保留。

专业管线图上的注记应符合下列规定:

①图上应注记管线点的编号。

②各种管道应注记管线规格和材质。

③电力电缆应注明电压和电缆根数。沟埋或管埋时应加注管线规格。

④电信电缆应注明管块规格和孔数。直埋电缆注明缆线根数。

(3)管线断面图的编绘。

地下管线断面图通常分为地下管线纵断面图和地下管线横断面图两种,一般只要求做出地下管线横断面图。管线断面图应根据断面测量的成果资料编绘,管线断面图的比例尺按表 9.4 的规定选用,纵断面的水平比例尺应与相应的管线图一致;横断面的水平比例尺宜与高程比例尺一致;同一工程各纵横断面图的比例尺应一致。图上应标注纵横比例尺。

表 9.4 断面图比例尺有关规定

| | 纵断面图 | | 横断面图 | |
|---|---|---|---|---|
| 水平比例尺 | 1：500 | 1：1 000 | 1：50 | 1：100 |
| 垂直比例尺 | 1：50 | 1：100 | 1：50 | 1：100 |

断面图应表示:地面线、地面高、管线与断面相交的地上地下建(构)筑物;标出测点间水平距离、地面和管顶或管底高程、管线规格等。纵断面图应绘出:地面线、管线、窨井与断面相交的管线及地上地下建(构)筑物;标出各测点的里程桩号、地面高、管顶或管底高、管线点间距、转折点的交角等。

管线断面图的编号应采用城市基本地形图图幅号加罗马文顺序号表示。横断面图的编号宜用 A-A′、I-I′、1-1′等表示;测绘纵断面图的工程,横断面编号应用里程桩号表示。断面图的各种管线应以 2.5 mm 为直径的空心圆表示,直埋电力、电信电缆以 1 mm 的实心圆表示,小于 1 m×1 m 的管沟、方沟以 3mm×3mm 的正方形表示;大于 1m×1m 的管沟、方沟按实际比例表示。

(4)局部放大图的编绘。

局部放大图的编绘内容及要求与综合管线图基本一致,但局部放大图在编绘时,任何管线点位及地形、地物要素均不得舍掉,要清晰地表示管线点位及地形、地物相对位置关系。比例尺可根据图面需要而定,以图面内容不作任何取舍、位移能表示清楚为基本原则。

3. 管线图编绘的质量检验

对地下管线图必须进行质量检验,主要包括过程检查和转序检验。过程检查分为作业员自检和工作台组互检。作业员自检时，应对自己所负责编绘的管线图和成果表进行 100％的检查校对；台组互检时，技术负责人组织有关人员对已自检的成果资料进行全面检查，检查中发现问题填入检查登记表，对需要修改的问题应及时通知作业施工人员改正。转序检验应由授权的质量检验人员进行，转序检验的检查量一般为图幅总数的 30％。

地下管线图的质量检验应符合下列规定：

①管线无遗漏，管线连接无错误。

②各种图例符号、有关注记无错误，符合表 9.2 的规定要求。

③图幅接边无遗漏、无错误，图廓整饰符合要求。

4. 地下管线成果表编制

(1)编制地下管线成果表，应依据绘图数据文件及地下管线的探测成果进行编制，以保证成果表数据的准确性和完整性。其管线点号应与图上点号一致。

(2)编制成果表时，对各种窨井坐标只标注井中心点坐标，但对井内各个方向的管线情况，应按《探测规程》相应条款的要求填写清楚，并在备注栏以邻近管线点号说明方向。

(3)成果表的内容主要包括：管线点号、类型、特征、规格、材质、权属单位、埋设年代、电缆根数、埋深以及管线点的坐标和高程。地下管线点成果表的样表如表 9.5 所示。

(4)成果表应以城市基本地形图图幅为单位，分专业进行整理编制，装订成册。每一图幅各专业管线成果的装订顺序应按下列顺序进行：给水、排水、燃气、电力、热力、通信(电信、网通、移动、联通、铁通、军用、有线电视、电通、通信传输局)、综合管沟。成果表装订成册后应在封面标注图幅号并编写制表说明。

表 9.5　　　　　　　　　　　　　　地下管线点成果表

工程名称：　　　　　　　　　　　　工程编号：

工作区：　　　　　　　　　　　　　图幅编号：

| 图上编号 | 物探点号 | 管线点 | | | 管线 | | | 压强/Pa或电压/kV | 流向或根数 | 平面坐标/m | | 埋深/cm | 地面高/cm | 权属单位 | 埋设 | | 备注 |
| | | 编码 | 特征 | 附属物 | 类型 | 材质 | 规格 | | | | | | | | 方式 | 年代 | |
| | | | | | | | | | | | | | | | | | |
| | | | | | | | | | | | | | | | | | |
| | | | | | | | | | | | | | | | | | |
| | | | | | | | | | | | | | | | | | |

探测单位：　　　　　制表者：　　　　　　日期：　　　　第　页　共　页

# 9.3　城市管网系统设计与开发

地下管线探测是建立地下管网信息系统的基础。地下管网信息量巨大，管理好地下管网信息最有效的方法是利用 GIS 技术和数据库技术建立地下管网信息系统。

### 9.3.1　地下管网系统建设的意义及一般规定

建立地下管网系统的意义，归纳起来有以下几个方面：

(1)有利于借助数字化技术全面反映地下管网的现状，包括各类管线的空间位置、分布及其相互关系。

(2)有利于管网信息的有序化管理。可快速、准确地进行管网信息的检索和查询，进行各种统计分析和空间分析。

(3)有利于规划、设计和敷设新的管网，借助可视化手段，能对新旧管网的布局有一个全局的认识。

(4)有利于紧急事故的处理，如水管破裂、煤气泄漏信息系统的快速查询、分析，能尽快制订抢救方案。

(5)有利于管网信息的维护、更新。

由上可见，地下管网信息系统的建立，可从根本上改变低效率的人工管理方式，节省大量的人力、财力、物力；为规划、设计、管理、决策等快速准确地提供所需的图、文、声、像并茂的资料，保证城市生命线工程的有序化运行。

建立地下管网信息系统，遵循如下一般规定：

(1)地下管网信息系统是地下管线普查的重要组成部分，在地下管线普查时应建立地下管网信息系统。城市的公用事业机构根据专业管理的需要，也可建立专用的管网信息系统，但应与城市管网信息管理部门密切协作、共享信息、互相补充，共同做好信息更新工作。

(2)地下管网信息系统应功能实用、信息规范、运行稳定、信息现势性好、技术先进。建立地下管网信息系统的同时，建立系统数据实时更新和动态管理机制。①功能实用要体现"以人为本"的理念，力求贴近用户的需求与习惯；系统具有良好的人机交互界面、操作简单、易于使用，尽量涵盖使用单位所需的各种功能，并可实现特殊的解决方案。②信息规范是指管网信息系统的建设须严格遵循国家、地方有关城市规划、建设与管理的规程，包括数据分类编码、数据库基本结构、图例、成果格式等，详情请参见《探测规程》。③信息现势性好是指管线数据要及时更新，能反映当前的实际情况。④技术先进是指要立足于较高的起点，在考虑性价比的同时着重考虑系统的先进性；在软硬件平台的选用上既要考虑各部门现有的水平，又要考察国内外最新技术。

(3)地下管网信息系统应具备完善的安全保密管理措施。地下管网信息系统所涉及的基础地图信息和各种管网信息的比例尺大、覆盖面广、信息量大、信息敏感度高，必须做好安全保密工作，主要有以下几个方面：①基础信息的保密，严防非法拷贝、复制，严禁泄露；②系统应建立严格的防病毒、防非法侵入的措施；③系统内部建立严格的使用权限管理，防止越权操作，自动记录用户访问的情况和操作过程，以备日后查询。

### 9.3.2　地下管网信息系统总体结构

地下管网信息系统的总体结构应包括基本地形图数据库、地下管网空间信息数据库、地下管网属性信息数据库、GIS 软件平台和管网信息分析处理子系统，结构图见图 9-2 所示。

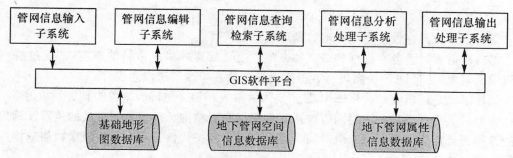

图 9-2　地下管网信息系统总体结构图

　　数据库的建立是地下管网信息系统的核心。属性信息数据库通常建立在关系型数据库管理系统(RDBMS)中，如 Oracle，Infomix，SQLServer，Sybase 等。地下管网空间信息数据库可以是基于文件的，如 ESRI 的 Shapefile 文件；也可以是基于的 RDBMS，如 ESRI 的 Geodatabase，后者与属性信息的集成更为紧密。基础地形图包括道路、房屋、公用设施等重要的城市地形资料，是地下管网重要的参照物。基础地形图数据是城市或厂矿基础地理信息系统的组成部分，变化相对较快，数据库需要经常更新。基础地形图数据是基础地理信息系统的重要组成部分，地下管网信息系统和基础地理信息系统有密切的关系，两个系统之间应建立数据共享机制。

　　管网信息分析处理是子系统中最重要的模块，它使得 GIS 有别于 CAD；也使得管网信息系统有别于其他行业的 GIS。管网信息的输出应符合一定的规范，表 9.6 列出了地下管网成果表数据库的基本结构，表中的有些字段是各类管线数据库所公用的，如物探点号、测量点号、建设年代、权属单位等；有些字段则是专用的，如电缆条数、光缆条数等。

表 9.6　　　　　　　　　　　　　　　地下管网成果表数据库的基本结构

| 字段 | 字段名 | 数据类型 | 字段宽度 | 小数位数 | 输入格式 |
|---|---|---|---|---|---|
| 1 | 图上点号 | 字符 | 8 | | 类型＋顺序号，如 DL2434 |
| 2 | 物探点号 | 字符 | 8 | | 如上，要求此字段唯一 |
| 3 | 测量点号 | 数值 | 6 | | 顺序号 |
| 4 | 管线材料 | 字符 | 8 | | |
| 5 | 特征 | 字符 | 30 | | |
| 6 | 附属物 | 字符 | 15 | | |
| 7 | X 坐标 | 数值 | 15 | 3 | |
| 8 | Y 坐标 | 数值 | 15 | 3 | |
| 9 | 地面高程 | 数值 | 8 | 2 | |
| 10 | 井底高程 | 数值 | 8 | 5 | |
| 11 | 压强/电压 | 字符 | 10 | | |
| 12 | 管顶高程 | 数值 | 8 | 2 | |
| 13 | 管底高程 | 数值 | 8 | 2 | |
| 14 | 埋设方式 | 字符 | 10 | | |
| 15 | 管径 | 数值 | 15 | | |
| 16 | 埋深 | 数值 | 5 | 2 | |

管网信息数据库设计遵循一般数据库设计的步骤。

①首先需要对业务有仔细的研究和考察；定义数据库对象命名的规范（如通过特定的前缀识别对象）；借助 E-R 图进行数据库设计，这一阶段属于概念设计。

②接下来是逻辑设计，将 E-R 图转换为关系表，定义主键、字段类型、约束等。

③最后是物理设计，主要内容包括如何建立索引结构、确定数据存放的位置、确定系统配置等。目标是综合考虑存取时间、存储空间和维护代价三个方面的因素，使数据库的运行达到最佳状态。

地下管线普查后生成城市的地形信息及地下管网的空间和属性信息，应按照要求通过数据处理软件录入计算机，建立地形地图库和管网信息数据库，并经过查错程序检查、排查错误，确保数据库中数据的准确性。属性数据的检查可以利用 RDBMS 中的数据完整性规则实现，如定义字段的取值范围、定义字段的格式，定义字段之间的相互约束等。空间信息的检查主要是拓扑关系检查，几何要素可以分为点、线、面三类规则。在管网信息系统中，管点必须位于管线之上，这个约束就可以用拓扑规则"pointmust becoverd by line"来定义，即点要素必须在线要素之上，不满足规则的要素被标记为拓扑错误。

和管网信息系统相关的其他拓扑规则包括：

①点要素必须处于线要素的端点上，如阀门须位于输水管的端点上。

②在同一个要素层中线与线不能重叠。

③线要素不能自重叠。

④两个线要素中的线段不能重叠。

⑤某个要素层的线段必须被另一个要素层中的线段所覆盖。

⑥线要素的端点必须被点要素覆盖，注意该规则与第①条规则的差异。

### 9.3.3 地下管网信息系统的基本功能

#### 1. 地形图库管理功能

随着信息化程度的提高，地形图库的数据量会大大增加，可能会达到几百兆甚至数十千兆（称为海量数据），如我国 1∶25 万地形图数据库的容量达到了 4.5 千兆。因此海量数据对地形图库的管理功能提出了更高的要求，除了能对测区内的地形图统一管理（如增加、删除、编辑、检索等）、具有图幅无缝拼接和可按多种方式调图的功能外，还需要有效地压缩海量数据，编写快速查询海量数据的算法等。

#### 2. 管线数据输入与编辑功能

系统的基础地形图和管网信息的输入，应具有图形扫描矢量化、手扶跟踪数字化和实测数据直接输入或读入等多种输入方式。系统应具有对常用 GIS 平台双向数据转换功能。系统的编辑模块应具有完备的图形编辑工具，具有图形变换、地图投影转换和坐标转换功能。对管线数据的编辑应具有图形和属性联动编辑的功能以及对管线数据的拓扑建立和维护的功能。在数据编辑方面，应具有图形的放大、缩小、平移、复制、剪切、粘贴、旋转、恢复、裁减等功能。由于历史原因，许多城市的控制网多次改造、扩建，投影方式和坐标系统也随之改变，要求系统具有投影方式转换和坐标转换的功能。

需要指出的是，由于图形扫描矢量化、手扶跟踪数字化都是对纸质地图进行作业，对于管网信息系统而言现势性差，势必被淘汰。目前的管线探查、测量技术都是数字化方式，数据可以用批处理的方式直接读入数据库。

3. 管线数据检查功能

系统的管线数据检查功能应包括：点号和线号重号检查、管线点特征值正确性检查、管线属性内容合理性和规范性检查、测点超限检查、自流管线的管底埋深和高程正确性检查、管线交叉检查和管线拓扑关系检查等。

4. 管线信息查询、统计功能

系统的管线信息查询、统计功能，应包括空间定位查询、管线空间信息和属性信息的双向查询，以及管线纵横断面查询。其中管线属性信息的查询结果可用于统计分析。

(1) 根据属性信息查询管线。由于管线的属性信息存放在关系表中，可以用标准的 SQL 语句对属性进行查询。

(2) 空间查询。一种是交互式查询，用户用鼠标在屏幕上点击感兴趣的管线，系统即弹出窗口显示该管线的属性信息；另一种是根据地理要素间的空间位置进行查询，有以下几种情况：

① 相交(intersect)，如找出和已知管线相交的管线。

② 缓冲区(within a distance of)，如找出距水厂 5km 内的所有管线，或找出离发生管道泄漏处 500m 内的所有阀门。

③ 包含(completely contain)，如找出某个居民区内的电力线。

④ 重叠(share a line segment with)，如找出和电力管线重叠的电信管线(从平面位置看)。

(3) 统计功能。这里指针对属性信息的统计，对于数值型的字段可以计算平均值、标准差、最大最小值或中位数。也可以绘制各种图表(直方图、散点图、饼图等)来表现数据的分布和趋势，如用直方图绘制不同年份管线总长度的变化情况。针对空间对象(点、线、面)的统计称为空间统计(spatial statistics)，主要研究空间模式、空间分布等内容，在管网信息系统中应用较少。

5. 管线信息分析功能

管线信息分析功能是 GIS 区别于 CAD 的关键，主要包括：

(1) 爆管分析。管道发生爆炸后，自动计算出需要关闭的阀门。

(2) 横断面分析。通过鼠标拖动形成剖面线，绘制出与管线垂直的断面图，在图上可以分析管线在垂直方向上的空间位置及相互关系。

(3) 纵断面分析。通过鼠标拖动形成剖面线，绘制出与管线平行的纵断面，在图上可以分析管线的埋深在管线走向上是否有变化。

(4) 风险评估。20 世纪 70 年代，发达国家在第二次世界大战以后兴建的大量油气管道逐步进入老龄阶段，引发了大量事故。尽可能延长油气输送干线的使用寿命成为世界各管道公司关注的焦点，美国一些管道公司开始尝试用经济学中的风险分析技术来评估油气管道的风险性。加拿大 NOVA 管道公司开发出了第一代管道风险评价软件，该软件将公司所属管道分成 800 段，根据各段的尺寸、管材、设计施工资料、油气的物理化学特性、运行历史记录以及沿线的地形、地貌、环境等参数进行评估，对超出公司规定的风险允许值的管道加以整治，最终使其进入允许的风险值范围内，保证了管道系统的安全和经济运行。风险评估技术比较适合于长距离的输送管道。

（5）网络分析。利用网络模型计算最佳路径，查找最近设施，计算上下游管网等。

**6. 管线维护更新功能**

系统的管线信息维护更新功能包括管线空间信息和属性信息的联动添加、删除和修改等。

**7. 输出功能**

系统的输出功能包括基本地形图、管线图形信息的图形输出和属性查询统计的图表输出。

### 9.3.4 地下管网信息系统的数据库设计

**1. 数据库设计步骤**

数据库设计可以分为概念设计、逻辑结构设计和物理结构设计三个阶段。

（1）概念设计。

这是数据库设计的第一个阶段，目的是建立概念数据模型。该模型是面向问题的，反映了用户的现实工作环境，与数据库的具体实现无关。绘制 E-R 图是建立概念数据模型的常用方法。E-R 图又称为实体-联系图，由实体、属性、联系三个要素构成。实体用矩形表示，属性用椭圆表示，联系用菱形表示，实体与属性之间或实体与联系之间通过线段连接。图 9-3 显示的是管线对象的 E-R 图。

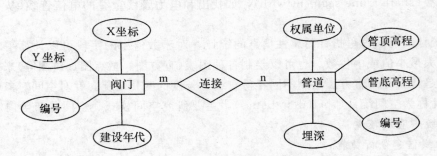

图 9-3 管线对象 E-R 图

（2）逻辑结构设计。

该阶段将 E-R 图转换为关系数据模型，并根据范式对关系表进行优化。E-R 图转为关系模型所遵循的原则是：

①一个实体转换为一个关系表。实体的属性就是关系的属性，实体的主键就是关系的主键。如图 9-2 中的阀门实体就转换为关系表：阀门（X 坐标，Y 坐标，编号，建设年代）。

②一个联系转化为一个关系表，与该联系相连的各实体的主键以及联系的属性（在某些情况下，联系也可以有属性）转化为该关系表的属性，主键的确定有三种情况：

a. 若联系为 1 : 1（一对一），则每个实体的主键均可作为该关系的主键。

b. 若联系为 1 : n（一对多），则关系表的主键为 n 端实体的主键。

c. 若联系为 m : n（多对多），则关系表的主键为诸实体主键的组合。

根据第三种情况，图 9-2 中的联系就可转化为关系表：连接(阀门. 编号，管道. 编号)。

(3)物理结构设计。

物理结构设计的主要任务是确定存储结构、数据存取方式、分配存储空间等。存储结构的确定要综合考虑存取时间和存储空间因素。这两个因素往往是相互矛盾的，消除冗余数据虽然能节约存储空间，但往往会导致检索代价的增加，花费更多的时间。数据存取方式是指如何建立索引，使用索引可以加快对特定信息的访问速度。索引分聚簇索引和非聚簇索引，聚簇索引树的叶节点包含实际的数据，记录的索引顺序和物理顺序相同；非聚簇索引树的叶节点指向表中的记录，记录的索引顺序和物理顺序没有必然的联系。存储空间的合理分配需要对数据的容量和预期的增长有一个正确的估计，一般来说，应预先给数据库对象分配足够的空间，不要太多地做动态扩展；数据可以存放在不同的分区和磁盘上，这样对表的管理和控制具有更大的灵活性。

2. 空间数据库模型

空间数据库模型主要有三种类型，混合模型、扩展模型和统一模型，下面分别加以介绍。

(1)混合模型。空间数据用文件的形式存储，属性数据存放在关系数据库中，通过唯一标识符建立两者的联系。采用这种模型的软件有 MapInfo、Microstation。

(2)扩展模型。在 RDBMS 中增加空间数据管理层，从而实现用统一的关系型数据库存储空间数据和属性数据。采用这种模型的软件有 Small World、System9。

(3)统一模型。这是纯关系数据模型，空间数据和属性数据都用二维表(关系)来存储，用关系连接机制建立两类数据的联系。缺点是数据类型定义存在局限性，缺乏空间结构查询语言(GeoSQL)。采用该模型的产品有 ESRI 的 SDE(spatial database engine)、Oracle Spatial。

### 9.3.5　地下管网信息系统的开发

选择 GIS 开发平台进行地下管网信息系统的开发需要综合考虑以下因素：GIS 软件公司的实力及其在全球 GIS 市场中的份额、合理的性价比、与数据库结合的能力、空间分析能力、二次开发环境等。下面介绍几种常用的 GIS 平台及其特点。

1. MapInfo

MapInfo 公司于 1986 年成立于美国特洛伊市，该公司一直致力于提供先进的数据可视化、信息地图化技术，其代表软件是桌面地图信息系统——MapInfo。

MapXtreme 和 SpatialWare 是 MapInfo 两个受瞩目的产品。MapXtreme 是一个软件开发包(SDK)，主要用于在 Internet 和 Intranet 上部署地图服务，MapXtreme 是面向桌面和网络开发环境，完全基于微软公司的.NET 技术，可以方便地利用 ASP 技术开发在线地图服务程序。SpatialWare 是 MapInfo 公司近年推出的空间数据库服务器，主要作用是能够把 MapInfo 地图对象存入大型数据库(如 Oracle、DB2、Infoemix 等)，并能为其建立空间数据索引，从而实现空间数据和属性数据的统一管理。

北爱尔兰水务局地区发展部(DRD)采用 MapXtreme 建立了用于存储、维护和管理饮用水和污水的网络系统。DRD 负责处理 9 300km 以上的污水，通过 100 家水处理厂和

22 200 km 的总水管将废水输送到 900 家污水处理厂。通过 MapXtreme 可以将个人电脑与互联网连接访问这些庞大的数据，DRD 近 700 个工作人员需要定期访问这些数据，在浏览器上执行一系列的任务，如打印地图，显示中心坐标、视野范围、使用日期等。MapXtreme 使 DRD 的工作效率大大提高。采用 MapInfo 的国内案例有南京供水管网地理信息管理系统，鲁抗厂区管线信息管理系统等。

2. ArcGIS

ArcGlS 是 ESRI 公司的产品，ESRI 公司于 1969 年成立于美国加利福尼亚州的 Redlands 市，公司主要从事 GIS 工具软件的开发和 GIS 数据生产。ArcGIS 包括桌面系列（DesktopGIS）、服务器系列（Sever()IS）、移动系列（MobileGIS）、在线系列（OnlineGIS）以及数据服务（ESRIData）。桌面扩展中比较常用的模块有：三维分析（3D Analyst）、地理统计分析（Geostatistical Analyst）、网络分析（Network Analyst）和空间分析（Spatial Analyst）。

网络分析模块应用领域广泛，因为现实世界中的许多系统可以抽象为网络模型，如道路系统、河网系统、通信系统、电力系统、给排水系统等。因此网络分析模块和管网信息系统的开发密切相关。ArcGlS 中的网络模型分运输网络（transportation network）和公用设施网络（utility network）；运输网络以道路网为代表，也称为非定向网络，因为在网络上流动的对象（人、汽车等）相对有更大的自由，可以选择行驶方向、是否停下来等。公用设施网络称为定向网络，因为在网络上流动的对象（水、电、煤气等）必须遵从预定义的规则进行运动，而一些规则的改变也是由设计者或工程师作出的。公用设施网络在 AreGIS 中是由几何网络模型（geometric network）来实现的。

AreGIS 的网络分析功能被广泛地应用于各个领域。CEP 公司采用 ArcGIS 管理巴黎市 280 万市民的供水网络系统。辖区内涉及 2 350km 长的管道，12 300 个阀门，66 000 个连接点和 25 000 组公众设施以及一些名胜古迹。该系统的核心模块主要包括以下部分：网络的改建计划；断水处理；管道的模拟追踪；用户信息管理；消火栓信息的管理；特殊用户的管理（例如医院、VIP 等）；年度技术报告的编辑处理。CEP 还在 Oracle 的基础上，开发出 Client/Server 应用系统，如订单处理、计费处理、用户服务、技术指导、电子文档处理等。该系统与 ArcGIS 集成在一起，不仅提供专项查询，还可以提供空间查询。国内的许多地下管网信息系统也都采用了 ArcGIS 平台，如上海市排水防汛地理信息系统，长春市煤气管网管理系统。

3. Bentley 系列

Bentley 公司的工程设计软件广泛应用于建筑、土木工程、交通运输、工厂设计、生产设备管理、公用事业和电信网络等领域。Bentley 公司在 2006 年 Daratech 公司的研究报告中被列入全球第二大 GIS/地理空间信息软件供应商，仅次于 ESRI 公司。Bentley 目前正积极向地理工程领域拓展，例如 MicroStation GeoGraphies 工具将 GIS 功能和 MicroStation 集成到了一起。由于地理工程领域对 GIS 的要求更为专业化，因此 Bentley 公司的产品独具优势。针对管网系统，Bentley 开发出了一系列的工具。如：①Bentley WasteWater。它是一个污水管理系统，能建立完备的雨水系统、废水系统及两者合一的系统，网络连通性强。②Bentley Water。这是一个面向给水管网设计与管理的系统，具有爆管追踪及供水负荷计算功能。管网设施变动时，可自动确定受影响的客户。

③Bentley WaterCAD。可对含有水泵、水塔、水库和控制阀门的给水管网系统进行设计和模拟分析，能进行消防用水流量计算和平差，分析在极端用水条件下的系统状态。④SewerGEMS。堪称当今世界上最先进的排水系统，可实现与环保有关的系统评估、对溢流分流和反向虹吸建模等。⑤SewerCAD。可对含有压力水流和重力水流的污水管网系统进行设计分析，模拟计算渗水及非渗水管路，根据设计参数计算最佳管径。与管网系统有关的工具还包括：Bentley Piping，Bentley AutoPIPE，Bentley PlantFLOW，HAMMER 等。

Bentley 系列产品在市政工程领域有广泛的应用。加拿大多伦多市维护着一个庞大的供水网络，3500 英里长的水管、65000 个阀门、42000 个消火栓以及 450000 个服务配件。在一些地区，水网的服务时间已经超过了 150 年。加拿大天气寒冷，水管爆裂的可能性较大，因此建立一个管理信息系统是非常必要的。多伦多市最终采用 MicroStation GeoGraphics、Bentley Water 和 Oracle 来建立水网信息系统，该系统的出色表现为多伦多市节约了 100 万美元。国内也有许多企业选用 Bentley 产品，如上海煤气集团采用 MicroStation GeoGraphics 来设计、管理煤气输送管道，同时将空间数据和工程数据存放在 Oracle 数据库中。

4. G/Technology

G/Technology 是 Intergraph 公司的产品，该公司成立于 1969 年，致力于计算机辅助设计、制造以及专业制图领域的服务支持。针对公用事业、管线、水、电、燃气、通信等行业，G/Technology 包括了多个系列，如 G/Electric、G/Gas、G/Water、G/Pipeline、G/Comms、G/Technology Analyst 等，每个系列对应于一个行业，如 G/Electric 用于电力配送公司的设施和资产管理，它将企业的运行、维护和服务等集成在一起，基于一个预置的电力设施网络模型和数据库，可进行电力设施的规划、设计、建设、运行、维护以及紧急事件处理等。

尼亚加拉瀑布水电站负责将电力输送到安大略湖周边地区，并维护 220km$^2$ 内的电力线，这些电力线将电力输送到 33 000 个家庭。该水电站过去采用 AM/FM/GIS 进行管理，但这套系统已经过时，无法胜任规划、预测和分析等新的需求，最终选择了 Intergraph 的 G/Electric 平台及 G/Electric Administrator、G/Electric Designer、G/NetPlot Server、G/NetViewer modules 等模块，节约了时间和金钱，提高了管理效率。

5. MapGIS

MapGIS 是武汉中地数码集团有限公司的产品，中地公司以中国地质大学为技术依托，从 20 世纪 80 年代开始从事 GIS 的研发和应用，在 MapGIS 平台上，面向市政、电信、国土、公安、消防、税务等行业，开发了不同的应用产品。

中地集团是国内较早采用国产 GIS 平台研发市政设施信息系统的公司，在 MapGIS 基础上开发出了适用于城市基础设施管理的系列产品，包括地下综合管网、供水管网、排水管网、燃气管网、电力设施、路灯设施以及工业管廊等系统，在北京、上海、天津、重庆、杭州、南京、合肥、福州、贵阳、常州等城市应用。这些产品在科技部组织的历届 GIS 软件测评中表现优异，多次获得表彰推荐。其中，常州市政综合集成系统集综合管线和专业管网（供水、排水、路灯、燃气等）为一体，以各专业管线权属单位的日常管线管理业务为目标，在基础图档管理的基础上，实现不同的专业管线的分析功能，与权属单位和管理部门的具体业务紧密结合。系统采用分布式结构，综合系统能够从各专业管线系统中抽取适合管线综合管理需要的管线数据，将专业数据的变化及时反映到综合系统，实现数据的分级管理、充分共享和同步更新。

6. 开发平台评价

从管网信息系统建立的角度看，ArcGIS 是一个通用的 GIS 软件，尽管其技术先进、功能完善，并有灵活强大的二次开发能力，但为了满足特定的业务需求，必须通过二次开发 ArcGIS 价格比较昂贵也是要考虑的因素。MapInfo 作为一个支持多种数据库的桌面系统，其性价比很高；以低成本、短时间将地图信息在网络上发布的 MapXtreme 技术也是其吸引人之处。如果要建立较为简单的管网信息系统，MapInfo 是比较理想的选择。Bentley 系列从工程的角度提供了更为专业的管网维护和分析功能，适合于各种大型管网系统。Intergraph 的 G/Technology 产品也是工程与 GIS 相结合的成功典范。

和国外软件相比，国产 GIS 软件目前已经取得了飞速的发展，2005 年国产 GIS 软件的国内市场份额已占一半以上。MapGIS 在面向实体数据模型、海图库管理、高精度图件编辑出版、网络模型与分析功能、分布式体系结构等方面具有明显的优势，使得它能很好适应管网信息系统的应用需求。MapGIS 在很多信息系统领域已经有了很多成功的案例，占据很大市场份额。可以选择的其他开发平台还有 GeoStar，SuperMap 等。总的来看，国产 G1S 软件在价格上有明显的优势，技术上也跨入了先进的行列，但在管网信息系统领域的成功案例并不多。

由于管网信息包含属性信息，所以除了选择 GIS 软件外，还要选择数据库管理系统（DBMS）。事实上，一些 G1S 空间数据也是依赖 DBMS 存储的，可供选择的 DBMS 有 Oracle、SQLServer、IBMDB2、Sybase、Access 等。

## 思考题

1. 试述城市管网数据的来源及获取方法。
2. 城市管网系统建设平台选择需要考虑的因素有哪些？

# 第 10 章　城市灾害应急管理系统

本章对城市灾害的类型和特点进行了概述，以 GNSS 环境与灾害监测系统为例，论述了灾害监测与预警系统的基本组成。概述了城市灾害应急系统的基本组成、应急预案的主要组成部分，以美国国家应急管理系统和防汛抗旱管理系统为例，论述了城市灾害管理系统的基本组成。

## 10.1　城市灾害概述

所谓灾害是指集中于某一时间与空间发生的某类事件，这类事件致使社会或社会内部自给自足的相关组成部分处于一种极度危险状态，进而造成人员伤亡与基础设施严重破坏，甚至导致社会结构崩溃，而无法履行全部或部分社会的基本功能。图 10-1 为在全球尺度上自然灾害与人为灾害的规模与发生频率的比较图。

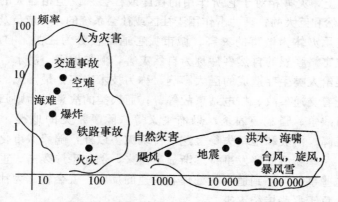

图 10-1　在全球尺度上自然灾害与人为灾害的规模与发生频率的比较图

2008 年 1～2 月，我国华中及南方部分地区遭受了历史上罕见的雨雪冰冻灾害，这场灾害对输电线路造成的损失尤为严重，导线、杆塔、绝缘子覆冰情况及造成的破坏让人触目惊心。此次冰灾发生后，由于我国还缺乏有效的技术手段及措施，主要还是采用人工登塔手动除冰，但这种方法危险性高、劳动强度大、除冰效果有限。此次冰灾中出现的特殊问题有：冰灾覆盖范围大、持续时间长，线路覆冰厚度大；冰闪跳闸加重线路覆冰；跨越铁路、高速公路线路覆冰后的附加危害；不均匀覆冰造成变电站设备损坏。冰灾分析：极端恶劣的气候条件；线路规划、设计的不足；防冰材料、除冰技术研究滞后。图 10-2 所示为除冰现场图片。

灾害是由自然因素、人为因素或二者兼有的原因所引发的对人类生命、财产和人类生

图 10-2 除冰现场图片

存发展环境造成破坏损失的现象或过程。灾害不是单纯的自然现象或社会现象，而是自然与社会因素共同作用的结果，是自然系统与人类物质文化系统相互作用的产物。

国内外的灾害研究者对"灾害"这个术语形成的共识是：它是一种影响到社区或社会大多数人、并且使社会在今后几年内丧失承受或恢复损失的能力的现象。有两点需要强调的是：第一，在规模上，灾害相对于它所作用的社区或社会来说是相当大的；第二，在方式上，灾害以相对突然和巨大的物理冲击作用于社区或社会系统的人类成员及人工基础设施。

城市灾害就是承灾体为城市的灾害。城市灾害通常被分为三类：自然灾害、技术灾害、人为（社会）灾害。强烈的自然事件称为自然灾害，例如地震、洪水、龙卷风等；由于人类的疏忽或错误给人类生存造成的巨大影响，称为技术灾害，最常见的技术灾害是火灾和爆炸，其他的还有交通事故、核电站事故等等；而人类的故意行为则归于人为（社会）灾害的范畴，主要有战争、骚乱、凶杀、恐怖主义等。除了常见的地震、洪水、风灾、火灾、污染、地面沉降、滑坡和地基失稳等这些传统灾害以外，随着城市化的发展、人口和经济密度的剧增，一些新型的突发事件逐渐显露出来，例如恐怖袭击、重大突发性公共卫生事件等，如果这些事件得不到适当的处理和快速的反应，就会转化为社会灾害，其危害的严重性丝毫不逊色于那些传统灾害。

由于城市人口众多，建筑密集，财富集中，是社会的经济、文化、政治中心，城市灾害具有种类多、损失重、影响大、连发性强、灾害损失增长严重等特点。

（1）灾害的种类繁多。随着现代经济的发展，城市不但遭受灾害的机会大大增加，而且灾害的种类也越来越多，除了地震、洪水、干旱、台风、火灾、战争、瘟疫等传统灾害以外，伴随着人类的资源开发和工程活动又出现多种新的灾害，如水库地震、矿山采空塌陷、温室效应、工程事故以及化学污染、核泄漏、科技灾害等。传统灾害与新发灾害交织在一起，将对人类构成更加严重的威胁。

（2）受灾对象多，灾害造成的损失异常严重。城市灾害的受灾对象多，包括各种建筑物、构筑物、供水、供电、供气、供热、通信等生命线工程，水利工程设施、交通设施、文物古迹等。虽然我国的防灾减灾能力有了显著提高，但大灾、巨灾仍经常发生，灾害损失不断攀升。受灾对象多，灾害造成的损失异常严重。城市灾害的受灾对象多，包括各种建筑物、构筑物、供水、供电、供气、供热、通信等生命线工程，水利工程设施、交通设施、文物古迹等。虽然我国的防灾减灾能力有了显著提高，但大灾、巨灾仍经常发生，灾害损失不断攀升。

（3）连发性强。这一特点也与城市的人口密度大及经济发达程度高有关。如 1976 年的"七·二八"唐山大地震，市内多数建筑物倒塌、铁路道轨严重弯曲、桥梁与路基破坏、交通中断、地下管道破坏、水电断绝、又触发大型火灾多起。

（4）城市灾害对人类的影响深远。城市灾害除了危害人类生命健康，破坏房屋、道路等工程设施和各种产品，造成严重的直接经济损失外，还严重破坏了人类赖以生存的资源与环境。资源的再生能力和环境的自净能力是有限的，一旦遭到破坏，往往需要几十年，甚至几百年才能恢复，而且有的则永远无法恢复。资源环境的恶化不但直接危害当代人的生存与发展，而且贻害子孙后代，削弱了他们的生存发展条件，给人类带来的影响是极其深远的。

（5）灾害损失加重。由于城市人口的增长、经济的密集，地震、风暴潮等灾害造成的损失表现出日益加重的趋势；并且，随着工业和城市化的迅速发展、社会财富的不断增加，人类的生产力水平有了空前提高，为了满足经济快速增长的需要，不但掠夺式地开发自然资源、过量抽取地下水、大量开挖地基、路基，而且肆无忌惮地排放废气、废水、废渣，因此导致全球性环境污染以及地面沉降、温室效应、臭氧层破坏等许多严重的环境灾害，使人类遭受危害的机会大大增加，由此造成的破坏损失越来越严重。

## 10.2　城市灾害的监测与预警体系

本节内容研究基于 GNSS 系统变形灾害监测技术。在系统平台建设方面，采用 C++和 C#语言，开发时间序列分析模块及预警模块，拟基于 MySQL 数据库，采用 PHP 和 C#语言建立环境与灾害信息发布中心。系统的技术路线如图 10-3 所示。

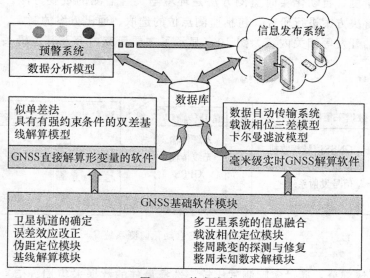

图 10-3　技术线路

### 10.2.1 组合定位理论研究与软件实现

以 GPS，GLONASS 等 GNSS 系统为监测手段，软件内容包括卫星轨道的确定、卫星星座与观测值的选取、误差效应改正、载波相位定位、基线解算与精度评估等内容，如图 10-4 所示。具体的研究方案为：

(1)实现信息融合将是多模卫星定位技术的关键，主要包括卫星星座的选取与观测值的定权、多频信号及其组合观测值的特性研究等内容。

(2)在定位模型研究方面，吸取 GPS 系统的相关模型，通过理论推导，建立适合于多模卫星导航定位的模型，并进行实际计算比较。

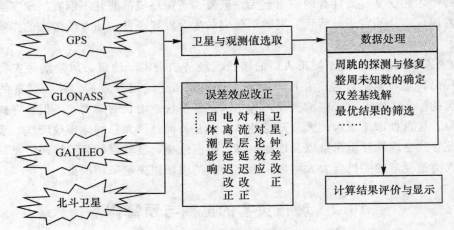

图 10-4 组合系统的理论研究内容

### 10.2.2 自动化实时监测的解决方案研究

快速、高精度、自动化实时监测方法是环境与灾害监测的重要方法。对 GNSS 自动化实时监测的解决方案进行研究，包括监测点位的选取、通讯方案的制定、控制中心的组建、计算软件的开发等相关内容。图 10-5 显示了主要研究内容及其逻辑关系，具体的研究方案为：

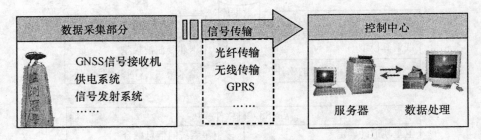

图 10-5 GNSS 自动化监测系统

(1)硬件系统部分：通过实际测试比较，选择最佳的数据采集端、信号传输途径和控制中心组建方案。

（2）理论研究部分：重点研究单历元的整周未知数的确定方法，综合分析现有的整周未知数计算方法，选择最佳的计算方法或者建立新的计算方法。

（3）软件系统部分：基于 GNSS 基础软件模块和 Microsoft Visual Studio 2005 平台，采用 C++/C♯语言，开发 GNSS 自动化实时监测软件。

### 10.2.3　预警系统的建设

GNSS 环境与灾害监测预警系统主要包括数据库系统建设、数据分析模型开发和预警系统建设等内容，如图 10-6 所示，具体的研究方案为：

（1）数据库系统的建设：数据源主要包括 GNSS 地表变形数据、地球物理数据、其他相关数据。数据库系统拟采用 MySQL 系统，制定数据存储格式，有序管理各项数据。

（2）数据分析模型的开发。基于课题组已开发的时间序列分析软件模块，利用 Microsoft Visual Studio 2005 平台，采用 C++/C♯语言，通过时间序列分析、频谱分析，建立相关预测模型。

（3）预警系统的建设。制定预警系统的运行标准，根据数据分析预测的结果，制定预警级别，及时启动恰当的预警标识。

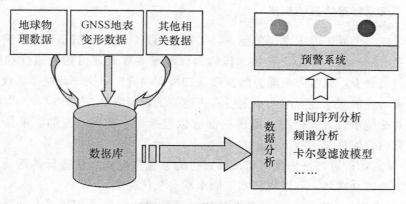

图 10-6　预警系统示意图

### 10.2.4　环境与灾害监测信息发布系统的建设

环境与灾害监测信息中心平台系统主要包括数据库系统、网页设计等内容，主要研究方案如图 10-7 所示。

（1）购买用于信息中心平台建设的专用计算机及大容量存储设备，为信息中心平台建设提供硬件保障。

（2）基于 MySQL 数据库，进行资源层的建设，编写相关数据库管理程序，维护和更新相关信息资源。

（3）基于 PHP 等语言，开发专门的信息系统发布网页设计。

图 10-7　信息发布系统示意图

## 10.3　城市灾害应急管理的支撑体系

### 10.3.1　应急管理体系的组成

一个地区或一个城市的灾害应急能力，实质上就是该地区和城市在应对突发性灾害事件时，其所拥有的组织、人力、科技、机构和资源等要素表现出的敏感性和综合能力状况。从实践的层面看，城市应急能力的提高，在很大程度上取决于该城市的政府和民众对灾害要素约束与发展需求之间的关系是否有正确的认识和决策。

一个完善的城市公共安全应急救援机制应该包括 4 个阶段：预防、准备、反应和恢复。主要研究内容应该包括以下四个方面：

(1)预防是起始阶段，是为预防和减缓灾害的紧急情况发生所进行的活动。如通过制定城市公共安全综合规划，可以提高城市的本质安全化程度。

(2)准备是灾害发生前进行的预备性工作，主要建立应急管理体系，加强应急的准备性，一旦有事故发生，能够做到来之能战，战之能胜。应急准备的重点是制定应急预案和建立完善的应急救援体系，城市各单位预案与政府预案的协调统一，培训人员，进行演习，对大众进行宣传教育等。

(3)反应在准备阶段之后和灾害发生之前、灾害期间以及灾害后立即采取的挽救生命和减少损失的行动，主要是实施应急预案，启动应急救援指挥中心，发出警报，指挥、调配资源，进行工程抢险，疏散、搜寻和营求，实行交通管制，以及提供避难所和医疗救护，提供社会援助等，使人员伤亡及财产损失减少到最小程度。

(4)恢复是紧随灾害发生后立即进行，使灾害影响的城市区域恢复最起码的服务，并继续通过长期的努力，使之恢复到正常状态。立即要求开展的恢复工作包括灾害调查，损失评估，进行理赔，清理废墟、食品供应、提供避难所和其他装备。长期恢复工作包括重建受灾区以及实施安全减灾计划。

整个应急管理是一个不断循环的过程；一种阶段会发展到下一阶段，在真的紧急情况发生之前，预防和准备阶段可能会持续几年或几十年；当事故一旦发生就会进入反应阶段，再进入到恢复阶段，这样周而复始，重新又开始一个应急管理过程。

### 10.3.2　应急预案

针对可能发生的突发事件，为保证迅速、有序、有效地开展应急与救援行动、降低人员伤亡和经济损失而预先制定的有关计划或方案。

在辨识和评估潜在的重大危险、事件类型、发生的可能性及发生过程、事件后果及影响严重程度的基础上，对应急机构与职责、人员、技术、装备、设施（备）、物资、救援行动及其指挥与协调等方面预先做出的具体安排，它明确了在突发公共事件发生之前、发生过程中以及刚刚结束之后，谁负责做什么，何时做，以及相应的处置方法和资源准备等。

为控制、减轻和消除突发事件引起的严重社会危害，规范突发事件应对活动而预先制定的方案（《中华人民共和国突发事件应对法》）。

应急预案体系包括：国家总体应急预案、专项应急预案、部门应急预案、地方应急预案、企事业单位应急预案以及大型活动应急预案。图 10-8 所示是国家突发公共事件总体应急预案的总体图。

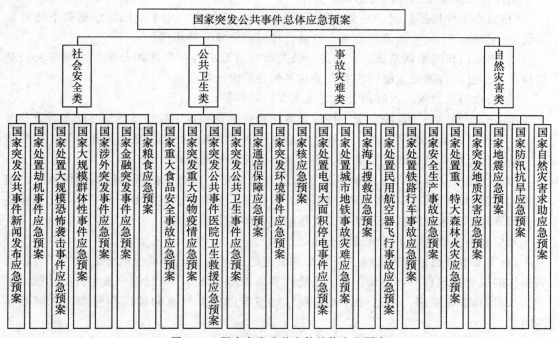

图 10-8　国家突发公共事件总体应急预案

## 10.4　城市灾害应急管理系统

应急管理系统（数字应急预案）是利用数据库、地理信息系统（GIS）、计算机仿真技术、人工智能技术等信息科学技术手段，结合公共安全基础科学研究，将原有应急预案中规定的各项内容进行表现的结果。

### 10.4.1　美国国家应急管理系统

美国国家应急管理系统（NIMS）由指挥管理子系统、事实管理和维护子系统、资源管理子系统、技术支持子系统、通信和信息管理子系统、应急预案子系统等六部分组成。如图 10-9 所示。

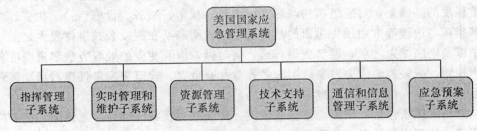

图 10-9　美国国家应急管理系统的组成

指挥管理子系统由三部分组成：

（1）突发事件指挥系统。一个管理系统，设计是能够在一个常规的组织框架下通过整合设备、设施、个人、通信等资源有效地管理国内突发公共事件。

（2）多部门权限协调系统。支撑突发公共事件管理中各种资源的分配，协调突发公共事件相关信息，协调交叉部门在突发公共事件管理中的权限。

（3）公众信息系统。及时向公众发布突发公共事件相关信息。

实时管理和维护子系统负责支持常规取样和对系统和其中配件进行长时间实时更新。

NIMS 定义了标准化机制，并且建立了在一个突发事件处理周期内资源描述、资源清单、动员、分配、追踪和恢复等各个阶段所需资源的处理模式。

技术支撑模块是 NIMS 能够不断更新的重要保证，其中包括声音数据通信系统、信息管理系统（如存储、保存和资源追踪等）、数据显示系统。也包括专门的技术，比如设备的实时管理、要求独特技术为基础来支撑的突发事件管理活动。

通信和信息管理子系统组成部分为：

（1）突发事件通信管理系统：突发事件管理组织结构必须要确保能够有效的、可以共同操作的通信处理程序，并且存在的系统能够具备需要跨部门来处理突发事件的功能。

（2）信息管理系统：信息管理处理程序能够帮助确保信息和数据在多部门之间顺畅流通。

应急预案子系统的组成部分包括规划、培训、演练、人员资格认证、设备认证、相互援助、出版物管理等。

### 10.4.2　防汛抗旱管理系统

长期以来，整治国土、治理水患，是我国一项基本国策，江河治理历来受到重视，防洪抗旱减灾体系建设取得了巨大成就。

国家防汛指挥系统工程是我国正在规划建设的"金水"工程的重要组成部分，项目建设形成的信息资源、数据库系统、计算机网络、应用软件体系，制订出的一系列规范和标准，以及培养大量的技术和管理人才，都是水利现代化和信息化基础。

国家防汛指挥系统工程是一项规模十分庞大、结构复杂、功能全面的系统工程，采用目前电子通信、计算机网络、决策支持系统软件开发领域的最新技术和成果。通过信息采集系统、通信系统、计算机网络系统、决策支持系统和天气雷达系统的建设，建成覆盖 7 大江河重点防洪地区，先进、实用、高效、可靠的防汛指挥系统，能为各级防汛部门准确、及时地提供各类防汛信息，准确做出洪水预报，为防洪调度决策和指挥防洪抢险救灾提供科学依据和技术支持手段。如图 10-10 所示

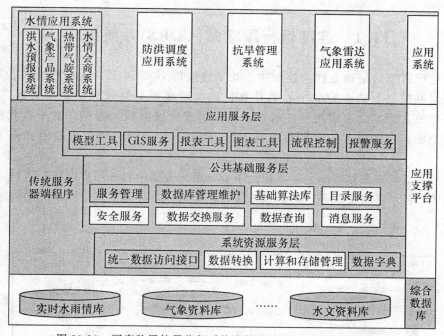

图 10-10　国家防汛抗旱指挥系统决策支持应用系统总体结构图

信息采集是指挥系统工程建设的重点，将全面更新改造 3100 多个中央报汛站测验、报汛设备，满足测验各个水文站设站以来发生的最大洪水或堤防防御标准洪水的需要。实现防洪工程、干旱、洪涝灾害信息的采集将规范化、标准化、数字化。

## 思考题

1. 请论述城市灾害的基本特点。
2. 请论述城市灾害监测与预警系统的基本组成。
3. 请论述我国国家突发公共安全事件应急预案的主要组成部分。
4. 请论述美国国家应急管理系统的组成。

# 第11章 城市位置服务信息管理与发布系统

本章讨论了连续运行跟踪站系统的组成、以苏州 CORS 系统为例，讨论了 CORS 管理系统的技术设计和实现过程，并讨论了源数据管理与下载，质量检查系统的设计与开发。

## 11.1 连续运行跟踪站(CORS)系统组成

连续运行跟踪站是建立在与控制中心长期连续的 GNSS(GPS 或者 GPS/GLONASS)参考站网络基础之上的。控制中心的计算机连续采集所有接收机的观测数据，实时产生局部区域改正数据。通常在所在的作业位置附近生成虚拟参考站，对于接收机而言，如同在一个距离自己很近的参考站进行 RTK 作业一样，因此可以有效地提高 RTK 的性能。

参考站由卫星跟踪基准站、系统控制中心、用户数据中心、用户应用、数据通信 5 个子系统组成，各子系统由数字通信子系统互联，形成一个分布于整个城市的局域网。如图 11-1 所示。

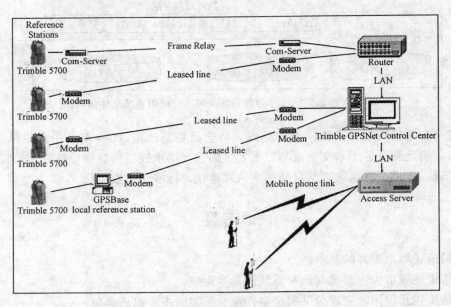

图 11-1　系统构成

（1）卫星跟踪基准站。卫星跟踪基准站是 CORS 的数据源，用于实现对卫星信号的捕获、跟踪、记录和传输。一般由观测墩和仪器室两部分组成，主要设备应包括不间断电源、GPS 接收机、计算机、网络通信系统、防雷和防电涌设备等。

（2）系统控制中心。系统控制中心是 CORS 的神经中枢，由网络设备、服务器、计算机等构成的内部局域网和软件系统组成，主要具有数据处理、系统监控、信息服务、网络管理等功能。数据处理系统对数据进行质量分析和评价，数据综合、数据分流和数据存储，利用网络 RTK 技术形成差分数据并提交给用户数据中心。系统监控系统自动监测设备状态、远程管理、故障分析与故障警视。信息服务系统提供事后精密处理服务、坐标系高程系转换服务、控制测量、工程测量软件下载和计算服务。网络管理系统监控并管理网络，防止对网络的恶意访问，并通过 Internet 向用户提供 http、ftp 等访问服务。用户管理包括用户登记、注册、撤销、查询、权限等管理，以及服务访问授权和用户使用记录。

控制中心的计算机运行控制中心管理软件（如 GPSNet、Spider 等）。当连接到网络中的接收机时，软件执行以下工作。包括：①所有主要接收机原始数据的解码、导入和质量检查；②RINEX（＋ Compact RINEX）以及 DAT 格式的数据存储；③天线相位中心改正（相对或绝对）；④系统误差的模型化和消除；⑤生成虚拟参考站改正数据；⑥基于各流动站用户的虚拟位置产生 RTCM 数据流；⑦把 RTCM 数据传输到流动站用户。数据存储界面如图 11-2 所示。

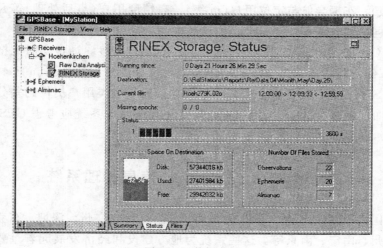

图 11-2　数据存储

可以用不同的设备和协议将参考站数据传输到控制中心，这些数据可以是从接收机直接获取的，也可以是来自 GPSBase 的。可以使用连续的模拟或数字线路，该方式要求在参考站点和控制中心安装相应的调制解调器。其中，控制中心的调制解调器可以用 RS232 直接连接到 PC 串口（或使用多串口卡）。

如果需要连接多个参考站，应考虑使用路由器，这种路由器具有多个串口，每个串口与调制解调器相连，并以 TCP/IP 协议方式将这些数据发向控制中心计算机。当连接多个参考站时，可以扩充线路数量或增加路由器，理论上可以连接的线路数量是无限的。路由器用 IP 端口号来标识参考站。

也可以采用帧中继等广域网 Wide Area Network（WAN）方式。虽然电话网络不常使用此方式，但对于长距离的数据传输，却是最好的方法。此方法中，各参考站需要一个将 RS232 数据流转换成 TCP/IP 协议的部件，控制中心仅需要标准的网络路由器（如 CISCO 2500）用 LAN 连接到帧中继网络。每个参考站将拥有独立的 IP，控制中心的路由器仅仅是将帧中继数据转换到局域网中（LAN）。

（3）用户数据处理中心。用户数据中心提供 CORS 服务的下行链路，将控制中心的数据成果传递给用户，由用户子系统的接收机完成定位。用户数据中心可分为静态数据服务单元和动态数据服务单元两部分。通过网站以 http、ftp 等方式向用户提供数据交换和在线计算，可实现静态数据服务功能；动态数据服务功能多依靠无线通信方式（如 GSM、CDMA、GPRS、RDS 等）实现。

GPSNet 也通过分析双差载波相位观测。

（4）数字通信子系统。CORS 各部分的连接是通过数字通信子系统完成的。其通信方式可采用有线网络或无线网络，通信带宽一般要求不低于 64kb/s，对通信网络的保密性和可靠性也有较高要求。

（5）用户应用子系统。用户应用系统按照应用精度可分为 cm 级用户系统、dm 级用户系统、亚 m 级用户系统、m 级用户系统等。按照应用领域，则可分为测绘与工程用户（cm 级、dm 级）、车辆导航与定位用户（m 级）、高精度用户（事后处理）等几类，各类用户分别使用不同的差分信息。

用户通过 CORS 的事后数据服务可达到 mm 级定位精度，通过实时数据服务则可获得 cm 级或 dm 级定位精度。虽然导航类用户的定位精度只需要达到 m 级，但由于 GPS 标准定位服务 SPP 的精度远不能满足要求，因此，向导航类用户提供码差分数据服务仍是 CORS 重要的服务内容。为保障用户投资，用户应用子系统应考虑 GPS 接收机的兼容性。

## 11.2　城市位置服务的信息管理系统

近年来，国内很多城市和地区建立了 CORS 系统，如广州、深圳、东莞、武汉、成都、上海、苏州、南宁、南京等。这些系统为地方建设和经济发展起着重要的作用。图 11-3 是苏州 CORS 系统组成示意图。该系统由唯亭（Weit）、浮桥（Fuqi）、淀山湖（Ding）、启东（Qido）、海门（Haim）、南通（Nant）、张家港（Zhjg）、靖江（Jinj）、武进（Wujn）、锡山（Xsan）、西山（Xish）和桃源（Taoy）等 12 个连续运行站组成，实现了全苏州市的无缝覆盖。

当前大多数 CORS 系统只是向用户提供实时定位服务，却不提供高精度相对定位后处理服务，而每个基准站每天均保存有 24 小时不间断的 Rinex 数据，如苏州 CORS 系统每个测站均保存有 1 秒、15 秒和 30 秒采样率的 Rinex 数据，这些数据可以为覆盖区域内或周边地区相对定位提供高精度的基准服务。但是当前大多数 CORS 系统均将这些数据闲置起来，或者没有充分利用该部分数据。

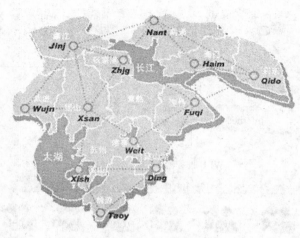

图 11-3　苏州 CORS 系统示意图

我们以苏州 CORS 系统为基础，开发了 CORS 数据管理与分发系统（CorsDBMS），该系统可以准实时为会员单位提供各基准站数据的下载服务。

### 11.2.1　CORS 数据管理系统设计

CorsDBMS 系统设计的原则为：①尽量在现有 CORS 系统上少增加硬件或者不增加硬件设备；②采用分级用户管理，确保数据安全；③尽量采用开源软件开发系统，减少软件开发成本。

CorsDBMS 系统以 CORS 连续跟踪站为源数据，以网络数据库为系统基础，开发相应多种支撑软件，实现 CORS 系统数据的有效管理与分发，丰富与增强 CORS 系统的服务能力。系统包括硬件系统、软件系统和用户三部分。

硬件系统主要包括 CORS 系统基准站、数据工作站、数据库服务器、网络发布服务器、网络系统等，其中数据工作站、数据库服务器、网络发布服务器可以由一台计算机承担，也可以部署在不同的计算机上。

软件系统主要由数据库管理、数据分发服务和用户交互界面等部分组成。其中数据库系统是基础，采用访问速度快、安全性能强、开源免费、功能强大的 MySQL 系统作为数据库开发基础。数据分发服务和用户交互界面采用 PHP 开发。

用户分为管理员、客户和普通大众三类人员。对于不同的用户赋予不同的权限，其中管理员的权限最大，他全面负责系统的管理与维护，负责开通和冻结客户、为客户分配能够下载的数据（数据日期范围、有效期限）。客户能够下载权限范围内的数据。普通用户只能浏览网站公开信息。系统设计如图 11-4 所示。

### 11.2.2　CORS 数据管理系统的开发

在 CorsDBMS1.0 系统中，数据库是系统的基础。利用数据库能够达到以下目的：①存储大量数据，方便检索和访问；②保持数据信息的一致性和完整性；③共享与安全能够

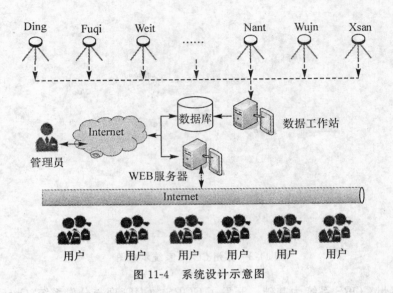

图 11-4　系统设计示意图

统一；④通过组合分析，产生新的有用信息。CorsDBMS 的数据库用于管理不同用户和多种数据。

　　在数据库系统设计遵循数据库设计第 III 范式，力求数据简洁、结构明晰、消除数据冗余。共设计有 8 个数据表。

　　数据库基于 MySQL 数据库系统，管理系统基于 PHP 语言开发。主要软件模块包括：①用户注册模块；②用户登录模块；③用户获取丢失登录密码信息模块；④用户管理模块（包括用户激活与冻结、用户编辑、删除等）；⑤用户单位管理模块（包括有效期限、授权下载数据的起止日期、增加、编辑和删除等）；⑥数据下载历史查询模块；⑦数据整理和清理模块等。

　　数据的安全性是重点研究内容，系统采用了多种手段确保数据的安全：①安置防火墙，保护服务器的端口不被攻击；②采用 VPN 认证，确保合法用户方可访问，防止机器自动攻击；③原始数据存放在数据工作站，此部分内容外部网是无法访问，内部网访问时设置有多级访问权限和用户密码，从物理层面将原始数据与互联网分离开来；④用户设置有不同的权限，不同的用户对 WEB 服务器具备不同的操作，针对不同的用户提供不同服务，不同的用户只能访问自己权限范围内的数据；⑤只有注册并且被管理员授权的用户方可以下载数据；⑥数据存储目录加密，对临时存储下载数据的目录采用加密算法，确保临时下载数据的共享性和安全性的统一。

## 11.3　城市位置服务的信息发布系统

### 11.3.1　数据分发系统的开发

　　数据分发系统的基本任务是为注册客户提供授权时间和空间范围内的 CORS 系统数

据下载服务。基本流程为：客户首先通过所在单位批准，填写数据下载申请表，待管理员批准申请后，客户可多次下载授权范围内的数据下载。

数据下载的方式分为三类：①批量下载，一次可以下载多个测站的一天或多天数据；②单站下载，一次只下载一个测站的一天或多天数据；③定制下载。通过前面两种方式下载的每天数据由两个时段组成（UTC 00：00—12：59 和 UTC 13：00—24：00），利用定制下载可以设定时段的起止时间和数据采样率。

此部分软件系统用 PHP 语言开发，主要软件模块包括：①Rinex 数据从数据工作站下载到 WEB 服务器的服务器数据传输模块；②数据压缩模块，将每天观测值文件和导航文件分 2 个时段压缩成为 2 个压缩包，减少文件的体积；③数据临时存储目录的加密算法；④历史下载数据的查询与显示模块，当前下载信息入库模块；⑤Rinex 数据的时段截取、采样率更改的编辑软件；⑥单站下载的用户界面和程序模块；⑦批量下载的用户界面和程序模块；⑧定制下载的用户界面和程序模块。

图 11-5 是某用户采用批处理方式下载 Ding 和 Xish 两个测站 2008 年 12 月 24 日和 25 日 2 天的数据查询结果。用户只需勾选所需下载的测站、设定下载数据起止日后，按"提交"按钮，可供下载的数据就为用户准备好了，所有的文件都自动压缩为 zip 文件。用户可供下载的历史文件也列了出来，方便用户再次下载。

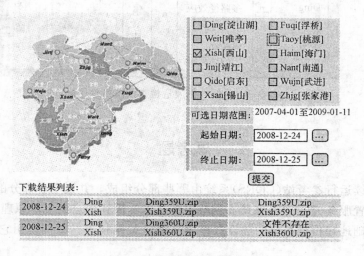

图 11-5　批量下载页码示例

### 11.3.2　数据质量检查系统开发

为了用户准实时查询连续跟踪站系统（CORS）的数据质量，我们开发了 CORS 系统的数据的自动化质量检验和发布系统。系统实现了准实时自动下载 CORS 系统的 RINEX、合并和编辑各跟踪站数据、数据质量检验、检验结果自动图形生成、上传 Web 服务器和结果网络分发等功能。系统总体设计如图 11-6 所示。

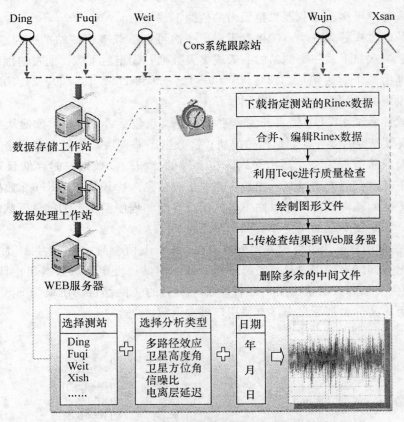

图 11-6　CORS 系统数据质量检查系统的总体设计

# 思考题

1. 简述连续运行参考站(CORS)系统由哪些部分组成，并说明各部分的功能。
2. 城市位置服务的 CORS 系统有哪些服务技术？简述各自的基本原理。
3. 城市基础地理信息系统的建设过程中有哪些关键技术？举例说明它可以应用在哪些方面。
4. 就城市位置服务的信息发布系统的稳定性与安全性方面谈谈自己的看法。

# 参 考 文 献

[1] Goodchild, M. F.. Geographical Information Science. International Journal of Geographical Information Systems, 1992, 6(1): 31-45.

[2] Miller, H. J. and Shaw, S. L. Geographic Information Systems for Transportation: Principles and Applications. Oxford University Press, 2001.

[3] NPR-352C 系列全站仪操作手册. 北京: 中翰仪器网, 2008.

[4] Paul A. Longley, Michael F. Goodchild, David J. Maguire, David W. Rhind. 地理信息系统——原理与技术(第二版), (唐中实等翻译). 北京: 电子工业出版社.

[5] Paul A. Longley, Michael F. Goodchild, David J. Maguire, David W. Rhind. Geographic Information Systems and Science, 2nd Edition. John Wiley & Sons, Ltd, 2005.

[6] 白晓东. 面向对象空间数据组织方法与应用研究. 计算机工程与应用, 2002(19).

[7] 百度百科 http://baike.baidu.com/view/3776555.htm.

[8] 边馥苓 主编. 空间信息导论. 北京: 测绘出版社, 2006.

[9] 陈安, 陈宁等. 现代应急管理理论与方法. 北京: 科学出版社, 2009.

[10] 陈俊勇, 党亚民. 全球导航卫星系统的进展及建设 CORS 的思考[J]. 地理空间信息, 2009, 7(3): 1-3.

[11] 陈平. 网格化城市管理新模式. 北京: 北京大学出版社, 2006.

[12] 陈述彭. 地学信息图谱探索研究(地球信息科学丛书). 北京: 商务印书馆, 2001.

[13] 陈亚东, 董春华, 王丽, 胡建平. 城市地下空间信息三维可视化技术的研究. 内蒙古农业大学学报, 2009, 30(1): 201-204.

[14] 邓仕虎. WebGIS 在重庆高新区数字城管应用中若干问题的研究. 西北大学学报, 2007, 6(4): 6-8.

[15] 冯帅. 测绘中几种常用坐标之间的转换. 应用科学, 2008.

[16] 高吉瑞. 三维城市规划地理信息系统的研究与实现. 上海交通大学硕士学位论文, 2009.

[17] 龚健雅, 杜道生等. 当代地理信息技术. 北京: 科学出版社, 2006.

[18] 龚健雅, 朱欣焰, 熊汉江等. 面向对象集成化空间数据库管理系统的设计与实现. 武汉: 武汉测绘科技大学学报, 2000, 25(4).

[19] 龚强. 关于网格特征的研究. 信息技术, 2004, 28(10): 1-2, 50.

[20] 郭仁忠. 关于空间信息的哲学思考. 测绘学报, 1994(3).

[21] 国家测绘地理信息局国土测绘司. http://gts.sbsm.gov.cn/article/chkj/chkp/dlxxxt/

200709/20070-900001690. shtml.

[22] 郝力 等编著. 城市地理信息系统及应用. 北京：电子工业出版社，2002，158-170.

[23] 胡刚，金振伟，司小平等. 车载导航技术现状及其发展趋势. 系统工程，2006，24(1)：41-47.

[24] 胡鹏，黄杏元，华一新. 地理信息系统教程. 武汉：武汉大学出版社，2005.

[25] 黄铎，三维城市模型. 武汉大学博士研究论文，2004.

[26] 黄劲松，李英冰. GPS 测量与数据处理实习教程. 武汉：武汉大学出版社，2010.

[27] 霍夫曼-韦伦霍夫 等著，程鹏飞，蔡艳辉 等译. 全球卫星导航系统—GPS，GLONASS，Galileo 及其他系统. 北京：测绘出版社，2009.

[28] 瞿畅，王君泽，张小萍，黄希. 采用 GIS-VRML 技术的地下管线三维可视化与管理. 工程图学学报，2009，5：22-26.

[29] 孔凡敏，苏科华，朱欣焰. 城市网格化管理系统框架研究. 地理空间信息，2008，6(4)：28-31.

[30] 李成名，安真臻，王继周，印洁编著. 城市基础地理空间信息共享原理与方法. 北京：科学出版社，2005.

[31] 李德仁，陈小明，郭炳轩等. 车载 GPS 道路信息采集和更新系统研究. 武汉测绘科技大学学报，2000，25(2)：95-99.

[32] 李德仁，郭晟，胡庆武. 基于 3S 集成技术的 LD2000 系列移动道路测量系统及其应用. 测绘学报，2008，37(3)：272-276.

[33] 李德仁，郭晟. 移动测量与导航数据采集与更新. 中国公路学报，2005，7(1)：25-28.

[34] 李德仁，李宗华，彭明军等. 武汉市城市网格化管理与服务系统建设与应用. 测绘通报，2007，(8)：1-4，44.

[35] 李德仁，李清泉. 地球空间信息科学的兴起与跨世纪发展. 见：科技进步与学科发展，周光召主编，北京：中国科学技术出版社，448-452.

[36] 李德仁、李清泉. 论地球空间信息科学的形成. 地球科学进展，1998，13(4)：319-326.

[37] 李德仁. 移动测量技术及其应用. 地理空间信息，2006(8).

[38] 李军. SQL Server 2008 空间数据库(教学课件). 武汉大学，2010.

[39] 李军. 空间数据库概述(教学课件). 武汉大学. 2010.

[40] 李鹏，魏涛. 我国城市网格化管理的研究与展望. 城市发展研究，2011，18(1)：4-6.

[41] 李琦，刘纯波，承继成. 数字城市若干理论问题探讨. 地理与地理信息科学，2003，19(1)：32-36.

[42] 李舒. 城市网格化管理的运行机制研究[硕士学位论文]. 上海：复旦大学，2008.

[43] 李新运. 城市空间数据挖掘方法与应用研究. 山东科技大学博士学位论文，2004.

[44] 李英冰，陈中新. 基于互联网的 CORS 数据管理与质量检查系统开发. 现代测绘，2009.

[45] 李征航，张小红等. 卫星导航定位新技术及高精度数据处理方法. 武汉：武汉大学出版社，2009.

[46] 梁建国，徐占华，腾德贵. 城市网格化管理部件调查与处理方法探讨. 测绘与空间地理信息，2008，31(5)：98-100.

[47] 廖克等著，地球信息科学导论. 北京：科学出版社，2007.

[48] 刘经南，刘晖. 连续运行卫星定位服务系统——城市空间数据的基础设施. 武汉大学学报(信息科学版)，2003，28(3)：259-264.

[49] 刘晶东，陈刚. 城市空间信息基础设施建设结构模型研究. 测绘与空间地理信息，2008，31(4)：92-99.

[50] 刘丽华，栾卫东. 城市基础地理信息发布系统建设研究. 地理空间信息，2007，5(4).

[51] 刘学军，交通地理信息系统，北京：科学出版社，2007.

[52] 刘亚松. 试论现代信息技术在城市规划中的应用和影像. 科技资讯，2010，36：17.

[53] 卢秀山，李清泉，冯文激等. 车载式城市信息采集与三维建模系统. 武汉大学学报(工学版)，2003，36(3)：76-80.

[54] 罗亦泳，杨伟，张立亭等. 城市网格化管理部件数据采集与处理. 地理空间信息，2008，6(3)：74-77.

[55] 牛文元. 中国数字城市建设的五大战略要点测绘软科学研究. 见：赖明，王蒙. 数字城市的理论与实践. 广州：世界图书出版公司，2001.

[56] 潘正风等. 数字测图原理与方法. 武汉：武汉大学出版社，2008.

[57] 彭文祥. 上海交通大学博士后研究出站报告，2005.

[58] 钱健，谭伟贤 主编. 数字城市建设，北京：科学出版社，2007.

[59] 芮小平. 空间信息可视化关键技术研究. 中国科学院遥感应用研究所博士学位论文，2004.

[60] 闻博. "数字城市"地理信息基础平台研究与设计[硕士学位论文]. 上海：华东师范大学，2005.

[61] 孙家抦. 遥感原理与应用(第二版). 武汉：武汉大学出版社，2009.

[62] 孙毅中，李爱勤，周岚，叶斌编著，城市规划管理信息系统. 北京：科学出版社，2011.

[63] 汤国安，刘学军，闾国年，盛业华，王春，张婷 编著. 地理信息系统教程. 高等教育出版社，2007.

[64] 唐宏，盛业华. 城市空间信息的特点与城市三维 GIS 数据模型初探. 城市勘测，2000，3：24-26.

[65] 王家耀著. 空间信息系统原理. 北京：科学出版社，2004.

[66] 王家耀，苗国强，成毅. 空间信息系统数据的获取. 海洋测绘，2004(2).

[67] 王家耀，张祖勋. 中国数字城市发展战略论坛论文集. 西安：西安地图出版社，2005.

[68] 王连备，吴云东. 基于 Oracle 数据库的遥感影像存储技术. 测绘学院学报，2002，19(4).

[69] 王喜，杨华，范况生. 城市网格化管理系统的关键技术及示范应用研究. 测绘科学，2006，31(4)：117-119.

[70] 王亚东. 浅析城市规划与信息技术，科技资讯，2010，34：208.

[71] 邬伦，刘瑜 等. 地理信息系统原理——原理、方法和应用. 北京：科学出版社，2007.

[72] 肖建华，罗名海，王厚之，肖剑平 编著，城市基础地理信息集成与综合管理. 北京：测绘出版社，2006.

[73] 徐绍铨，张华海，杨志强. GPS 测量原理及应用(第三版). 武汉：武汉大学出版社，2008.

[74] 徐仕琪，张晓帆，周可法，赵同阳. 关于利用七参数法进行 WGS-84 和 BJ-54 坐标转换问题的探讨. 测绘与空间地理信息，2007，30(5)：33-42.

[75] 尹晖. 城市灾害应急与管理. 武汉：地形/地籍测绘、建库及信息更新培训班，2008.

[76] 余柏蒗，基于面向对象理论的城市空间信息遥感分析研究. 华东师范大学博士学位论文，2009.

[77] 俞正声：21 世纪数字城市论坛开幕式讲话，2000. http://www.consmation.com/digitalcity/digitech/t524_2.html.

[78] 曾绍炳，洪中华，周世健. 城市网格化管理关键技术与系统构成. 铁道勘察，2009，(5)：39-42.

[79] 张超 主编. 城市地理信息系统——原理、应用与项目管理. 北京：科学出版社，2008.

[80] 张剑清，潘励，王树根. 摄影测量学. 武汉：武汉大学出版社，2003.

[81] 张正禄，司少先，李学军，张昆等编著. 地下管线探测和管网信息系统. 北京：测绘出版社，2007.

[82] 赵艳珍. 基于 WebGIS 的城市空间基础信息发布技术研究[硕士论文]. 武汉：武汉大学，2003.

[83] 郑士源，徐辉，王浣尘. 网格及网格化管理综述. 系统工程，2005，23(3)：1-6.

[84] 中华人民共和国城镇建设行业标准：《CJ/T 213-2005 城市市政综合监管信息系统单元网格划分与编码规则》. 中华人民共和国建设部，2005-06-07 发布.

[85] 中华人民共和国城镇建设行业标准：《CJ/T 214-2007 城市市政综合监管信息系统管理部件和事件分类、编码及数据要求》. 中华人民共和国建设部，2007-04-29 发布.

[86] 中华人民共和国城镇建设行业标准：《CJJ/T106-2010 城市市政综合监管信息系统技术规范》. 中华人民共和国城乡和住房建设部，2010-07-20 发布.

[87] 周乐韬. 连续运行参考站网络实时动态定位理论、算法和系统实现. 成都：西南交通大学，2003.

[88] 邹进贵. 城市基础地理信息系统的研究. 武汉：武汉大学，2002.

[89] 邹延延，地下管线探测技术综述. 勘探地球物理进展. 2006 (1).